中华药酒配制精讲

祁公任 陈 涛 编著

化学工业出版社

·北京·

药酒在我国的使用历史已超过几千年，是人们防病治病、养生保健、延年益寿的佳品。本书精心选取了疗效确切的药酒配方600多首，分为延年益寿、强筋壮骨、安神健脑、调理脾胃等功效的保健药酒，以及呼吸科、消化科、心脑血管科、内分泌科等治病康复药酒，每一药酒方详细介绍来源、处方、制备、用法、功效、适宜人群（或主治）、按语等内容。

全书内容突出"廉、便、验"三个字，编写宗旨强调实用性、科学性、安全性。本书可为养生保健爱好者选用药酒提供指导，也可为医疗、科研、生产单位等研究开发药酒提供参考。

**图书在版编目（CIP）数据**

中华药酒配制精讲/祁公任，陈涛编著. —北京：
化学工业出版社，2016.6（2023.1重印）
ISBN 978-7-122-26732-0

Ⅰ.①中… Ⅱ.①祁…②陈… Ⅲ.①药酒-配方-中国
Ⅳ.①TS262.91

中国版本图书馆 CIP 数据核字（2016）第 070904 号

责任编辑：李少华　　　　　　　　装帧设计：关　飞
责任校对：王素芹

出版发行：化学工业出版社（北京市东城区青年湖南街13号　邮政编码100011）
印　　装：大厂聚鑫印刷有限责任公司
710mm×1000mm　1/16　印张17　字数307千字　2023年1月北京第1版第8次印刷

购书咨询：010-64518888　　　　　　售后服务：010-64518899
网　　址：http://www.cip.com.cn
凡购买本书，如有缺损质量问题，本社销售中心负责调换。

定　　价：58.00元　　　　　　　　　　　　版权所有　违者必究

前言

　　我国秦汉时期《黄帝内经·素问》汤液醪醴论中就提到了醪醴的制法和作用。醪指的是浊酒，醴指的是甜酒。书中指出疾病尚轻，即可用之，所谓"邪气时至，服之万全。"说明酒本身具有一定的药理作用，即后世所称酒能"通血脉""行药势"。但病情复杂的，单用醪醴显得势单力薄，必须"齐毒药攻其中，镵石针艾治其外也"。齐，即配伍之意，毒药，泛指治病的药物。提示配伍药物治疗的重要性，为药酒的创制提供了理论依据。秦汉时期另一部药物学专著《神农本草经》序例中提到药物可以制作成各种剂型，其中就有酒剂。"药有宜丸者，宜散者，宜水煮者，宜酒渍者，宜膏煎者"，并指出"亦有一物兼宜者，亦有不可入汤酒者，并随药性，不得违越"。故药酒应用于保健和疾病的防治在我国具有悠久的历史。

　　本书收载的药酒处方，其中既有古代文献所载，也有现代临床报道的。选编的原则是：安全有效，实用方便。不管是供内服还是外用，安全有效是第一位的。所选处方均有文献出处，供内服药酒处方中若有毒性药物者必须炮制后入药，严格剂量，处方与病证相符，酒剂与病证相宜。药酒制备方面强调取材容易，制作简便的原则，例如：选用的药材大多为常用易得的中药材，鲜有昂贵的稀缺之品，制作方法大多选用浸渍法，无论冷浸或热浸，方法都比较简单，适用于家庭制作。

　　本书内容分药酒概论、养生保健药酒、治疗康复药酒三个部分。药酒概论中分别简要叙述药酒起源和发展简史、药酒特色、药酒取材与制备、药酒应用与禁忌四个方面内容。养生保健药酒一般适用于健康或亚健康人群，药酒处方所选药物以补益扶正药材为主，重在对脏腑阴阳气血不足或失调者进行调补。根据药酒保健功效的不同，分列延年益寿、强筋健骨、安神健脑、调理脾胃、调补气血、滋补阴精、补肾壮阳、美容驻颜、护发生发等九个大类。治疗康复药酒一般适用于各类疾病患者，针对不同病因，药酒处方大多选用相应祛邪药材为主，重在祛邪外出。根据药酒适用疾病类别和病种不同，本书将其分呼吸科、消化科、心脑血管科、内分泌科、血液科、风湿科、神经科、妇科、男科、骨伤科、外科、皮肤科等十二个大类，涉及60种疾病。每一药酒方详解来源、处方、制备、用法、功效、主治或应用、按语等内容。药酒禁忌在概论中已经作了说明，例如孕妇一般不宜应用药酒，所以在具体药酒条目宜忌栏中不再一一重复提及。在按语部分，增加了对处方用药的方义分析，部分药物药理作用阐述，部分地方草药及容易混淆的品种植物来源说明，对处方中某些有毒药物则在按语中特别提示并提出安全应用建议。对部分疾病概念，中西医可能有不同的命名和认知，则作了简要阐述。

最后说明一下，本书养生保健药酒部分，因为侧重从宏观上对人体脏腑阴阳气血进行调补，故从药酒分类、功效到应用，均用中医学理论进行概括和表述。治疗康复药酒部分，则采用中西医结合方式，即以现代医学疾病分类及病名为纲，在具体药酒功效、主治应用表述，则结合中医学中对病证、治法的理念进行概括。这样将西医学的病与中医学的证结合起来，药酒适应病证可能更符合临床实际。

由于编者水平有限，书中若有不妥之处，祈望读者批评指正。

祁公任　陈　涛
2016 年 3 月

# 目 录

# 药酒概论

# 一、药酒起源与发展简史

药酒应用于保健和疾病治疗，具有悠久的历史，并成为传统的药物剂型之一，它在中国医药发展史中占有重要的地位。

研究药酒的起源必然涉及酒的发明和古人应用酒的历史。中国是人工酿酒最早的国家，早在新石器时代晚期的龙山文化遗址中，就曾发现过很多陶制酒器。《战国策·魏策二》："昔者帝女令仪狄作酒而美，进之禹，禹饮而甘之。"传说"少康作秫酒"，少康即杜康，是夏朝第五代国君。这些记载和传说说明我国四千多年前酿酒业已发展到一定水平，所以后世才有"仪狄造酒"及"何以解忧？唯有杜康"之说。商殷时代，酿酒业更加普遍。如《尚书·说命篇》中记载"若作酒醴，尔维曲蘖"。曲蘖，即用粮食培养的曲霉菌，酿酒用的酒曲。说明当时古人已掌握了用酒曲酿酒的技术。从近代出土的大量殷墟墓葬文物中发现，各种盛酒和饮酒器皿占很大比例，说明当时饮酒之风相当盛行，并把酒作为重要的祭祀品。

酒具有少饮令人兴奋、多饮令人醉而麻痹的性能，更有"通血脉"、"行药势"的特性，于是古人将酒作为除砭石刀针外，用来治病的重要手段。从汉字构造来看，"醫"字，原为"毉"，上半部由"医"与"殳"构成。"医"，即装在袋中的针；"殳"，即无刃而有尖棱的竹制器具。下半部则为"巫"字，说明远古时代人类一旦生病只能依靠巫医，依靠原始的竹刀、竹针、砭石等来治疗。后来发现酒能"通血脉"、"行药势"，于是酒成为治疗疾病的重要手段，"毉"字改成了"醫"字。"酉"古通酒。

甲骨文中有"鬯其酒"的记载。据汉代班固《白虎通·考点》解释："鬯者，以百草之香，郁金合而酿之，成为鬯。"鬯其酒，就是芳香的药酒，表明在商代已有药酒出现。周代，设专门管理酿酒的官员，称"酒正"，并将酒列入"六饮"[水、浆、醴（酒）、凉、酱、酏]之一。《汉书》称"酒为百药之长"。许慎在《说文解字》中明确提出："酒，所以治病也，《周礼》有医酒。"说明药酒在周代的运用已经相当普遍。

1973年长沙马王堆出土帛书《五十二病方》中，有的药物先用酒渍炮制，有的药物用酒浸泡后再焙烤，有的药物用酒直接煮服，有的药物用酒浸泡后饮服。其中，可以辨认的药酒方共有六个，如用麦冬配合秫米等酿制的药酒，用藁本、牛膝等酿制的药酒，用乌喙（乌头）、玉竹配伍黍、稻等酿制的药酒等。有些药酒方资料记载得比较完整，包括药酒制作过程、服用方法、功能主治等内容，可称是酿制药酒工艺最早的、较为完整的文字记载。

从先秦到汉代，是中医药理论体系逐渐形成，并在临床实践中不断发展有所建树的时期。在《黄帝内经》一书中，对酒在医学上的应用，做了专题论述，如《素问·汤液醪醴论》中讲述醪醴的制法和作用，指出醪是浊酒，醴是甜酒，疾病尚轻，即可用之，所谓"邪气时至，服之万全"。但遇复杂的疾病，单用醪醴显得势单力薄，必须"齐毒药攻其中，镵石艾治其外也"。齐，即配伍之意。毒药，泛指治病药物，提示配伍药物治疗的重要性，为药酒的创制提供了理论依据。《史记·扁鹊仓公列传》中收载了西汉名医淳于意25个医案，其中有2例是用药酒治疗，1例是济北王患"风蹶胸满"病，用三石药酒得到治愈，1例是菑川王美人患难产，用莨菪酒治疗。这是我国目前所见最早的药酒治疗医案。东汉·张仲景《伤寒杂病论》中则载有治疗妇女腹中血气刺痛的红蓝花酒、治疗胸痹症的栝蒌薤白白酒汤等药酒方，一直为后人所习用。

隋唐时期，药酒的应用较为广泛，记载药酒的文献资料较多，如孙思邈《备急千金要方》、《千金翼方》中，共有80余首药酒方，涉及内科、外科、妇科几个方面，并列"酒醴""诸酒"专题综述。在肯定药酒治病的同时，又指出过度饮酒对健康的危害，毕竟"酒性酷热，物无以加，积久饮酒，酣兴不解，遂使三焦猛热，五脏干燥"。

宋元时期，药曲和酿酒的制作技术有了更高的发展水平。如朱肱所著《酒经》，又名《北山酒经》，它是继北魏《齐民要术》后一部关于制曲和酿酒的专著。该书上卷论酒，中卷论曲，下卷论酿酒之法。书中记载了13种药曲，这些药曲的制作工艺十分复杂，实为当时酿造药酒酒曲的高水平，直到现在，仍有它的实用价值。宋·《太平圣惠方》一书中则列有"药酒序"专篇，指出："夫酒者，谷蘖之精，和养神气，性惟剽悍，功甚变通。能宣利胃肠，善引药势。今则兼之名草，成彼香醪，莫不来自仙方，备乎药品，疴恙必涤，效验可凭，取存于编简尔。"书中载有天门冬酒、黄精酒、桃红酒等42方。《圣济总录·汤醴》中记载："病之始起，当以汤液治其微；病既日久，乃以醪醴攻其甚。"足见当时对药酒治病的重视。元代，药酒已成为宫廷特色酒，如羌族的枸杞子酒、地黄酒；大漠南北各地的鹿角酒、羊羔酒；东北的虎骨酒、松根酒；南方的五加皮酒、茯苓酒；西南的乌鸡酒、腽肭脐酒等。

明代·李时珍在《本草纲目》中记载药酒200多方，仅在《谷部·卷25·酒》中就列举了不同功效的药酒69种，如人参酒、花蛇酒等，并对药酒的制作和服法都做了精辟的阐述。民间也盛行饮服药酒，如菖蒲酒、桂花酒、茱萸酒，都分别成了端午、中秋、重阳的传统节令酒。

清代，药酒的品种更加丰富。成书于乾隆时期的《医宗金鉴》即载有何首乌酒、麻黄宣肺酒等；王孟英的《随息居饮食谱》、叶天士的《种福堂公选良方》也收录有多种药酒方，并对药酒的使用方法、作用原理和临床疗效等均有较详细的记载。这一时期开始出现用"烧酒以蒸成"的各色药酒。烧酒，大约在元代前由波斯、阿拉伯国家传入我国，元代忽思慧《饮膳正要》中将烧酒称为"阿拉吉酒"，明代称"火酒"，后来逐步用此酒作为溶剂制作药酒。至此，历经几千年的实践积淀，药酒保健和治疗疾病成为比较完整和成熟的一种医疗保健方法。

新中国成立后，由于政府的重视，酿制药酒事业得到了飞速发展。药酒酿制，不仅继承了传统制作经验，还吸取了现代科学技术，使药酒生产趋于标准化。部分药酒被载入国家药典中。一些历史上的名酒在质量上达到了稳定和提高，成为高档商品，如虎（豹）骨木瓜酒、参茸酒、史国公酒、五加皮酒、龟龄集酒等，由于功效显著，畅销海内外。

# 二、药酒的特色

我国药酒应用历史源远流长，至今广受人们喜爱的原因，就在于药酒本身除保留了香气浓郁醇酒的风味外，还具有养生、保健和疗病的功能，且在制作和服用上具有"廉、便、验"的特点。

药酒，属酒剂范畴，药材大多是以白酒或黄酒为溶剂，将中药材浸泡其中，或加温隔水炖煮，去渣取液，供内服或外用。酒是一种有机溶剂，其主要成分为乙醇，溶解性能界于极性溶剂与非极性溶剂之间，既可以溶解水溶性的某些成分，如生物碱及其盐类、苷类、糖类、苦味质等，又能溶解非极性溶剂所溶解的一些成分，如树脂、挥发油、内酯、芳烃类化合物等，少量脂肪也可被乙醇溶解。乙醇含量在50%～70%时，适于浸提药材中的生物碱、苷类等；乙醇含量在50%以下时，适于浸提药材中的苦味质、蒽醌苷类化合物等。中药大多有效成分为生物碱、苷类、糖类、内酯、挥发油等化合物，所以大多数情况下制作药酒选用50°白酒作为溶剂是适宜的，这样可以充分利用并发挥中药效用达到极致。

药酒的制作，现在大多采用直接用酒浸泡药材，方法比较简便，取材也容易，特别适宜于家庭制作。因为乙醇含量大于 40％时，能延缓许多成分，如酯类、苷类等的水解，增加制剂的稳定性；乙醇含量达 20％以上时具有防腐作用。所以药酒久渍不易腐败，长期保存不易变质，制作一次，可以应用一段时间，随时服用，十分方便，特别适宜于需要长期用药的养生保健和慢性疾病的调治。目前临床上使用较多的汤剂，又称水煎剂，其优势在于方便临床医师辨证施治，加减用药，且对疾病病种适应面广；但水煎剂的缺点也是显而易见的，因为水极性大，溶解范围广，选择性差，浸出大量无效成分，如果胶、树胶、黏液质、淀粉等，使制剂容易霉变，不易贮存，如果为了养生保健或慢性疾病调治，则需每天煎药，十分麻烦和不方便。至于其他剂型，如丸剂的应用，虽然服用方便，但家庭大多不具备制作条件，且传统丸散剂服用后，体内消化吸收生物利用度较差，影响疗效的发挥。所以，相比之下，药酒具有不可替代的优势和特色。

药酒中使用的酒，不管是高粱酒还是米酒，白酒还是黄酒，本身都是一种可口的饮料，一小杯口味醇正、香气浓郁的药酒，既没有"良药苦口"的烦恼，也没有肌内或静脉注射给药的痛苦，给人们带来的却是一种享受，所以人们乐意接受。酒其性热，走而不守，既能促进人体胃肠分泌，帮助消化吸收；又能调和气血，贯通络脉，促进组织代谢；且能振奋阳气，祛寒邪，除风湿，故《汉书》中赞之为"百药之长"。药酒乃是药与酒的结合，酒是药的溶剂，又是发挥药物在人体内效用的载体，此即古人所谓酒能"行药势"也。

综上所述，药酒在保健和疗疾方面具有毋庸置疑的有效性，且取材容易，制作方法简易，服用方便和易于贮存，并保留了浓郁香醇的风味，这一切都体现了药酒的特色。

# 三、药酒取材与制备

## ❧ （一）酒的选择 ❧

根据酿酒原料、酿造方法和风味特点，酒大致可分为五大类，即白酒、黄酒、啤酒、果酒和配制酒。配制药酒大多用谷类酿制的白酒，少数用黄酒。1990年版《中华人民共和国药典》（以下简称《药典》）规定："酒剂系指药材用蒸馏酒浸提制成的澄清液体制剂，其生产酒剂所用的蒸馏酒，应符合卫生部关于蒸馏酒质量标准的规定。内服酒剂应以谷类酒为原料。"但1995年以后出版的《中国药典》，仅保留了"生产内服酒剂应以谷类酒为原料"一句话。这就是选择酒的基本原则。至于是否一定要选用蒸馏酒，这不绝对。一般蒸馏酒酒精度数高，配制药酒较为理想，但有时根据需要，也可以选用酒精度数低一点的黄酒或非蒸馏酒配制药酒。白酒中以高粱等谷物酿制酒品质为好，具有无色透明、不混浊、无沉淀物、气香、口味纯正等特点，制作成的药酒香气浓郁悠久。以薯干为原料酿制的白酒，按1995年版《中国药典》规定，已不适合做内服药酒的原料酒，但可以用来做外用药酒的原料酒。至于果酒、啤酒由于酒精度数低，都不适合做药酒的原料酒。

在选用原料酒浓度方面，要根据不同情况，灵活掌握。如一般滋补类药酒原料酒浓度可以适当低一点，治疗类药酒如祛风湿类药酒原料酒浓度可以高一些，妇女用药酒原料酒浓度可以低一点，跌仆损伤类外用药酒原料酒浓度可高一点。

## ❧❧ （二）药材要求 ❧❧

药酒所用药材品种一定要纯正地道，注意同名异物混淆品种。因为不少同名异物品种，往往在功效上有某些相似之处，但毒性方面迥异，为安全性考虑，不可混淆使用。例如，曾发生过误将萝藦科植物杠柳的根皮香加皮当作五加皮，服用以此配制成的五加皮药酒发生中毒的事故。因为香加皮在我国北方部分地区也称五加皮，或称北五加皮，有毒；五加皮为五加科植物细柱五加的根皮，习称南五加皮，无毒。两者常相混淆，当注意区别应用。还有常用中药木通，药材市场上品种较多，也较混乱。正品木通应该是木通科植物木通、三叶木通或白木通的藤茎，无毒性记载。但药市上也有将马兜铃科植物东北马兜铃的藤茎，习称关木通而当木通使用。因为关木通含马兜铃酸，有毒，长期服用对肾脏有严重的伤害，所以现在《中国药典》已不予收载。有些同名不同品种的药物，性能虽相似但效用有差异，应该根据临床需要，正确选择，宜者为善。

药酒所用药材，一定要规范炮制，特别是有毒药材。如祛风湿治痹痛常用的药物川乌、草乌、附子，生品药材中含毒性较大的乌头碱，内服应用必须先经炮制，将乌头碱通过水解转化为毒性较低的乌头原碱，以保证临床用药的安全性。有些药物生品和炮制品功效有差异，如何首乌，生何首乌含结合蒽醌类致泻成分，故有润肠通便、解毒消痈的作用，可以用于肠燥便秘、瘰疬疮痈及高脂血症；经炮制后，制何首乌中结合蒽醌衍生物水解为无致泻作用的游离蒽醌衍生物，而所含卵磷脂、糖类化合物含量均有所增加，增强了补益作用，故用于补肝肾、益精血，当选用制何首乌。

所有准备制作药酒的药材都宜用饮片，薄切者更好，特别是质地坚硬的根茎类药材。有些药材适当粉碎成粗末，以扩大药材与酒液的接触面积，有利于有效成分的浸出。但不宜粉碎过细，以免大量细胞破坏，使细胞内的不溶物、黏液质进入酒液中，致酒液混浊不清，且不利于药物中有效成分的浸出与扩散。

## ～&⌒ （三）药酒制备 ⌒&～

药酒的制作方法很多，有酿造法、浸渍法、渗漉法等。适合家庭制作的药酒多采用浸渍法。

浸渍法，即直接用酒浸渍药物的方法，包括冷浸法和热浸法两种。

① 冷浸法：先将药物饮片中的杂质捡去，洗净，晾干，置陶瓷或玻璃容器中，直接将酒倒入浸泡；有些药物切细或碾成粗末后，可用双层纱布袋装，扎口，置陶瓷或玻璃容器中，再将酒倒入浸泡。浸泡容器一定要密封，浸泡时间1～3周，期间经常振荡药酒，以促使浸出物的扩散和溶解。到时启封，过滤去渣，将药酒装瓶备用。如果用药袋浸泡，到时先取出药袋，稍加压榨取液，与原药酒混合后，静置，取上清液过滤装瓶备用。

② 热浸法：将药物饮片中的杂质捡去，洗净，晾干，或碾成粗末后装在双层纱布口袋中，扎口，浸入酒中，然后密封容器，将容器置于锅中，隔水用文火加温 20～30min，待凉后转至阴凉处，1～2周后启封，过滤取液，装瓶备用。如用纱布袋装，可先将药袋取出，稍加压榨取液，与原浸出酒混合，静置，取上清液过滤装瓶备用。

冷浸法一般适用于有效成分易于浸出的处方，或含挥发性成分较多的药物，或药材量少的处方。热浸法适用于药料众多、酒量有限的情况下，或者选用低酒精度米酒、黄酒作溶剂时，则用热浸法较好。

内服药酒制成后，有时为了适合口味，可以酌加冰糖或砂糖以调味，但高血糖者不宜。外用药酒制成后，有时为了减少长期外用酒剂引起皮肤干燥，可在配制的酒剂中加适量甘油，混匀后使用。

药材与浸渍所用酒的用量之比，一视药材质地而定，二视临床需要而定。处方中若以质重根茎类药材为主，一般药材与酒用量之比以 1:（5～6）为宜；药材质轻以茎、叶、花类为主，药材与酒用量之比以 1:（6～8）为宜。用于养生保健，药与酒之比可以低一点，即浓度可以低一点；用于治病疗疾，药与酒之比可以高一点，即浓度高一点。有些人不善饮酒，但为了保证治疗效果，浓度可以配制得高一点，每次饮服量少一点。外用药酒配制的浓度一般高于内服药酒，药与酒之比可以达到 1：(1～2)。

制备的药酒，如果贮藏保管不当，会造成污染变质，或过期变性。所以，从药酒制作到药酒过滤装瓶备用整个过程，要重视药材、容器的卫生，避免污染。已制作好的药酒，装瓶后要贴上标签，写上配制时间、药酒名称、主要功效，以免天长日久不易辨认。外用药酒一定要贴上醒目的外用字样标签，慎防误服。

药酒一般贮藏在阴凉处，避免阳光直接照射。凡用酒精浓度低的米酒、黄酒配制的药酒，保质期短，一般不超过 1 个月，夏季要放冰箱内贮存。所以这类药酒一次不宜配制过多，以免造成过期变质浪费。酒精浓度高的，如酒精浓度在 40％以上的配制的药酒，稳定性好，不易变质，可以长期贮存。

# 四、药酒的应用与禁忌

## （一）药酒的应用

### 1. 药酒内服剂量

一般每次 10～20ml，每日 1～3 次。用黄酒或低度米酒配制的药酒，可以每次 30～50ml。服用药酒不能过量，尤其是治疗性药酒，不能像喝普通酒一样量大而猛。一者酒中有药，毕竟是药酒；二者酒本身是把双刃剑。酒中所含乙醇摄入过量会损害人体健康，长期过量饮用，可致肝硬化、营养不良与贫血，对神经系统和心脏也有伤害。早在《黄帝内经》中即批判了"以酒为浆"的不良生活方式。元代忽思慧在《饮膳正要》中对酒的利害概括为："酒味甘辛，大热有毒，主行药势，杀百邪，通血脉，厚肠胃，消忧愁，少饮为佳，多饮伤神损寿，易人本性，其毒甚也，饮酒过度，伤生之源。"明代李时珍也有类似告诫："少饮则和血行气，壮神御寒，消愁遣兴；痛饮则伤神耗血，损胃失精，生痰动火。"饮酒的多少是相对而言的，一般认为每日乙醇量不超过

1g/kg 体重为宜，以 50°白酒配制的药酒为例，每日饮用量不超过 60ml 为宜，分 2~3 次服。黄酒或低度米酒配制的药酒，每日饮用量不超过 120ml 为宜，分 2~3 次服。

药酒内服剂量还与药物浓度有关。一般而言，浓度高，量可以少一点；浓度低，量可以多一点。药酒处方中含有毒药物者，初始剂量宜小，逐渐增大，谨慎观察有无不良反应，以便及时对症处理。此外，内服剂量也因人而异。妇女、不习惯饮酒者，在使用药酒时，可以先从小剂量开始，逐步增加到需要的剂量。

### 2. 药酒内服时间

养生保健类药酒一般可以佐餐服。治疗性药酒大多宜饭后服，特别是祛风湿类药酒、骨伤科类药酒，这类药酒对胃大多有一定刺激性，饭后服可以减少胃的不适感。但有些治疗胃肠道疾病如腹痛、腹胀、腹泻的药酒宜饭前空腹服，效果更好。安神镇静类药酒则宜晚上临睡前 1h 服。

### 3. 药酒外用

使用外用药酒涂搽，注意皮肤有无破损，一般破损处不宜用，以免引起刺激性疼痛。含有毒药物的外用药酒严禁入口、入眼、入鼻，用镊子夹棉球或用棉签蘸酒液涂搽患部，酒液尽量不要沾手，操作完后及时清洗双手。

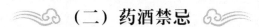

## （二）药酒禁忌

### 1. 药物禁忌

服用药酒，下列药物能增强乙醇的毒性：降压药物肼屈嗪（肼苯哒嗪）、利尿药依他尼酸（利尿酸）、抗抑郁药异卡波肼（闷可乐）等，所以应尽量避免同时使用。另外，下列药物如降压药胍乙啶，利尿药氢氯噻嗪（双氢克尿噻）、氯噻酮、镇静催眠药地西泮（安定）、苯巴比妥、氯氮草（利眠宁）、氯丙嗪（冬眠灵），抗组胺药异丙嗪（非那根）、苯海拉明，还有甲硝唑、阿司匹林等，因为乙醇能增强这些药物的不良反应，所以也应避免与药酒配伍同用。

### 2. 病症禁忌

乙醇对肝脏有损害，乙醇也可以导致血管对多种升压物质的敏感性增加，使血压升高，心率加快，心肌耗氧量增加。所以大凡肝病、原发性高血压、严重的心脏病患者禁用或慎用药酒。急性感染性炎症伴发热、咽喉疼痛、胃溃疡等，若应用药酒，所含乙醇对炎症可能产生激惹反应，加重病痛，故当忌用。此外，对乙醇过敏者也不宜使用药酒。

### 3. 孕妇禁忌

乙醇可以通过"胎盘屏障"从母体进入胎儿体内，影响胎儿脑细胞分裂及组织器官的细胞发育，造成胎儿发育迟缓、畸形及智力发育障碍，故孕妇一般不宜饮用药酒，尤其是长期饮用药酒。

# 养生保健药酒

# 一、延年益寿药酒

## 1. 防衰延寿酒 （《中国老年》）

[处方] 茯神、黄芪、芡实、党参、黄精、制何首乌各15g，枸杞子、黑豆、紫河车、白术、菟丝子、丹参、山药、熟地黄、莲子、柏子仁各10g，葡萄干、龙眼肉各20g，山茱萸、炙甘草、乌梅、五味子各5g。

[制备] 上药粉碎成粗末，用纱布袋装，扎口，以白酒2000ml密封浸泡14日。开封后取出药袋，压榨取液。将榨得的药液与药酒混合，静置后过滤即得。

[用法] 空腹温服。每次10～20ml，每日2次。

[效用] 补益精气，通调脉络。用于肝肾不足，气血渐衰，体倦乏力，腰膝酸软，头晕健忘，失眠多梦，食欲减退，神疲心悸等。

[按语] 本方为名医施今墨的处方，原为丹剂，现改为酒剂。本方药性平和，补而不燥，尤其适合于心脑消耗较大的中老年脑力劳动者服用。

## 2. 周公百岁酒 （《归田琐记》）

[处方] 炙黄芪20g，茯神20g，熟地黄12g，生地黄12g，当归12g，党参10g，麦冬10g，茯苓10g，白术10g，山茱萸10g，川芎10g，枸杞子10g，防风10g，陈皮10g，龟甲胶10g，羌活10g，五味子10g，肉桂2g，大枣20枚，冰糖100g。

[制备] 上药共研成粗末，装入2层纱布制成的口袋中。药袋扎口后置入干净容器中，倒入高粱酒3000ml，密封，放阴凉处。7日后开封饮用。

[用法] 空腹温服。每次20ml，每日3次。

[效用] 壮元气，和血脉，补虚益损。用于气怯神疲，形体清瘦，腰膝酸软，怔忡健忘，耳目失聪等。

[按语] 清代梁章钜《归田琐记》中载："塞上周翁制药酒，服四十余年，寿过百岁。其家三代人皆服此酒，寿命皆达七十余岁，故名周公百岁酒。"全方气血双补，水火既济，颇有妙理。

### 3. 人参固本酒（《韩氏医通》）

[处方] 人参 15g，天冬 30g，麦冬 30g，生地黄 30g，熟地黄 30g。

[制备] 诸药切成薄片，纱布袋装，扎口，用白酒 1000ml 浸泡。密闭 14 日后，取出药袋，压榨取液。将压榨液与原药酒合并后过滤装瓶备用。

[用法] 口服。每次 15～20ml，每日 1～2 次。

[效用] 益气阴，养心肺，补肾精。用于心肺肾虚，气阴不足，咽燥口干，短气无力，大便干结。老年人心、肺、肾三脏俱虚，气阴不足者尤宜。

[按语] 原书所载本方为丸剂，现改为酒剂。方中人参补脾肺之气，天冬、麦冬补心肺之阴，生地黄、熟地黄补肾阴、填肾精。全方三阴并补，兼补脾肺之气，是气阴并补的代表方剂。凡三阴俱虚兼有气虚者均可应用。

### 4. 清宫长春酒（清宫秘方）

[处方] 天冬 10g，麦冬 10g，熟地黄 15g，山药 10g，牛膝 20g，杜仲 20g，山茱萸 10g，茯苓 10g，人参 5g，木香 5g，柏子仁 15g，五味子 5g，巴戟天 15g，川椒 3g，泽泻 15g，石菖蒲 10g，远志 10g，菟丝子 15g，肉苁蓉 30g，枸杞子 30g，覆盆子 15g，地骨皮 15g。

[制备] 上药粉碎成粗末，纱布袋装，扎口，用白酒 2000ml 浸泡 1 个月。开封后取出药袋，压榨取液。将榨得的药液与药酒合并，静置后过滤即得。

[用法] 每日 1 次，每次 5～15ml。临睡前口服。

[效用] 补虚损，调阴阳，壮筋骨，乌须发。用于神衰体倦，肢酸乏力，健忘失眠，须发早白，以及老年妇女阴道出血。

[按语] 本方原为长春益寿丹，现改为酒剂。此方系清宫秘方，久服能乌须发、壮精神、健步履、延年益寿。

### 5. 回春酒（《同寿录》）

[处方] 生晒参 30g，荔枝 500g。

[制作] 生晒参粉碎成粗粉，纱布袋装，扎口；荔枝去核。将药袋与荔枝果肉用白酒 1000ml 浸泡，14 日后取出药袋，即得。

[用法] 口服。每日 2 次，每次 20ml，早晚各 1 次。

[效用] 健脾益气，延年益寿。用于年老体弱，精神不振，容颜憔悴，毛发枯焦无光泽。

[按语] 生晒参是商品人参中的一个大类，药性较红参平和，故适用于气阴不足者，有大补元气、补而不燥的特点。生晒参中含 30 多种人参皂苷、17 种氨基酸，还有糖类、酶类、有机酸、维生素、黄酮类等多种成分，以及铜、铁、

锌、锗等20多种微量元素。生晒参具有"适应原"样作用，能增强机体免疫功能，调节中枢神经系统，促进记忆，改善心肌供血和调节体内血脂、血糖含量等。所以，生晒参常被人们视为改善体质、延年益寿的良药。荔枝是水果中的珍品，《玉楸药解》载："荔枝甘温滋润，最益脾肝精血。"荔枝果肉富含葡萄糖、蔗糖、蛋白质、胡萝卜素、维生素 $B_1$、维生素 $B_2$、维生素 C、叶酸、枸橼酸、苹果酸等成分，以及钙、磷、铁等多种微量元素。鲜荔枝生津止渴，干品则能补脾养血。

## 6. 中藏延寿酒 （《中藏经》）

[处方] 黄精40g，天冬30g，苍术40g，松叶60g，枸杞子50g。

[制备] 除枸杞子、天冬外，诸药切细。将所有药物装入纱布口袋，扎口，置一干净容器中，加白酒1500ml浸泡。14日后取出纱布袋，压榨取汁。将榨得的药液与药酒混合，过滤后装瓶备用。

[用法] 口服。每次15ml，每日2次。

[效用] 益气阴，健脾胃。用于中老年人延缓衰老；或用于气阴不足，脾胃不调，倦怠乏力，气短食少者。

[按语] 相传本方为三国时代名医华佗所创。黄精历来被视为滋补强壮要药，具有养阴润肺、益气补脾的功效。天冬性寒味甘苦，有滋润肺肾的作用。松叶，又名松针、松毛，为松科植物马尾松或油松的针叶，以采集新鲜者入药为好。松，象征长寿，其龄久长，其叶经冬不凋，千百年前古人就知道用酒把松叶中的有效物质提取出来，制作松叶酒。北周庚信《庚子山集》中就有"方饮松叶酒，自和游仙吟"的诗句。松叶中含有多种有机酸、β-胡萝卜素及多种维生素，现代常用于治疗神经衰弱、失眠，如脑宁糖浆，即以本品为主药，配伍灵芝、大枣。苍术健脾燥湿，有降低血糖的作用。枸杞子有增强免疫的作用，还能抑制脂肪在肝细胞内沉积和促进肝细胞新生，对肝脏有一定保护作用。本药酒药性平和，可以经年常服，是中老年人很好的滋补药酒。

## 7. 延年益寿酒 （《寿世传真》）

[处方] 制何首乌200g，茯苓100g，山药40g，川牛膝50g，菟丝子50g，补骨脂30g，枸杞子80g，炒杜仲50g。

[制备] 上药研成粗末，装入纱布口袋，扎口后置干净容器中，加入白酒3000ml浸泡，密封。14日后开启，去药渣，过滤取液，装瓶备用。

[用法] 口服。每日早晚各1次，每次20～30ml。

[效用] 填精补髓，乌须延年。用于肾虚早衰，腰膝酸软，耳鸣遗精，须发早白。

[按语] 方中重用制何首乌以补肾养血、乌须发；茯苓、山药健脾益气；川牛膝、杜仲、菟丝子、补骨脂、枸杞子补肝肾、填精髓、强腰膝。全方侧重于补肝肾、养精血。中医学认为人体生、长、壮、老、已的规律与肾中精气的盛衰密切相关，肾中精气不足，必然会导致早老、早衰。因此，中医学中探讨防止早衰、延年益寿的方法，常从补肾填精入手。

## 8. 复方虫草补酒（经验方）

[处方] 冬虫夏草 10g，人参 15g，淫羊藿 30g，熟地黄 50g。

[制备] 人参切成薄片，与冬虫夏草同放于一干净容器中，用白酒 250ml 浸泡，密封容器。淫羊藿、熟地黄切细，用 750ml 白酒浸泡。14 日后，过滤去药渣，将药液与人参虫草药酒合并。药酒饮用完后，人参、冬虫夏草药渣可分次嚼食。

[用法] 口服。每日 1～2 次，每次 20ml。

[效用] 补气血，益肾精。用于未老先衰，年老体弱，用脑过度，记忆力衰退，性功能减退，肢体倦怠，酸痛不适。

[按语] 冬虫夏草，简称虫草，为名贵中药，始载于《本草从新》。《药性考》记载："秘精益气，专补命门。"配伍人参，则益肾补肺之力更强；配伍淫羊藿，则壮阳益精之力更甚。熟地黄滋阴养血，配伍此药，有"阴中求阳"之意，使全方温而不燥。阳虚怕冷者，将人参改用红参则更好。本方尚有增强心肌耐缺氧的能力，对老年体弱、心功能衰退者也有一定的保健作用。

## 9. 人参百岁酒（《浙江省药品标准》）

[处方] 红参 5g，熟地黄 10g，玉竹 15g，制何首乌 15g，红花 3g，炙甘草 3g，麦冬 6g，白砂糖 100g。

[制备] 上药制成粗末，封入纱布口袋内，用白酒 1000ml 浸泡，14 日后去渣过滤取液，再压榨药渣取汁。汁液合并，加入白砂糖，搅拌溶解后，静置过滤，密封备用。

[用法] 每日 2 次，每次口服 15～20ml。

[效用] 补养气血，乌须黑发，宁神生津。用于头晕目眩，耳鸣健忘，心悸不宁，失眠寐差，气短汗出，舌淡脉弱，须发早白。

[按语] 方中红参、炙甘草补气，熟地黄、制何首乌养血填精，玉竹、麦冬养阴生津，红花活血。全方补而不滞。中医学认为"发为血之余""肾其华在发"。所以须发早白常从补肾养血入手，而制何首乌是补肾养血、治疗须发早白的首选药物。生何首乌中含有蒽醌类致泻物质，所以需经炮制，以减弱其泻下作用，增强补益效能。

药酒重在调理人体阴阳气血，所以贵在坚持服用。方中人参用量不大，但冠以"人参百岁酒"之名，其意即在此。

### 10. 古汉养生酒（湖南民间方）

[处方] 生晒参 20g，黄芪 30g，枸杞子 30g，女贞子（制）30g，黄精（制）30g。

[制备] 生晒参、黄芪、黄精切薄片，女贞子打碎。诸药装纱布袋中，扎口，置干净容器中，以白酒 1000ml 浸泡。密闭容器，14 日后启封。开封后去药袋，压榨取汁。将榨得的药汁与浸出液合并，过滤装瓶，密闭备用。

[用法] 每日早、晚各饮 10～20ml。

[效用] 补气益阴。用于头晕耳鸣，精神萎靡，失眠健忘，腰酸耳鸣，气短乏力，面色萎黄。神经官能症、低血压及各种贫血患者，凡有上述症状者均可服用。

[按语] 大凡气阴两虚需用人参，都宜选用生晒参而不用红参，因为前者微温而不燥，益气生津作用较好；后者则温热之性明显，有温燥伤阴之弊。

### 11. 长生固本酒（《寿世保元》）

[处方] 枸杞子 30g，天冬 30g，麦冬 30g，五味子 10g，人参 20g，生地黄 30g，熟地黄 30g。

[制备] 上药粉碎为粗末，纱布袋盛装，扎口，置干净坛中，加白酒 1000ml 浸泡。酒坛加盖，置锅中隔水加热 1h 后取出酒坛，冷却后，埋入土中。5 日后取出，开封，去药袋过滤取液，装瓶备用。

[用法] 每日早晚空腹温服，每次 10～20ml。

[效用] 滋阴补肾，益气健脾。用于腰膝酸软，神疲乏力，心烦口干，心悸多梦，头晕目眩，须发早白。

[按语] 人以气血津液为本，气血津液充盈，则生机勃勃，青春常驻。方内枸杞子、生地黄、熟地黄滋补阴血，人参补气健脾，配伍天冬、麦冬、五味子更增补阴效果。养生药酒，每日适量，贵在坚持。

### 12. 八仙长寿酒（《寿世保元》）

[处方] 生地黄 30g，山药、山茱萸各 15g，茯苓、牡丹皮、泽泻各 12g，麦冬、五味子各 10g。

[制备] 上药研成粗末，纱布袋装，扎口，用白酒 1000ml 浸泡。密封 14 日后，取出药袋，将压榨药渣所得药液与药酒合并，过滤后装瓶，备用。

[用法] 每日 1 次，每次饮 20ml。

[效用] 补肾养肺。用于老年人肺肾阴虚，咳喘气短，腰膝酸软，遗精耳鸣。

[按语] 此方由六味地黄丸加麦冬、五味子而成，所制丸剂又名麦味地黄丸，现改为酒剂。方中所含六味地黄丸配方滋补肾阴，麦冬、五味子养肺阴、敛肺气。所以本方为肺肾同补，"金水相生"的代表方。如咳嗽痰少，可酌加蜂蜜150g于药酒中，以增强润肺作用。

## 13. 黄精枸杞子酒 (《奇效良方》)

[处方] 黄精100g，枸杞子100g。

[制备] 黄精蒸透、晒干、切片。纱布袋盛装上药，扎口，用白酒1000ml浸泡。14日后取出药袋，将压榨液与原药酒合并，过滤装瓶，备用。

[用法] 口服。每日2次，每次20ml。

[效用] 补气益精，延年益寿。用于病后体虚，阴血不足；脾胃虚弱，饮食减少，神疲倦怠；眩晕，早衰。也用于高脂血症。

[按语] 黄精、枸杞子为老年人常服之补品。《圣济总录》称："常服助气固精，补填丹田，活血驻颜。"黄精为百合科植物滇黄精、黄精或多花黄精的干燥根茎，主产于贵州、湖南、河北。黄精有较好的降血脂及抗动脉硬化作用，也有明显的降血糖作用。近期科学研究表明，黄精还有增加冠脉流量及降压作用。用黄精水煎液浸泡的桑叶喂养家蚕，能明显延长家蚕幼虫期和延长家蚕的寿命，说明黄精具有延缓衰老的作用。黄精的上述药理作用，对中老年保健具有重要意义。黄精配伍枸杞子，其药理作用进一步得到加强。黄精、枸杞子两种药物价廉易得，配制简单，故此方非常适合家庭应用。本方原为丸剂，名为二精丸。

## 14. 四季春补酒 (民间验方)

[处方] 人参10g，炙甘草10g，大枣（去核）30g，炙黄芪15g，制何首乌15g，党参15g，淫羊藿15g，天麻15g，麦冬15g，冬虫夏草5g。

[制备] 上药粉碎成粗粉，纱布袋装，扎口，用黄酒1000ml浸泡7日。加白酒500ml继续浸泡7日后，取出药袋，压榨取液。将榨得的药液与药酒混合，静置，滤过，即得。

[用法] 口服。每次20～30ml，每日2次。

[效用] 扶正固本，协调阴阳。用于元气虚弱，肺虚气喘，肝肾不足，病后体虚，食少倦怠。

[按语] 方中人参、炙甘草、大枣、炙黄芪、党参补益脾肺之气；制何首乌补肝肾、养阴血；淫羊藿、冬虫夏草补肾温阳，后者还有纳气平喘的作用；麦冬生津养肺胃之阴。全方阴阳气血都兼顾到，温而不燥，补而不滞，但重点在补益脾肺之气，以资生化之源。方中配伍天麻，一可平肝潜阳，二可通经活络。肝肾

之阴不足，易致肝阳上亢；血虚经脉失养，气虚卫分不固，易致邪客经络，出现肢麻、手足不遂，或风湿痹痛，故配天麻通经活络、平肝潜阳，实有防患于未然之意。白酒与黄酒混合浸泡药物，乙醇浓度低，也适于病后体虚或元气虚弱者的体质。此药酒适于四季饮用。高血压者慎用。

## 15. 虫草壮元酒（民间方）

[处方] 冬虫夏草 5g，人参 10g，黄芪 15g，党参 20g，制何首乌 15g，熟地黄 20g。

[制备] 上药粉碎成粗粉，纱布袋装，扎口。将白酒 500ml 与黄酒 500ml 混合后浸泡上药。14 日后取出药袋，压榨取液。将榨得的药液与药酒混合，静置，过滤，即得。

[用法] 口服。每次 20ml，每日 2 次。

[效用] 益气补肺，滋养肝肾。用于体虚，精神倦怠，头晕健忘。

[按语] 冬虫夏草益肾补肺、壮阳益精；人参、黄芪、党参补益脾肺之气；制何首乌、熟地黄补肝肾、填精血。全方重在培补元气。中医学认为，元气是人体的根本之气，机体的元气充沛，则体质强健，各脏腑、经络等组织器官的活力就旺盛。常服本方能补元气、强体魄，故将此方命名为虫草壮元酒。

## 16. 首乌酒（《中国药物大全》）

[处方] 制何首乌 30g，金樱子 30g，黄精 30g，黑豆（炒）60g。

[制备] 上药粉碎成粗末，纱布袋装，扎口，用白酒 1000ml 浸泡。14 日后取出药袋，压榨取液，并将榨得的药液与药酒混合，静置，滤过即得。

[用法] 口服。每次 20ml，早、晚各 1 次。

[效用] 养血补肾，乌须发。用于心血不足，肾虚遗精，须发早白，血脂、血糖过高者。

[按语] 何首乌具有补益精血、润肠通便、解毒的功效。其生品内含大黄样致泻成分，润肠通便作用较明显；炮制后其致泻作用被削弱，养血补肾作用则加强，故本方中用其炮制品。何首乌的药理研究表明，它具有良好的防治高脂血症及动脉硬化症的作用，并能降低血液高凝状态。金樱子，别名刺梨子，含有丰富的维生素 C、苹果酸、枸橼酸（柠檬酸）、鞣质、糖类等，《孙真人食忌》称其能"活血驻颜"。药理研究表明，金樱子有降低血胆固醇的作用，所含鞣质有收敛止泻功效。黄精养阴补气，也具有降血糖、降血脂和抗动脉硬化的药理作用，临床上降血脂时常配伍何首乌同用，降血糖常配伍葛根同用。黑豆，又称乌豆，含有丰富的蛋白质，其中含人体必需的多种氨基酸，尤以赖氨酸含量最高；所含脂肪，主要为亚油酸、油酸、亚麻酸等不饱和脂肪酸，并含有丰富的微量元素、B

族维生素等，对人体有益。中医认为黑豆有补肾益阴、健脾利湿功能，治须发早白，常与何首乌同用。

## 17. 玉竹长寿酒（《中国药物大全》）

［处方］玉竹30g，当归20g，党参20g，白芍30g，制何首乌20g。

［制备］上药粉碎成粗粉，纱布袋装，扎口，用白酒1000ml浸泡。14日后取出药袋，压榨取液，并将药液与药酒混合，静置后过滤，即得。

［用法］口服。每次10～20ml，每日2次。

［效用］益气血，健脾胃。用于气阴不足，身倦乏力，食欲不振，血脂过高者。

［按语］玉竹又名葳蕤，为百合科植物，有滋润肺胃之阴的功能。现代药理研究表明，玉竹有强心和扩张冠状动脉的作用，中国中医科学院西苑医院将本品配伍党参做成浸膏，用于冠心病心绞痛属气阴两虚证型患者，有较好的疗效。能使玉竹产生强心作用的物质是它所含的铃兰苦苷和兰铃苷，大剂量对心脏有不良反应，故不宜过量服用。本品尚有降血脂作用，常与何首乌或党参同用，如用参竹丸（玉竹、党参）、降脂合剂（玉竹、制何首乌、生山楂）治疗高脂血症，降脂减肥效果较好。党参益气健脾，当归、何首乌、白芍养血。人以气血为本，脾为气血生化之源，故本药酒能起到补益气血、延年益寿之功效。

## 18. 补仙酒（《经验良方全集》）

［处方］生地黄、菊花、当归各30g，牛膝15g。

［制备］红砂糖200g，烧酒500ml，糯米甜酒500ml，食醋适量。以适量食醋将红砂糖调匀，一同加入酒内；将其余药物装纱布袋中，扎口，浸泡酒中，密封14日后取用。

［用法］口服。每次20ml，每日2次。老年人若血压不高，可长期服用。

［效用］补肝肾，益阴血。用于老年精血亏损，容颜憔悴。

［按语］本方配制时，白菊花、黄菊花均可选用；牛膝以怀牛膝为好。方中生地黄补肾、养阴、生津；菊花清肝、疏风、明目；当归养血和血；牛膝补肝肾、强腰膝。诸药与烧酒、甜酒、红砂糖、食醋共同配伍内服，补肝肾，益阴血，驻容颜，抗衰老。本方在选用原料上有两个特点，一是用生地黄而不用熟地黄，二是加用食醋。生地黄药性偏凉，有滋阴凉血生津的功效；熟地黄药性偏温，有滋阴补血的功能。生地黄经酒蒸晒制成熟地黄。本方生地黄配伍菊花、当归、牛膝等药，重在"清补"，而不是"温补"，故用生者。但地黄滋腻，久服会影响脾胃消化功能，故方中酌加食醋，以"下气消食，开胃气"，助消化，减少地黄滋腻脾胃的不良反应。本药酒酸甜适度，口感颇佳，尚有当归、菊花之芳香

气味，酒色呈棕红色，色香味俱全。

## 19. 枸杞子酒（经验方）

[处方] 枸杞子100g。

[制备] 先将枸杞子洗净，晾干，放瓶中，再倒入白酒500ml，密封。将容器置阴燥处，每日振荡1次。2周后开瓶饮用。随饮随加白酒。

[用法] 口服。每日1～2次，每次20ml。

[效用] 益精气，明目。用于肝肾亏损，早衰，腰酸遗精，头晕目眩，视物模糊等。

[按语] 枸杞子以宁夏枸杞子为佳。味甘、性平。《神农本草经》称其能"滋肾，润肺，明目"。《本草纲目》所载枸杞子酒另加了生地黄汁100ml，以增强滋阴补肾作用。其制法为：先将枸杞子用酒浸泡2周，后入生地黄汁，密封容器，过30日后启用。生地黄汁乃鲜生地黄洗净后榨取的汁液，但脾胃虚、食少便溏者则慎用。《延年方》所载枸杞子酒，仅枸杞子一味药，云："能补体虚，长肌肉，益颜色，肥健人。"枸杞子对免疫功能具有促进和调节作用，能抗衰老，也有降血脂、降血糖、保肝和预防脂肪肝的作用，故常服枸杞子酒有很好的保健作用。

## 20. 春寿酒（《万氏家传养生四要》）

[处方] 生地黄20g，熟地黄20g，山药20g，天冬20g，麦冬20g，莲子肉20g，大枣20g。

[制备] 大枣剖开去核，其他诸药切细，纱布袋盛装，扎口，置干净坛中，加入白酒1500ml浸泡。容器加盖，置文火上煮沸15min，离火待冷却后，密封容器。5日后启封。将药渣取出榨汁，压榨液与药酒合并，装瓶备用。

[用法] 口服。每日1次，每次20ml。

[效用] 补肾益精，健脾固肾。用于阴精亏少，须发早白；头晕目眩，精神不振；脾胃虚弱，食欲不旺。

[按语] 中医养生学颇为推崇调补脾肾二脏，认为"肾为先天之本，脾为后天之本"。肾藏精，为脏腑阴阳之本、生命之源，故应惜精、固精、填精；脾主运化，一切营养物质的消化、吸收都要依靠脾胃功能的正常发挥才能完成，而人体赖以生存的气血主要依靠营养物质经消化吸收后转化而成，所以脾胃又称为"气血生化之源"。基于这一点，中医养生学十分重视对脾胃的补益和调养。本方中生地黄、熟地黄、天冬补肾填精；山药、莲子肉、大枣健脾补气，莲子肉尚能固肾敛精；麦冬养阴生津。全方从调补脾肾入手，颇得中医生之要领。

## 21. 延龄酒（《寿世编》）

[处方] 枸杞子60g，龙眼肉30g，当归15g，炒白术9g，黑豆25g。

[制备] 上药粉碎成粗粉，以纱布袋装，扎口，用白酒1500ml浸泡。14日后取出药袋，压榨取液，将榨得的药液与药酒混合，静置，滤过，即得。

[用法] 口服。每次20ml，每日2次。

[效用] 滋阴养血，健脾益气。用于阴血亏虚，心脾不足所致的形体倦怠，头昏眼花，心神不宁，健忘失眠。

[按语] 该药酒以枸杞子为主药。枸杞子内含胡萝卜素、维生素$B_1$、维生素$B_2$、烟酸、亚油酸、酸浆果红素、多种氨基酸及微量元素。现代药理研究表明，枸杞子能降血糖、降血脂、抗脂肪肝，对免疫功能有促进和调节作用。龙眼肉，即桂圆肉，有补益心脾、养血安神的功效；当归养血和血，为补血要药，与龙眼肉配伍，可增强养血安神作用；炒白术、黑豆有健脾、补气、利湿作用。全方的保健作用明显，尤其适用于中老年人。延龄酒经常服用有延年益寿的功效。

## 22. 洞天长春酒（上海民间方）

[处方] 党参15g，炙黄芪15g，狗脊15g，女贞子15g，覆盆子15g，熟地黄30g，制何首乌12g，怀牛膝12g，当归12g，陈皮12g，南沙参9g，炒杜仲9g，川芎9g，百合9g，茯苓9g，炒白芍9g，炒白术6g，炙甘草6g，山药6g，泽泻6g。

[制备] 诸药共为粗末，纱布袋装，扎口，置干净容器中，倒入白酒2500ml浸泡，密闭容器。14日后开封，取出药袋，压榨取液。将榨得的药液与原药酒合并，加白砂糖250g，搅拌均匀，溶解后过滤取液，装瓶密封即得。

[用法] 口服。每次10～20ml，每日2次。

[效用] 补气血，益肾精。用于面色不华，倦怠乏力，心悸怔忡，耳鸣健忘，头晕目眩，自汗盗汗，口干咽燥，短气声怯，腰膝酸痛，遗精阳痿。

[按语] 本方原为滋补膏方，现改为酒剂。方中党参、黄芪、茯苓、白术、山药、炙甘草健脾补气；当归、熟地黄、何首乌、白芍、川芎养血调血；狗脊、怀牛膝、杜仲、覆盆子补肝肾、强腰膝；南沙参、百合养肺胃之阴；配伍少量陈皮理气、泽泻利湿，使全方补而不滞。

## 23. 补精益老酒（《民间验方》）

[处方] 熟地黄40g，金樱子20g，全当归40g，川芎25g，杜仲25g，白茯苓25g，甘草10g，淫羊藿20g，金钗石斛30g。

[制备] 上药共碎为粗末，放于纱布口袋中，扎口，置于干净容器中，用白

酒 1500ml 浸泡，密封。春夏浸 7 日，秋冬浸 14 日即可。开封后去渣装瓶备用。

[用法]每日早晚空腹温饮，每次 10～20ml。

[效用]益精血，补虚损。用于虚劳损伤，精血不足，形体消瘦，面色苍白，饮食减少，腰膝酸软，阳痿遗精。

[按语]方中熟地黄、当归、川芎补血调血，杜仲、淫羊藿补肾助阳，茯苓健脾利湿，金钗石斛养阴，金樱子补肾固精，甘草调和诸药，兼调酒味。

## 24. 祝氏下元补酒（《祝味菊先生丸散膏方选》）

[处方]党参 15g，熟地黄 40g，茯神 15g，生龙齿 15g，生白术 20g，生黄芪 15g，山药 20g，酸枣仁 10g，炙远志 5g，巴戟天 15g，沙苑子 10g，枸杞子 10g，菟丝子 10g，金樱子 10g，白莲须 5g，莲心 5g。

[制备]上药粉碎成粗末，装入纱布袋中，扎口，用白酒 1500ml 浸泡，密封。14 日后启封，取出药袋，压榨取液。将榨得的药液与药酒混合后静置、过滤，即得。

[用法]每次 20～30ml，临睡前饮用。

[效用]填补下元，健脾安神。用于肝肾不足，心脾亏损，头晕目眩，腰膝酸软，心悸失眠，健忘神疲，遗精早泄等。

[按语]此方是名老中医祝味菊所创膏方之一，现改为酒剂。此方重用熟地黄，配伍山药、巴戟天、菟丝子、沙苑子、枸杞子填补下元，配伍党参、白术、黄芪健脾益气，配伍茯神、生龙齿、酸枣仁、炙远志、莲心安神养心，配伍金樱子、白莲须固肾敛精。方中所选药物具有温而不燥、滋而不腻、阴阳双补的特点。中医学认为，五脏虚损是衰老之因，但其中尤以脾肾虚衰为关键，故本方侧重于补益脾肾。

## 25. 杞蓉补酒（《宁夏药品标准》）

[处方]枸杞子 30g，制何首乌 30g，麦冬 30g，当归 20g，肉苁蓉 30g，补骨脂 20g，茯苓 20g，栀子 10g，怀牛膝 20g，红花 20g，冰糖 150g，神曲 20g。

[制备]上药除冰糖外均制成粗末，用纱布袋装，用白酒 2000ml 浸泡 14 日，去渣过滤取液。最后再将冰糖打碎溶入酒内即可。

[用法]每日 2 次，每次饮用 10～15ml。

[效用]补肝肾，益精血。用于腰膝酸软，头晕目眩，精神倦怠，健忘耳鸣，少寐多梦，自汗盗汗。

[按语]方中既有枸杞子、制何首乌、麦冬、当归滋补精血，又配伍肉苁蓉、补骨脂温补肾阳，红花、怀牛膝活血，茯苓、神曲健运脾胃，阴阳并补，补而不腻。方中配伍少量山栀清三焦之热，以防温补太过之弊。

## 26. 归杞龙眼酒 (《惠直堂经验方》)

[处方] 当归 50g, 枸杞子 100g, 龙眼肉 200g, 甘菊花 15g。

[制备] 上药粉碎成粗末, 纱布袋装, 扎口, 用白酒 2000ml 浸泡。14 日后取出药袋, 压榨取液。将榨得的药液与药酒混合, 静置, 过滤, 即得。

[用法] 口服。每次 20ml, 每日 2 次。

[效用] 补心肾, 益气血。用于中老年人头晕眼花, 健忘失眠, 腰膝酸软。

[按语] 当归是名贵中药, 百姓可能认为当归仅仅是妇科中常用的调经药, 其实它的作用是多方面的。文献记载, 当归不仅有调经止痛功能, 而且还是活血养血的重要药物。临床上凡血虚引起的头昏目眩、心悸失眠、腹痛肢麻以及血虚所致肠燥便秘都可以应用。现代研究发现, 当归所含的阿魏酸、丁二酸、烟酸、当归多糖以及维生素 E、维生素 $B_2$ 等都有良好的药理作用。如能缓解冠状动脉痉挛, 增加冠脉血流量, 对各种心肌缺血模型有保护作用; 能提高正常实验动物的细胞免疫和体液免疫功能, 提高单核吞噬系统的非特异吞噬能力; 具有增加外周血红细胞、白细胞、血红蛋白及骨髓有核细胞等作用。另外, 当归挥发油对大脑有镇静作用。方中配伍枸杞子滋补肝肾, 配伍龙眼肉养心安神, 配伍菊花清肝明目。血糖不高者, 药酒中可以酌加蜂蜜 100~200g 调味。中老年人常服本药酒, 能改善免疫功能, 增强抗病能力, 延缓衰老。

## 27. 刺梨清酒 (贵州民间方)

[处方] 鲜刺梨 500g, 酒曲适量, 糯米 2.5kg。

[制备] 刺梨洗净, 沥干, 压榨取汁, 备用。糯米蒸煮, 待凉后和入酒曲及刺梨汁酿制。

[用法] 口服。每次 50ml, 每日 1 次。

[效用] 滋补强身, 抗衰防癌。用于中老年人。

[按语] 刺梨, 又称天赐梨, 因果皮上长有小毛刺而得名。《本草纲目拾遗》记载:"刺梨形如堂梨, 多芒刺不可触。味甘而酸涩, 渍其汁同蜜煎之, 可作膏。"刺梨具有特殊香味, 初嚼时味略酸涩, 继之渐变甜, 是贵州、四川、云南等地特产的野生水果, 有"营养珍果"的美称。果中所含营养成分很多, 如糖类、胡萝卜素、维生素 $B_1$、维生素 $B_2$、维生素 C、维生素 P、维生素 E、10 多种氨基酸及微量元素钙、铁等。其中尤以维生素 C、维生素 P 含量惊人。每 100g 刺梨中含维生素 $P_2$ 909mg, 维生素 C 2585mg, 远远高于普通水果。刺梨中维生素 C 的含量是甜橙的 50 倍, 苹果的 400 多倍, 比猕猴桃高 10 倍。近年研究发现, 刺梨具有良好的抗癌作用, 且效果明显优于维生素 C, 真可谓养生抗癌珍果。

## 28. 刺五加酒（《本草纲目》）

[处方] 刺五加 120g。

[制备] 将刺五加粉碎成粗末，纱布袋装，扎口，用白酒 1000ml 浸泡 14 日。开封后取出药袋，压榨取液。将榨得的药液与药酒混合，静置，过滤，即得。

[用法] 口服。每次 20～30ml，每日 1 次。

[效用] 益气强身，延年益寿。用于体质虚弱、机体抗病能力和应变能力差者。

[按语] 刺五加与人参同属五加科植物，有较人参更好的适应原样作用。所谓适应原，就是使机体处于增强非特异性防御能力状态，可增强机体抵抗力，调节病理过程，使其趋于正常。

## 29. 人参当归酒（经验方）

[处方] 红参 15g，麦冬 20g，当归 15g，淫羊藿 15g，五味子（制）10g，熟地黄 20g。

[制备] 上述药物粉碎成粗粉，纱布袋装，扎口，用白酒 1000ml 浸泡 14 日。开封后取出药袋，压榨取液。将榨得的药液与原药酒混合，静置，滤过，即得。

[用法] 口服。每次 15ml，每日 2 次。

[效用] 益气养血，滋阴补肾。用于气血虚弱，肾亏阳痿，头晕目眩，面色苍白，梦遗滑精，身倦乏力。

[按语] 本方由著名古方生脉散配伍养血药当归、熟地黄和补肾壮阳药淫羊藿组成。生脉散由人参、麦冬、五味子三药组成，具有益气生津、敛阴止汗的功能，现代临床常应用于心绞痛、心肌梗死、病毒性心肌炎、心律失常等心血管疾病，具有良好的效果。因红参药性偏温，与麦冬、五味子配伍后药理作用更佳，故方中人参不用生晒参而用红参。淫羊藿又名仙灵脾，有雄激素样作用，这与古代文献记载的"壮阳"功能相一致。此外，淫羊藿与人参一样，能增强人体免疫和增加冠脉血流量。本药酒配方，气血双补，阴阳并调，心肾兼顾，堪称保健药酒中的上品，尤其适宜中老年人。一般血压不高者可经常服用，但不要过量。

## 30. 桑椹苍术酒（《东医宝鉴》）

[处方] 鲜桑椹子 200g，苍术 20g，地骨皮 20g。

[制备] 苍术、地骨皮共为粗末，纱布袋装，扎口，用白酒 1000ml 浸泡。密封 7 日后，取出药袋，压榨取液，将榨得的药液与原药酒合并，过滤后备用。将鲜桑椹子捣烂绞汁，和入药酒中，再密封 7 日后启用。

[用法] 口服。每日 2 次，每次 15～20ml。

[效用] 养血补肾，清肝明目，燥湿健脾。用于早衰，眼花，须发早白，食欲不振。

[按语] 桑椹子为桑科植物桑的果穗。若无鲜品，也可用干桑椹。据《滇南本草》记载，桑椹能"益肾脏而固精，久服黑发明目"。《随息居饮食谱》称其"滋肝肾，充血液，祛风湿，健步履，息虚风，清虚火"。故临床上常以桑椹为主药，配伍其他养血补血药治疗青少年白发；单用桑椹浸酒，也可用于风湿性关节炎的保健。

## 31. 龟鹿二仙酒 （《证治准绳》）

[处方] 龟甲（制）100g，鹿角片 200g，枸杞子 40g，人参 20g。

[制备] 龟甲、鹿角打成粗屑，人参切成薄片，诸药一并装入纱布袋中，扎口，用白酒 2000ml 浸泡，容器密封，每日摇动 1 次。14 日后启封，去药渣，过滤取液，装瓶备用。

[用法] 口服。每次 10～20ml，早晚各 1 次。

[效用] 大补精髓，益气养神。用于肾精亏损，虚羸少气，头晕耳鸣，视物不清，腰膝酸软，阳痿遗精等症。

[按语] 龟甲为乌龟的背甲及腹甲，含丰富的蛋白质、骨胶原，还含有天冬氨酸、苏氨酸、蛋氨酸、苯丙氨酸、亮氨酸等多种氨基酸，为滋阴补肾的重要药物。鹿角为梅花鹿雄鹿已骨化的角，有补肾阳、壮筋骨的作用。龟甲、鹿角，一阴一阳配伍在一起；枸杞子滋阴补血，人参益气补阳，亦是一阴一阳的配伍。全方配伍符合中医阴阳学说中"阳生阴长"的原理，具有大补精髓、益气养神的功效。

## 32. 龟龄补酒 （《中国药物大全》）

[处方] 龟甲（制）30g，鹿茸 5g，人参 10g，茯苓 10g。

[制备] 上药粉碎成粗粉，纱布袋装，扎口，用白酒 500ml 浸泡 14 日。开封后取出药袋，压榨取液。将榨得的药液与药酒混合，静置，滤过，即得。

[用法] 口服。每次 10ml，每日 1～2 次。

[效用] 滋阴助阳，宁心安神。用于阳虚阴亏，心悸失眠，遗精，阳痿，腰膝酸软，两目昏花，全身瘦弱。

[按语] 本方由《医方考》所载龟鹿二仙胶变通而来。方中以龟甲通任脉而补阴，鹿茸通督脉而补阳，两药峻补阴阳以生气血精髓，再加人参大补元气，益气壮阳之力更甚。龟甲配伍人参、茯苓还有安神作用。方中鹿茸也可以用鹿角片替代，剂量用到 20g，虽然助阳之力不如鹿茸，但价廉。龟甲入药经砂炒或醋炙，一者去腥膻味，二者使内含物质浸泡后易溶出。

## 33. 三味抗衰酒

[处方] 枸杞子 700g，山楂 300g，肉苁蓉 500g。

[制备] 用粮食白酒 7500ml 浸泡上药，约 1 个月后过滤取净汁，入瓶密贮备用。[时珍国药研究，1995，6 (2)：31.]

[用法] 口服。每次 30ml，每日 1 次，可以常饮。

[效用] 养阴填精，健脾补肾，益气和血。用于中老年体虚者。

[按语] 枸杞子有降血糖、降血脂、保肝、抗脂肪肝及延缓衰老等药理作用。山楂不仅有助消化作用，且有降血脂、扩张血管、增加冠脉流量、降低血液黏滞性、降压的药理作用。肉苁蓉具有补肾壮阳、润肠通便的功能。所以常服此药酒，对中老年体虚者确有延年益寿的好处。每次饮用剂量不要太大，徐徐图补为宜。

## 34. 复方红宝酒

[处方] 绞股蓝 50g，枸杞子 100g，生姜 50g。

[制备] 生姜切薄片。上药用 38 度白酒 1000ml 浸泡 7 天，即可饮用。[中国中医药科技，2000，7 (5)：294.]

[用法] 每日服 50ml，分 3 次于饭后 30min 服。

[效用] 强壮补益，延年益寿。用于中老年人。

[按语] 绞股蓝又名七叶胆，为葫芦科植物绞股蓝的根茎或全草，有良好的降血脂作用，其所含绞股蓝总皂苷是治疗高脂血症的常用药物。本品且有类似人参样的强壮补益作用，有延缓衰老和抗氧化的药理作用。枸杞子降血糖、降血脂、保肝、抗脂肪肝及延缓衰老。生姜温中健胃。

# 二、强筋健骨药酒

## 1. 五加皮杜仲酒（经验方）

[处方] 五加皮 30g，杜仲（炒）30g，续断 15g，牛膝 15g，桑寄生 15g，狗脊 15g，骨碎补 20g，当归 15g，川芎 10g，桂皮 5g，陈皮 15g。

[制备] 上药均为饮片，取玻璃瓶或陶瓷瓦罐盛装，用 50 度白酒 1500ml 浸泡，密封瓶口，1 个月后启封取液，静置，过滤后即得。

[**用法**] 口服，每次 15～20ml，每日 1～2 次。

[**效用**] 补肝肾，强筋骨。用于筋骨痿软，腰膝无力，骨质疏松，腰腿疼痛。

[**按语**] 五加皮系五加科植物细柱五加的根皮，习称南五加皮，是补肝肾、强筋骨、祛风湿的常用药物。从古到今以五加皮命名的药酒处方多达 10 多种，有的配方侧重在祛风湿，有的侧重在强筋健骨，主要根据配伍药物而定。本方五加皮配伍补肝肾药物，佐以养血活血之品，旨在强筋健骨。我国北方部分地区使用的北五加皮，即香加皮，为萝藦科植物杠柳的根皮，其功效与南五加皮相似，但因其含多种强心苷成分，应用不当，容易中毒，所以制作五加皮药酒应该用南五加皮，不可用北五加皮替代。方中骨碎补为水龙骨科植物槲蕨或中华槲蕨的根茎，又称猴姜。本品对骨质生长发育有促进作用，对骨质疏松有一定的预防和治疗作用。

## 2. 杜仲酒 (《古今图书集成》)

[**处方**] 杜仲 (炒) 50g，淫羊藿 25g，怀牛膝 25g，制附子 25g，独活 25g。

[**制备**] 上药粉碎成粗粉，纱布袋装，扎口，用白酒 1000ml 浸泡。14 日后取出药袋，压榨取液。将榨得的药汁与药酒混合，静置，过滤后即得。

[**用法**] 饭前空腹温饮。每次 10～20ml，每日 2 次。

[**效用**] 补肝肾，强筋骨，祛风湿。用于筋骨痿软，腰膝无力，周身骨节疼痛。

[**按语**] 生附子毒性大，不宜泡酒内服，一定要炮制后才可入药。本方重用杜仲，配伍淫羊藿、怀牛膝侧重补肝肾、强筋骨，独活祛风湿，附子祛寒止痛。本药酒适宜于风湿痹痛日久，肝肾不足者。杜仲宜用炒制过的，因为生杜仲皮中含有大量胶质，影响有效成分浸出，经炒制后，胶质被破坏，有利于有效成分的浸出。

## 3. 狗脊煮酒 (《圣济总录》)

[**处方**] 狗脊、丹参、黄芪、萆薢、牛膝、川芎、独活各一两 (50g)，附子 (炮裂，去皮脐) 一枚 (15g)。

[**制备**] 上药如麻豆大，用酒一斗浸，放入瓶中密封，重汤煮 3h 取出。现代制备方法：上药捣碎，置瓷坛或玻璃瓶中，用白酒 2000ml 浸泡，密封 2 周后开启，过滤即得。

[**用法**] 口服。每次 15～20ml，每日 2～3 次。

[**效用**] 祛风湿，强筋骨，益气活血。用于腰痛强直，不能舒展。

[**按语**] 狗脊，为蚌壳蕨科植物金毛狗脊的根茎，具有祛风湿、利关节、补肾壮腰的功能，《太平圣惠方》狗脊丸即以本品为主，主治五种腰痛。

### 4. 还童酒（《回生集》）

[处方]熟地黄 15g，生地黄 20g，当归 20g，羌活 5g，独活 5g，怀牛膝 10g，秦艽 15g，苍术 10g，五加皮（南）20g，续断 20g，陈皮 10g，草薢 10g，枸杞子 10g，麦冬 15g，木瓜 10g。

[制备]上药粉碎成粗粉，纱布袋装，扎口，用 50 度白酒 2000ml 浸泡。7 日后取出药袋，压榨取液。将榨得的药汁与药酒混合，静置，过滤后即可服用。

[用法]口服。每次 20ml，每日 2 次，早晚空腹温服。

[效用]补肝肾，强筋骨，祛风湿。用于老人肝肾不足，腰膝酸困，行走无力，关节疼痛，筋骨不舒。

[按语]老人腰膝酸困、关节疼痛、筋骨不舒是常见病症，主要因骨质疏松再感受风湿或风寒所致。中医学认为筋骨的强健与肝肾精血有关，所谓"肾主骨""肝主筋"，所以筋骨的虚弱，常需从补肝肾入手。方中熟地黄、生地黄、当归、枸杞子、续断、怀牛膝补肝肾之精血、强筋健骨，秦艽、苍术、五加皮、木瓜、草薢、羌活、独活祛风湿，配伍麦冬这一滋阴生津药，主要是为防止大队祛风湿药温燥太过，有一定的制约作用。现代研究表明，补肝肾的中药中，有不少对骨质疏松症有良好的治疗保健作用，如续断，近年已将其提取物研究开发成治疗骨质疏松症的新药。

### 5. 胡桃酒（《寿世青编》）

[处方]胡桃仁 120g，补骨脂 60g，杜仲（炒）60g，小茴香 20g。

[制备]杜仲切细，与诸药一起粉碎成粗粉，纱布袋装，扎口，用白酒 1500ml 浸泡。14 日后取出药袋，压榨取液。将榨得的药汁与药酒混合，静置，过滤后即得。

[用法]口服。每次 20ml，每日 2 次。

[效用]补肾，壮筋骨，乌须发。用于肾气虚弱，腰痛如折，或腰间似有物重坠，坐起艰难，或小便频数清长。

[按语]胡桃又名核桃，《开宝本草》称"食之令人肥健，润肌、黑发"。核桃含 40%～50% 脂肪油，主要为亚油酸甘油酯、亚麻酸、油酸甘油酯，另含蛋白质、维生素 $B_2$、胡萝卜素、钙、磷、铁等。胡桃为药食两用之品，药性平和，且有润肠通便之功效，故本药酒对老年人肠枯津少之便秘也适用。配伍补骨脂补肾壮阳，配伍杜仲补肝肾、强筋骨，配伍小茴香温肾缩尿、散寒止痛。

### 6. 青娥补酒（民间验方）

[处方]杜仲（炒）30g，胡桃肉 30g，补骨脂 20g，淫羊藿 30g，怀牛膝

20g，续断肉 30g。

[制备] 上药粉碎成粗粉，纱布袋装，扎口，用白酒 1500ml 浸泡。14 日后取出药袋，压榨取液。将榨得的药液与药酒混合，静置，过滤后即得。

[用法] 口服。每次 20ml，每日 2 次。

[效用] 补肝肾，强筋骨。用于老年骨质疏松症，腰腿酸疼，不耐负重。

[按语] 本方由《太平惠民和剂局方》青娥丸加减组成。原方中去蒜泥，加淫羊藿、怀牛膝、续断肉。中医学认为"肾主骨"，骨的病变，大多通过补肾来治疗。本方 6 味药，均为补肾要药。其中续断肉在防治老年性骨关节病、骨质增生、风湿性关节炎和类风湿关节炎中应用十分广泛，现代报道较多。一般配伍牛膝、狗脊、骨碎补等同用。如《魏氏家藏方》中的续断散，即以续断配伍牛膝，治老年风冷、转筋骨痛。本药酒可长期服用，对老年骨质疏松症的治疗和调理有益。

## 7. 秦巴杜仲酒（四川民间方）

[处方] 杜仲（炒）20g，茯苓 15g，枸杞子 20g，杜仲叶 20g，牛膝 15g，菟丝子 15g，制何首乌 15g，当归 15g，补骨脂（制）15g。

[制备] 上药粉碎成粗粉，纱布袋装，扎口，用白酒 1500ml 浸泡。7 日后取出药袋，压榨取液。将榨得的药液与药酒混合，静置，过滤后即得。

[用法] 口服。每次 10ml，每日 2～3 次。

[效用] 补益肝肾，强健筋骨。用于肝肾不足，腰膝酸软无力，肾虚腰痛。

[按语] 本方为四川秦岭、巴蜀一带民间药酒方，故取名秦巴杜仲酒。杜仲、牛膝、补骨脂是补肾强腰膝的常用药，常配伍同用；何首乌、当归、枸杞子滋补阴血；菟丝子补肾，与枸杞子配伍，且有明目作用。杜仲主产于我国四川、云南、贵州、湖北等地，尤以四川的杜仲最为有名，称川杜仲。杜仲入药常用其树皮，但近代研究发现，杜仲叶所含化学成分及其药理作用与皮相似。由于杜仲叶资源丰富、价廉，所以得到广泛应用。

## 8. 仙灵骨葆药酒（经验方）

[处方] 淫羊藿 30g，续断 30g，补骨脂 15g，地黄 15g，丹参 15g，知母 15g。

[制备] 上药均为饮片，用 50 度白酒 1500ml 浸泡 1 个月，去药渣过滤即得。

[用法] 口服。每次 15～20ml，每日 2 次。

[效用] 补肝肾，强腰膝。用于肝肾不足，腰膝无力，骨质疏松。

[按语] 本药酒采用中成药仙灵骨葆片的配方，淫羊藿又名仙灵脾，故得名"仙灵"，为方中主药。淫羊藿所含总黄酮对骨质疏松症有良好的防治作用。配伍续断、补骨脂补肝肾、强筋骨，丹参活血和血，地黄滋阴养血，配伍知母滋阴清

热，意在防止方中大量温燥药伤阴之弊。

### 9. 黄芪杜仲酒（《太平圣惠方》）

[处方] 黄芪 10g，杜仲（炒）15g，牛膝 20g，防风 15g，萆薢 15g，桂心 10g，石斛 20g，肉苁蓉 20g，制附子 10g，山茱萸 10g，石楠 10g，茯苓 10g。

[制备] 将上药捣为粗末，用白纱布袋盛之，置干净陶瓷或玻璃容器中，用 1000ml 白酒浸泡，14 天后启封，去药袋，过滤装瓶备用。

[用法] 温服。每次 10～20ml，每日 2 次。

[效用] 温肾阳，强腰膝，祛风湿。用于肾阳虚损，气怯神疲，腰膝冷痛酸软，风湿痹痛。

[按语] 方中肉苁蓉、制附子、桂心温补肾阳，杜仲、牛膝、山茱萸、石斛补肝肾、强腰膝，萆薢、防风、石楠祛风湿，配伍黄芪益气、茯苓健脾利湿。全方补泻结合，重在补肝肾治本。

### 10. 强筋健骨酒（经验方）

[处方] 淫羊藿 60g，续断 30g，五加皮（南）30g，骨碎补 30g。

[制备] 上药加工成饮片或粗粒，装白纱布口袋，扎口，用白酒 1000ml 浸泡 2 周，过滤即成。

[用法] 口服。每次 15ml，每日 2 次。

[效用] 补肝肾，强筋骨，祛风湿。用于肝肾不足，骨质疏松，腰膝酸痛。

[按语] 淫羊藿是补肾壮阳的常用药物，也是祛风湿止痹痛的良好药物。现代研究发现其所含总黄酮对骨质疏松症具有良好的防治作用，尤其对妇女绝经后骨质疏松症作用更为明显。民间单用浸酒亦可，本方配伍续断、五加皮、骨碎补，则强筋健骨作用更好。

# 三、安神健脑药酒

### 1. 天麻健脑酒（《陕西省药品标准》）

[处方] 天麻 15g，黄芪 10g，党参 10g，制何首乌 10g，枸杞子 10g，茯苓 10g，五味子 10g。

[制备] 上药粉碎成粗粉，纱布袋装，扎口，用白酒 1000ml 浸泡。14 日后取出药袋，压榨取液。将榨得的药液与药酒混合，静置，过滤，即得。

　　[用法] 口服。每次 20ml，每日 2 次。

　　[效用] 补肝肾，益气阴，安神健脑。用于肝肾阴虚、气虚所致气短神疲、失眠健忘、腰膝酸软、眩晕耳鸣、惊悸怔忡等。

　　[按语] 天麻是名贵中药，为兰科多年寄生草本植物天麻的块茎。春季产挖出土者为春麻，冬季产挖出土者为冬麻，质量以冬麻为好。天麻具有镇静、抗惊厥、抗癫痫、镇痛及抗炎等作用。临床广泛应用于风湿性关节炎、血管神经性头痛、高血压、癫痫、神经衰弱及脑外伤综合征等。本方配伍黄芪、党参、制何首乌、枸杞子补益气血、滋补肝肾，配伍茯苓、五味子宁心安神。

## 2. 灵芝酒 （民间方）

　　[处方] 灵芝 50g，人参 15g。

　　[制备] 上药粉碎成粗粉，纱布袋装，扎口，用白酒 1000ml 浸泡。14 日后取出药袋，压榨取液。将榨取液与药酒混合，静置，过滤，即得。

　　[用法] 口服。每次 20ml，每日 2 次。

　　[效用] 益气安神。用于气虚乏力，心悸健忘，失眠，神经衰弱。

　　[按语] 灵芝自古就被当作滋补强壮良药，由于野生灵芝稀少珍贵而被列为珍品。近 20 年来，我国人工培育灵芝获得成功，使得灵芝价格大大降低，临床应用日益普遍。灵芝为多孔菌科植物赤芝或紫芝的子实体，人工培养用其菌丝及发酵液。至今已从灵芝中分离得到 150 多种化合物，其中多糖及有机锗被认为是灵芝的主要活性成分。灵芝对人体具有多方面的保健功能，如能增强免疫力、调节免疫功能；能改善记忆障碍，能增加心肌营养性血流、改善心肌微循环、增强心功能；能增强红细胞的输氧能力；还有明显的镇痛作用和对中枢的镇静作用。本方配伍人参，可增强其补气安神作用。药酒中也可酌加蜂蜜或白糖 60g 以调味。体质偏阳虚者可选用红参，或高丽红参，体质偏阴虚者可选用生晒参。

## 3. 葆春康福酒 （吉林民间方）

　　[处方] 人参 20g，黄芪 30g，鹿茸 5g，枸杞子 30g，酸枣仁 20g，灵芝 20g，五味子 10g，蜂蜜 200g。

　　[制备] 诸药共为粗末，纱布袋装，扎口，置干净容器中，用白酒 1500ml 浸泡，密封容器。14 日后启封，取出药袋，压榨取汁。先将榨得的药液与药酒合并，再加蜂蜜调均匀，过滤后装瓶备用。

　　[用法] 口服。每次 10～20ml，每日 2 次。

　　[效用] 补气养血，益精安神。用于健忘多梦，心悸不宁，头晕目眩，形瘦

神疲，梦遗滑精，面色少华，舌淡脉弱。

[按语] 方内人参、黄芪补气，鹿茸补肾助阳，枸杞子养阴血，酸枣仁、灵芝、五味子安神兼补气阴。全方药性偏温，故实热证者忌用。方内人参可选用生晒参，以免红参药性过于偏温。

## 4. 参归养荣酒 《上海市药品标准》

[处方] 生晒参 10g，糖参 10g，龙眼肉 40g，玉竹 20g，白砂糖 250g。

[制备] 上药粉碎成粗粉，纱布袋装之，扎口，用白酒 1000ml 浸泡。14 日后取出药袋，压榨取液。合并榨取液与药酒后，再加入白砂糖，搅拌均匀，静置，过滤，即得。

[用法] 口服。每次 20ml，每日 2 次。

[效用] 益气养阴，补心安神。用于气阴两虚，神疲乏力，面色萎黄，失眠多梦，心悸健忘，食少纳差，眩晕耳鸣。

[按语] 人参按加工方法不同，可分为红参、生晒参、糖参等不同商品规格。一般而言，红参、生晒参补气力强，糖参次之；红参药性偏温，生晒参和糖参性平。本药方主要用于气阴两虚证，故不用红参而用生晒参和糖参。人参补气，还能安神益智，配伍龙眼肉以安神养血，配伍玉竹以补益肺胃之阴。故本药酒对神经衰弱、气阴两虚者尤为适宜。

## 5. 归脾养心酒 《济生方》

[处方] 酸枣仁 30g，龙眼肉 30g，党参 20g，黄芪 20g，白术 20g，茯苓 20g，木香 10g，炙甘草 6g，远志 10g，当归 20g。

[制备] 诸药粉碎成粗粉，纱布袋装，扎口，用白酒 2000ml 浸泡。14 日后取出药袋，压榨取液。合并榨取液与药酒后静置、过滤，即得。

[用法] 口服。每次 20ml，早晚各服 1 次。

[效用] 补脾养心，益气养血。用于思虑过度，劳伤心脾，心悸怔忡，健忘失眠。

[按语] 本药酒处方为古方归脾汤，原为汤剂，现改为酒剂。方中酸枣仁、龙眼肉、远志、茯苓养心安神，党参、黄芪、白术健脾益气，当归养血，炙甘草益气和中，木香理气醒脾。全方补而不壅，对神经衰弱及各种抑郁、倦怠、失眠者效果较好。药理研究表明，本方有促进记忆、抗过氧化作用，是一种较好的抗衰老药酒。

## 6. 天王补心酒 《摄生秘剖》

[处方] 人参 20g，玄参 20g，丹参 20g，茯苓 20g，远志 20g，桔梗 20g，五

味子 20g，当归 40g，麦冬 40g，天冬 40g，柏子仁 40g，酸枣仁 40g，生地黄 100g。

[制备] 上药研粗末，纱布袋盛装，扎口，置干净容器中，加入白酒 2500ml，密封浸泡。7 日后开启，去药渣，过滤装瓶备用。

[用法] 每日临睡前半小时饮 20ml。

[效用] 滋阴清热，养心安神。用于阴血不足，心烦失眠，精神衰疲，健忘盗汗，大便干结。

[按语] 本药酒处方为古方天王补心丹，现改为酒剂应用。方中酸枣仁、柏子仁、五味子、远志质润性补，具养心安神之功，配伍丹参除烦安神，配伍人参、茯苓益气安神；生地黄、玄参、天冬、麦冬均为甘寒多液之品，滋阴清热以除烦热；当归则养血安神。全方重在滋阴清热和安神。方内人参也可用党参 50g 替代。本药酒对心阴不足类型的神经衰弱者尤为适宜。由于方内大量配伍凉性滋阴药物，且剂量较大，故脾胃虚寒、湿痰多者慎用。

## 7. 康宝健脑补肾酒（山东民间验方）

[处方] 刺五加 10g，黄精 10g，党参 10g，黄芪 10g，桑椹 10g，雄蚕蛾 10只，枸杞子 10g，熟地黄 10g，淫羊藿 10g，山药 10g，山楂 10g，陈皮 10g，蜂蜜 100g。

[制备] 诸药切细，纱布袋装，扎口，置干净容器中，加入白酒 1000ml 密闭浸泡。14 日后启封，取出药袋，压榨取汁。先将榨得的药液与药酒合并，再加入蜂蜜搅拌均匀，过滤后装瓶，密闭备用。

[用法] 口服。每次 20ml，每日 2 次。

[效用] 益气健脾，补肾健脑。用于脾肾精气虚衰，神疲乏力，头晕目眩，失眠健忘，食欲不振，耳鸣失聪，腰膝酸软，阳痿早泄，心悸气短，舌淡脉弱。老年虚证者尤宜。阴虚火旺及湿热内盛者忌服。

[按语] 精气虚衰之象，中医治疗往往从补益脾肾入手。盖脾乃气血生化之源，为后天之本，肾乃藏精之所，水火之源头。故方中既用刺五加、黄芪、党参、黄精、山药、蜂蜜益气健脾，又用熟地黄、枸杞子、桑椹滋补肾精，雄蚕蛾、淫羊藿温补肾阳，配伍陈皮、山楂健运脾胃。全方脾肾阴阳并补，并寓阴中求阳，阳中求阴之意，尤其符合老年虚证病理生理特点。

## 8. 人参五味子酒（《辽宁省药品标准》）

[处方] 生晒参 15g，鲜人参（每支 7～10g）3 支，五味子 70g。

[制备] 五味子碾碎，生晒参切片，入纱布口袋内，扎口，置容器内。鲜人参整支放在容器内，倒入白酒 1500ml 浸泡。2 周后去纱布袋，留液备用。

[用法] 口服。每日 2 次，每次 20ml。

[效用] 补气强心，滋阴敛汗。用于汗多肢倦，心悸气短，头晕乏力，健忘少寐，面色少华，神经衰弱。

[按语] 人参甘温补气，五味子酸温收敛固涩、益气生津，两者配伍，中医学认为可以收到"酸甘化阴"的效果。气虚者多汗，汗为津液，汗多必伤阴津，故配伍五味子敛汗生津，以护其阴。五味子还有益气补益作用，配伍人参，在补气方面有协同作用。此外，五味子和人参一样，对中枢神经系统有很好的调节作用，与人参配伍合用，有良好的镇静安神作用，能改善人的智力活动，提高工作效率。方中所用鲜人参在制作药酒过程中要求保持完整的外形，以追求一种美感。

## 9. 五味子酒（经验方）

[处方] 五味子 40g。

[制备] 五味子压碎，用 52 度白酒 250ml 浸泡，每日振荡 1 次，10 日后滤去药渣即得。

[用法] 口服。每次 10ml，每日 2 次，10 日为 1 个疗程。

[效用] 宁心安神。用于神经衰弱，心悸失眠。

[按语] 五味子为木兰科植物五味子或华中五味子的干燥成熟果实。前者主产于我国东北、内蒙古、山西等地区，习称北五味子；后者主产于我国西南及长江流域以南地区，习称南五味子。一般以北五味子质地为好。五味子能除烦安神，对于阴血不足之心神不宁、心悸失眠有一定治疗作用。现代药理研究表明，五味子对中枢神经系统有良好的调节作用，能改善人的智力，提高工作效率。此外，五味子有同人参相似的适应原样作用，五味子中多种成分对氧自由基引起的损伤有明显的保护作用，对脂质过氧化的抑制强于维生素 E。

## 10. 枸杞子药酒（《吉林省药品标准》）

[处方] 枸杞子 80g，熟地黄 15g，黄精 15g，百合 15g，远志 9g，白砂糖 150g。

[制备] 上药粉碎成粗末，纱布袋装，扎口，用白酒 1500ml 浸泡。14 日后取出药袋，压榨取液。将榨得的药液与药酒混合，再加入白砂糖搅拌溶解，静置，过滤，即得。

[用法] 口服。每次 20ml，每日 2 次，空腹服用。

[效用] 养血益精，宁心安神。用于失眠多梦，心悸健忘，体倦神疲，头昏耳鸣，口干少津，面色不华。

[按语] 方内重用枸杞子，配伍熟地黄、黄精滋补阴血，百合养阴、清心安

神，远志增强安神作用。本药酒对阴血不足之神经衰弱者尤为适宜。而且枸杞子、黄精和百合都是很好的抗衰老药品，长期饮用本药酒，有一定的延寿作用。痰湿内盛者慎用。

## 11. 地黄养血安神酒 （《惠直堂经验方》）

[处方] 熟地黄 50g，当归 25g，制何首乌 25g，龙眼肉 20g，枸杞子 25g，沉香末 1.5g，炒薏苡仁 25g。

[制备] 上药粉碎成粗粉，纱布袋装，扎口，用白酒 1500ml 浸泡。14 日后取出药袋，压榨取液。将榨得的药液与药酒混合，静置，过滤，即得。

[用法] 温服。每次 15～20ml，每日 2 次。

[效用] 养血安神。用于失眠健忘，心悸怔忡，须发早白，头晕目涩。

[按语] 本方重在养血安神，对于血虚所致上述表现及神经衰弱者有一定保健功能。中医学认为心血的充盈正常与否，与神志、记忆、睡眠有密切关系。所以，神志、记忆和睡眠出现病态，常从养血补心入手。方内熟地黄、当归、制何首乌、枸杞子、龙眼肉养心补血以安神，配伍炒薏苡仁健脾利湿，少量沉香末行气，使全方补而不腻。

## 12. 十二红药酒 （《江苏省药品标准》）

[处方] 地黄、续断各 30g，黄芪、牛膝各 25g，山药、龙眼肉、当归各 15g，制何首乌、党参、茯苓、杜仲各 20g，大枣 40g，红花、甘草各 5g，砂糖 400g。

[制备] 上药 14 味，先以白酒 2000ml 浸泡 2 周，过滤取液。药渣用 1000ml 白酒再浸泡 2 周，过滤取液。先将 2 次滤液合并，再将砂糖用少量白酒加热溶化后加入药酒内，搅匀，静置沉淀后取上清液，备用。

[用法] 口服。每日 2 次，早晨和临睡前各饮用 20～30ml。

[效用] 补气养血，健脾安神。用于失眠多梦，心悸健忘，头晕目眩，食少倦怠，面色少华，舌淡脉细。

[按语] 方中黄芪、党参、茯苓、山药、大枣、甘草益气健脾，地黄、龙眼肉、当归、制何首乌养血安神，续断、杜仲、牛膝补肝肾、强腰膝，配伍少量红花活血，使全方补而不滞。本药酒对神经衰弱，属气血不足、肝肾亏损者尤为适宜。

## 13. 玉灵酒 （《随息居饮食谱》）

[处方] 龙眼肉 100g，西洋参 20g，白糖 100g。

[制备] 西洋参粉碎成粗末，与龙眼肉同置纱布袋中，扎口，用白酒 1000ml 浸泡。21 日后取出药袋，加入白糖，搅拌均匀，静置，过滤，即得。药袋可再

用 250ml 白酒浸泡，7 日后取出药袋，压榨取液，将榨取液并入药酒，静置，过滤，即得。将前后 2 次药酒合并，装瓶备用。

[用法] 口服。每次 10～30ml，每日 1 次，睡前服用。

[效用] 益气养心。用于老年体弱，心慌气短，失眠多梦，疲倦乏力，自汗盗汗。

[按语] 龙眼肉，即桂圆肉，是药食两用之品，大凡心脾两虚、气血不足之失眠、健忘、惊悸、眩晕都可应用，但单用力薄，所以配伍西洋参同用，以增强益气养心的功能。本方不用人参而用西洋参，其原因正如《医学衷中参西录》中所说的："西洋参，性凉而补，凡欲用人参而不受人参之温补者，皆可以此代之。"西洋参对中枢神经系统具有双向调节作用，但抑制中枢的作用更为突出，同时也能增强机体对各种有害刺激的特异性防御能力，且有较好的抗疲劳作用。所以，长期小剂量服用西洋参和龙眼肉配制的药酒，对改善睡眠、增强体力、消除疲劳，具有良好的功效。

## 14. 龙眼桂花酒（《寿世保元》）

[处方] 龙眼肉 125g，桂花 25g，白砂糖 60g。

[制备] 将龙眼肉、桂花与烧酒 1000ml 同放入容器中，密封，1 个月后启封加入白砂糖，搅匀饮用。

[用法] 口服。每次 20ml，每日 2 次。

[效用] 安神定志，宁心悦颜。用于心脾亏虚，头昏，体倦，心慌，失眠。

[按语] 龙眼肉味甘质润，性质温和，为补益心脾之佳果，内含葡萄糖、蔗糖、蛋白质、B 族维生素、维生素 C、维生素 PP，以及铁、钙、磷等微量元素。《神农本草经》载其："主安志，厌食，久服强魂魄，聪明。"《滇南本草》称其："益血安神，长智敛汗，开胃益脾。"《万氏家方》所载龙眼酒，即以龙眼肉单味浸烧酒百日，据载常饮此酒，能温补脾胃，助精神。本药酒配方中另加桂花 25g，据文献记载，此花有"暖脾胃，散风寒，通血脉"的功效，另外，也能使药酒香甜醇厚。

## 15. 人参不老酒（《寿亲养老新书》）

[处方] 人参 20g，川牛膝 20g，菟丝子 20g，当归 20g，杜仲 15g，生地黄 10g，熟地黄 10g，柏子仁 10g，石菖蒲 10g，枸杞子 10g，地骨皮 10g。

[制备] 诸药共研为粗末，纱布袋装，扎口，置干净容器中，用白酒 2000ml 浸泡。密封容器 14 日后，去药渣并压榨药袋，取汁与药酒合并，过滤装瓶，密闭备用。

[用法] 口服。每次 10～20ml，每日 2 次。

[效用] 滋肾填精，补气益智。用于腰膝酸软，神疲乏力，心悸健忘，头晕耳鸣。

[按语] 方中人参补气，川牛膝、菟丝子、杜仲补肝肾、强腰膝，生地黄、熟地黄补肾填精，当归、枸杞子养精血，柏子仁、石菖蒲安神益智，地骨皮清虚热且能降血糖。全方气血阴精俱补，尤宜于老年人服用。

## 16. 复方虫草补酒（民间方）

[处方] 冬虫夏草 5g，人参 15g，淫羊藿 15g，熟地黄 30g。

[制备] 上药粉碎成粗粉，纱布袋装，扎口，用白酒 1000ml 浸泡。14 日后取出药袋，压榨取液。将榨得的药液与药酒混合，静置，过滤，即得。

[用法] 口服。每次 20ml，每日 1～2 次。

[效用] 补精髓，益气血。用于体质虚弱，用脑过度，记忆力衰退，性功能减退，或肾虚咳喘，或肾虚久痹，肢麻筋骨痿软。

[按语] 冬虫夏草是名贵中药，以虫体完整、肥壮、坚实、色黄、子座短者为佳。冬虫夏草具有补益肺肾、壮阳益精、平喘止咳的功能。用于肾虚阳痿，一般常与淫羊藿同用，在补肾壮阳方面有协同作用；用于肾虚咳喘，常与人参同用。方中另外配伍熟地黄，以增强补肾益精功效。淫羊藿具有温肾壮阳、祛风湿、强筋骨的功能。

## 17. 天麻补酒（经验方）

[处方] 天麻 30g，人参 15g，三七 10g，杜仲 20g。

[制备] 上述药物粉碎成粗末，纱布袋装，扎口，用 1000ml 白酒浸泡。14 日后就可取出药袋，压榨取液，再将榨取液与药酒混合、静置，过滤后即可饮用。

[用法] 口服。每次 15～20ml，每日 1～2 次。

[效用] 益气补肾，祛风通络。用于神经衰弱，身体虚弱，身倦乏力，头晕目眩，或肢体麻木，筋骨挛痛。

[按语] 天麻为名贵中药，《本草纲目》记载："眼黑头眩，风虚内作，非天麻不能治。"故民间对天麻能治头眩病比较熟悉。其实，天麻还有镇静、抗惊厥、镇痛和降血压功能，临床根据不同用途，通过不同药物的配伍强化天麻某一方面的功能。例如，人参对中枢神经系统有较好的调节作用，与天麻配伍后，强化了天麻对神经系统的作用，故对神经衰弱患者尤其适宜。三七与人参同属于五加科植物，与天麻配伍后加强了镇痛作用。此外，三七与人参都能增加冠状动脉流量、降低心肌耗氧量、保护心肌、改善心功能。杜仲具有补肝肾、强腰膝、壮筋骨的功能，且有降血压作用，故与天麻配伍后，止眩晕、镇痛作用得到加强。全

方药味不多，但配伍严谨。

# 四、调理脾胃药酒

## 1. 五香酒料 （《清太医院配方》）

[处方] 甘松、白芷、藿香、山柰、青皮、薄荷、檀香、砂仁、丁香、大茴香、肉桂、菊花、甘草各10g，木香、红曲、小茴香、干姜各3g。

[制备] 将上药研粗末，纱布口袋装，扎口，用白酒1000ml密封浸泡，10日后去药渣，过滤备用。

[用法] 口服。每次10～20ml，每日早、晚各1次。

[效用] 醒脾健胃，芳香辟秽。用于脾胃气滞，食欲不振。也可适用于暑月感受风寒等症。

[按语] 处方中应用大量辛温香燥之品，易伤阴动火，故阴虚火旺者忌服。原配方诸药用量较大，收载时剂量都做了酌减，以求平和，不致劫伤阴液。同时，将原配方中细辛一药删去，因该药挥发油中含有对人体有害物质，作酒剂应用不宜。

## 2. 红茅药酒 （《全国中药成药处方集》）

[处方] 公丁香6g，白豆蔻6g，砂仁10g，高良姜6g，零陵香6g，红豆蔻6g，白芷10g，当归30g，木香2g，肉豆蔻6g，陈皮20g，枸杞子10g，檀香2g，草豆蔻6g，佛手10g，桂枝6g，沉香4g，山药6g，红曲162g。

[制备] 将上述药物装入布袋，浸于烧酒5200ml中，加热，煮数沸，再兑入蜂蜜1560g、冰糖4162g，溶化即成。蜂蜜、冰糖用量可酌情减量。

[用法] 口服。每次15～30ml，需烫热饮用。

[效用] 温中散寒，行气和胃。用于寒湿中阻，脾胃气滞，脘腹胀满痞塞不舒，消化不良，不思饮食。

[按语] 本方在大量辛温药中配伍当归、枸杞子、山药、蜂蜜，以滋阴养血、润燥益气，防止温燥伤阴之弊。家庭配制剂量可按比例降下来。红曲，又名红米，为曲霉科真菌紫红曲霉寄生在粳米上而成的红曲米，红曲之名见于《饮膳正要》。本品有健脾消食、活血化瘀功能。血糖过高者慎用。

### 3. 状元红酒（《全国中药成药处方集》）

[**处方**] 当归15g，红曲30g，砂仁30g，陈皮15g，青皮15g，丁香6g，白蔻6g，栀子6g，麦芽6g，枳壳6g，藿香9g，厚朴6g，木香3g。

[**制备**] 上述药物研成粗粉，装入布袋内，扎口，浸于1500ml白酒中，用文火煮30min，加入冰糖1kg，取出放凉，去药袋，备用。

[**用法**] 口服。每次15～20ml，早、中、晚各1次。

[**效用**] 疏肝理气，醒脾开胃。用于肝气郁滞，脾胃失和，脘腹饱胀，嗳气呃逆，不思饮食等。本药酒药物偏温性，故适宜于气滞偏寒者。

[**按语**] 红曲，为曲霉科真菌紫红曲霉寄生在粳米上而成的红曲米，主产于福建、广东等地。红曲之名最早见于《饮膳正要》，具有健脾消食、散瘀的功效。

### 4. 红果酒（民间验方）

[**处方**] 红果500g。

[**制备**] 将红果洗净，晾干，浸于1000ml白酒中，14日后即可饮用。

[**用法**] 口服。每次20ml，早、中、晚各1次。

[**效用**] 消食健胃，活血化瘀。用于食积不化，消化不良；产后瘀阻腹痛；血脉痹阻，胸膈不利等。

[**按语**] 红果，即山楂，为蔷薇科植物山里红、山楂的果实。山楂可增加胃中消化酶的分泌，促进消化，所含解酯酶亦能促进脂肪类食物的消化。山楂还有明显的降血脂和抑制血小板聚集的药理作用。

### 5. 刺梨酒（民间验方）

[**处方**] 刺梨500g。

[**制备**] 刺梨洗净晾干，浸于白酒1000ml中，14日后即可饮用。

[**用法**] 口服。每次20～30ml，早、晚各1次。

[**效用**] 健胃消食。用于消化不良，食积饱胀。

[**按语**] 刺梨，又名文先果（四川），为蔷薇科植物缫丝花或单瓣缫丝花的果实。味甘、酸而涩，性平。文献记载除有消食健胃作用外，尚有止血作用，可应用于便血、痔血等多种出血症。

### 6. 神仙药酒（《清太医院配方》）

[**处方**] 檀香6g，木香9g，丁香6g，砂仁15g，茜草60g，红曲30g。

[**制备**] 上药共研粗末，纱布袋装，置陶瓷或玻璃容器中，用白酒500ml浸泡，7日后取浸出液待用。

[**用法**] 口服。每次 15～20ml，每日 1～2 次。

[**效用**] 行气快膈，开胃消食。用于食积气滞证，症见脘腹饱胀不舒、纳呆、嗳气频作等。脾虚气滞者慎用。

[**按语**] 胃腑以通为用，胃气以降为顺。故针对食积气滞证，方中应用诸多行气开胃药如檀香、木香、砂仁、红曲等是理所当然的，但为什么配伍大剂量茜草？历代本草文献记载茜草有凉血止血、活血通经的功效。临床一般血证得比较多。但现代研究发现该药水煎剂对乙酰胆碱引起的离体兔肠痉挛有解痉作用，所以推测此经验方中配伍大量茜草与此药理作用有关。人体胃肠道平滑肌的不同程度痉挛，可能会影响胃的排空，出现中医所言食积气滞的证候。

## 7. 益气健脾酒（《太平惠民和剂局方》）

[**处方**] 党参 60g，炒白术 40g，茯苓 40g，炙甘草 20g。

[**制备**] 上药粉碎成粗粉，纱布袋装，扎口，用白酒 1000ml 浸泡。7 日后取出药袋，压榨取液。将榨得的药液与药酒混合，静置，过滤，即得。

[**用法**] 温服。每次 20ml，每日 2 次。

[**效用**] 补气健脾。用于脾胃气虚，短气无力，脘腹胀满，不思饮食。

[**按语**] 本药酒配方，原为《太平惠民和剂局方》所载的四君子汤，现改为酒剂。现代研究表明，四君子汤具有抗胃溃疡、抑制胃肠运动、提高细胞免疫和体液免疫、抗肿瘤与抗突变、抗自由基损伤等作用，所以本方一直被人们视为调理肠胃功能和抗衰老的基本方剂之一。应该指出的是，由于本方现改为酒剂，所以对有溃疡病的患者来说，不宜饮用此药酒，仍以服用汤剂为宜。但是，由于酒剂服用方便，并易于长期坚持服用，所以对慢性胃炎证属脾胃气虚的患者，可以选用本药酒长期服用，有较好的保健作用。

## 8. 人参大补酒（经验方）

[**处方**] 红参 15g，蜜炙黄芪 30g，玉竹 30g，炒白术 10g，茯苓 15g，炙甘草 10g。

[**制备**] 上述药物粉碎成粗粉，纱布袋装，扎口，用白酒 1000ml 浸泡。14 日后取出药袋，压榨取液。将榨取液与药酒混合，静置，过滤，即得。

[**用法**] 口服。每次 15ml，每日 2～3 次。

[**效用**] 补气健脾。用于脾胃虚弱，精神疲倦，食欲不振，腹泻便溏。

[**按语**] 本药酒补气健脾。方中人参用红参，实有温补之意。黄芪补益脾肺之气，常与人参配伍同用，增强其补气之力。同时，黄芪不用生品而用蜜炙过的炮制品，旨在增强补中益气之功效。玉竹常与人参配伍，一阴一阳，有既济之妙。白术、茯苓健脾利湿。甘草在方中一方面佐红参益气，另一方面调和诸药，

兼调酒味，是方剂中的佐使药。

## 9. 党参酒（《药酒验方选》）

[处方] 老条党参1支。

[制备] 将党参拍出裂缝，置于干净容器中，用白酒500ml浸泡，密闭容器，14日后开启饮用。

[用法] 口服。每次20ml，早晚各1次。

[效用] 健脾补气。用于老年人脾胃气虚，食少便溏，倦怠乏力。

[按语] 目前市售党参大多为栽培品，习惯上以山西潞党参品质最优。党参以条粗壮，质柔润，外皮细，断面有菊花心，嚼之无渣者为佳。党参具有补益脾肺之气的功能，是治疗脾肺气虚证的主要药物之一。其所含的主要成分为党参多糖，能明显增强机体免疫功能，提高机体应激能力，增强心肌收缩力和增加心泵输出量，且有明显的抗溃疡作用和调节胃肠功能的作用。此外，党参也一直被人们视为抗衰老的药物而受到重视。血糖不高者可酌加蜂蜜100g于药酒中，以增添药酒甘醇风味。

## 10. 扶老强中酒（《传信适用方》）

[处方] 神曲100g，炒麦芽50g，吴茱萸25g，干姜25g。

[制备] 诸药研成粗末，纱布袋装，扎口，用白酒1500ml浸泡。14日后取出药袋，压榨取汁。将榨得的药液与药酒混合，静置，过滤，即得。

[用法] 口服。每次10～20ml，每日2次，饭前空腹服用。

[效用] 温中消食。用于脾胃虚寒，消化不良，食少腹胀。

[按语] 神曲是由面粉和6种中药调和后再经微生物发酵而成的，内含酵母菌、B族维生素等，能促进胃液分泌，具有消食行气的功能。麦芽含淀粉酶、转化糖酶、B族维生素、磷脂、麦芽糖等，也有助消化的功能。吴茱萸和干姜温中祛寒，且兼有止痛、止吐的作用。本方对老年人脾胃阳虚、阴寒内盛所致的消化不良、食少腹胀或腹痛者尤宜。

## 11. 枳术健脾酒（经验方）

[处方] 枳实（炒）20g，白术30g，麦芽（炒）15g，谷芽（炒）15g。

[制备] 上药粉碎成粗粉，纱布袋装，扎口，用白酒500ml浸泡7日。取出药袋后压榨取液，再将榨得的药液与药酒混合，静置，过滤，即得。

[用法] 口服。每次10～15ml，每日2～3次，饭前空腹服。

[效用] 健脾，消痞，化滞。用于脾虚气滞，饮食停聚，心下痞闷，脘腹胀满，不思饮食。

[按语]本药酒配方由枳术丸加麦芽、谷芽组成。方中白术健脾补气为主药，配伍枳实行气消痞，配伍谷芽、麦芽消导积滞。全方补虚泻实，标本兼顾。

## 12. 厚朴将军酒（《备急千金要方》）

[处方]厚朴（制）30g，大黄20g。

[制备]上药粉碎成粗末，纱布袋装，扎口，用黄酒500ml浸泡3h后，再以小火煮沸20min，待凉后，密封容器。7日后取出药袋，压榨取液。最后将榨得的药液与药酒混合，静置，过滤，即得。

[用法]口服。每次20ml，每日2～3次。

[效用]消食导滞，行气通便。用于宿食内积，脘腹饱胀，不思饮食，大便秘结。

[按语]厚朴具有燥湿行气、导滞的功能，临床常用于湿滞或食积引起的脘腹饱胀等症。其所含挥发油、厚朴酚、厚朴醇等成分，有促进机体消化腺液分泌、促进胃肠运动的作用，同时也具有较强的抗菌功能。大黄为泻下通便的良药，因其作用峻猛，故习称"将军"。大黄除具有泻下通便的药理作用外，还有清热泻火、止血活血等多种作用，小剂量尚有健胃作用。本药酒每次用量20ml，对因消化不良、宿食内积引起的胃肠道种种不适，有一定的调理和保健功能。

## 13. 状元红酒（《全国中成药处方集》）

[处方]陈皮15g，青皮15g，当归15g，枳壳6g，厚朴6g，砂仁6g，白蔻仁6g，藿香9g，麦芽6g，栀子6g，神曲30g，木香3g，丁香3g，冰糖250g。

[制备]上药粉碎成粗粉，纱布袋装，扎口，用白酒1000ml浸泡，密封容器。将容器隔水加热，煮沸15min后熄火，待温后溶入冰糖。7日后取出药袋，压榨取液，并将榨取液与药酒混合。药酒静置、过滤后即可饮用。

[用法]口服。每次10～20ml，每日2次，早晚各1次。

[效用]疏肝理气，健脾开胃，消食化滞。用于肝胃失和，饮食停滞，脘部胀痛，不思饮食，口黏苔腻。

[按语]方中陈皮、厚朴、砂仁、白蔻仁、木香行肠胃之气滞，青皮、枳壳疏肝理气，藿香芳香化湿，麦芽、神曲消食化滞，丁香温中，栀子清郁热，当归则有养血柔肝作用。全方用药虽多，但杂而不乱，配伍有序。

## 14. 金橘酒（民间方）

[处方]金橘600g，蜂蜜120g。

[制备]金橘洗净，晾干，拍松或切瓣，与蜂蜜同入白酒1500ml中，加盖密封，浸泡2个月即成。

[用法] 口服。每次 20ml，每日 2～3 次，温饮。

[效用] 理气，开胃。用于食欲不振，食滞胃呆，咳嗽痰涎。

[按语] 金橘又称金枣，《本草纲目》称其能"下气快膈，止渴解酒"，"皮尤佳"。金橘含丰富的维生素 C，80％集中在果皮中，金橘中所含金橘苷与维生素 C 结合后，有强化毛细血管的作用，可防止老年人血管脆弱和破裂出血。金橘泡酒，别有风味，可理气祛痰、开胃暖胃。

## 五、调补气血药酒

### 1. 八珍酒 （《万病回春》）

[处方] 全当归 20g，白术 20g，炒白芍 12g，白茯苓 12g，川芎 6g，人参 6g，熟地黄 15g，核桃仁 15g，炙甘草 5g，五加皮（南）24g，大枣 15g。

[制备] 上药研成粗末，纱布口袋盛装，扎口，入干净容器中，加糯米酒 3000ml 浸泡。容器密封隔水煮 1h 后，先埋土中 5 天，从土中取出后再静置 21 天。此后将药酒去渣过滤，即得。

[用法] 温服。每次 30ml，每日 2 次。

[效用] 补肾健脾，益气养血。用于气血不足，神疲乏力，肢体困倦，面色少华，不思饮食。

[按语] 本方由《正体类要》八珍汤加五加皮、核桃仁组成。方中当归、川芎、熟地黄、白芍补血；人参、白术、茯苓、炙甘草补气健脾；五加皮补肝肾，强筋骨；核桃仁补肺肾，润肠通便；酌加大枣健脾补气，兼调酒味。血糖不高者药酒中可酌加冰糖 200g 或蜂蜜 200g，以增添甘醇风味。

### 2. 十全大补酒 （《太平惠民和剂局方》）

[处方] 当归、川芎、熟地黄、白芍、党参、白术、茯苓、黄芪各 60g，甘草、肉桂各 30g。

[制备] 上述诸药共为粗末，纱布袋装，扎口，置酒坛中，加白酒 3000ml 浸泡，密封容器。14 日后开封，取出纱布袋，压榨取汁，将榨得的药液与药酒混合。药酒过滤后装瓶备用。

[用法] 口服。每日 2 次，早晚各 15ml。

[效用] 温补气血。用于气血不足，虚劳咳嗽，食少遗精，精神倦怠，脚膝

无力，妇女崩漏等。

[按语]方中当归、川芎、熟地黄、白芍是养血调血要药，四者配伍称"四物汤"；党参、白术、茯苓、甘草是助阳补气之药，称"四君子"；黄芪、肉桂温阳固卫。诸药合用，除气血双补外，还能温里固卫，是一个温补力较强的保健药酒方。如不用党参而改用人参则更好，但人参的用量需减半。冠心病患者，凡有气血不足者也可用此药酒，川芎剂量可加大到90g，有一定的保健作用。

本方能增强造血功能，促进红细胞增生，对白细胞下降者能升高白细胞，同时还能加强白细胞的吞噬和免疫功能，能促进白蛋白的增加。

### 3. 当归补血酒（《内外伤辨惑论》）

[处方]当归30g，黄芪150g。

[制备]上药粉碎成粗粉，纱布袋装，扎口，用白酒1000ml浸泡，14日后取出药袋，压榨取液。将榨得的药液与药酒混合，静置后过滤即可。

[用法]口服。每次20ml，每日2次。

[效用]补气生血。用于气血虚弱，头昏目眩，倦怠乏力，面色萎黄。也可用于白细胞减少症、血小板减少性紫癜、子宫发育不良性痛经。

[按语]本方原先主要用于劳倦内伤，血虚发热，后世有所发展，应用范围扩大。方中重用黄芪甘温补气，以资生血之源，佐当归养血和血。黄芪剂量5倍于当归，取阳生阴长、气旺生血之义。用于血小板减少性紫癜，方内尚可加血余炭、仙鹤草各15g；用于子宫发育不良性闭经，可加三棱、莪术、月月红各15g，共同泡酒。

### 4. 人参酒（经验方）

[处方]全须生晒参1支，蜂蜜150g。

[制备]将全须生晒参置于干净容器中，加白酒500ml浸泡。密闭14日后加入蜂蜜，搅拌均匀，静置备用。

[用法]口服。每日1～2次，每次20ml。

[效用]补气强壮。用于老年身体虚弱、气虚乏力、失眠心悸，或重病、久病后气短自汗、肢体倦怠、食欲不振。

[按语]人参由于加工方法不同，可分为红参、生晒参和糖参（白参）三类。全须生晒参是不经修支、保持完整的生晒参。红参药性偏温，补气力强；生晒参和糖参性平，但前者补气力强，后者弱。近年推出的冻干参（活力参），也可以整支泡酒，其性平，与生晒参相似。人参补气强壮的有效活性成分是各种人参皂苷类物质。研究发现，参须中人参皂苷类物质含量并不比人参主根中少，甚至更多。所以，采用全须参浸泡药酒，既经济，又实惠。气弱阳虚者可选用红参泡

酒。高丽红参性温，补气力更强，也可选用。但需注意，红参经加工炮制后质地致密，为了浸泡时能将参中有效成分更好溶出，可先湿润后切薄片浸酒。

## 5. 人参北芪酒（《辽宁省药品标准》）

[处方] 鲜人参（每支7～10g）2支，生晒参9g，黄芪50g。

[制备] 生晒参切片，浸于5倍量白酒中15天，然后过滤取液备用。黄芪加水煎煮2次，合并煎液，过滤后浓缩至100ml。将人参浸渍液、黄芪浓缩液及适量白酒混匀，静置7天，取滤液，加白酒至1000ml，放入洗刷干净、芦体完整的鲜人参，密封容器，15天后启封饮用。

[用法] 口服。每日2次，每次20ml。

[效用] 补气强身。用于气虚乏力，心悸气短，自汗健忘，纳少便溏，舌淡脉虚者。

[按语] 黄芪，原名黄耆。耆者长也，意为有极佳的补气功效。黄芪产于我国内蒙古、山西、黑龙江等地，故又名北芪。黄芪与人参均为补气要药，常配伍同用。现代研究表明，两药均有良好的增强机体免疫功能，可促进机体物质代谢，预防早衰，抗辐射和增强学习记忆能力。经常饮用，能增强体质、延年益寿，预防老年痴呆。阴虚火旺者慎用。

## 6. 人参天麻酒（经验方）

[处方] 人参15g，天麻15g，炙黄芪30g，牛膝15g。

[制备] 上述药物粉碎成粗粉，纱布袋装，扎口，用白酒1000ml浸泡，14日后取出药袋，压榨取液。将榨得的药液与药酒混合、静置，过滤后即得。

[用法] 口服。每次10ml，每日2次。

[效用] 补气健脾，舒筋活络。用于气虚血少，肢体麻木，筋脉拘挛或病后体虚。

[按语] 中医学认为血液在脉道中正常运行需要靠气的推动，气虚无力运血，容易产生血运不畅，肢体失养，出现麻木不仁或筋脉拘挛的症状。方中人参、黄芪补气，配伍天麻、牛膝舒筋、活血、通络。全方药味不多，但方义明确，针对性强。本药酒对脑卒中（即中风）后遗症、肩周炎恢复期，或其他骨关节慢性疾病，只要属于气虚血少、络脉失养所致肢麻、筋脉拘挛、关节不利等，也同样适用。如伴有风湿痹痛者，配方中酌加羌活、独活、桂枝各10～15g。

## 7. 人参地黄酒（《景岳全书》）

[处方] 人参15g，熟地黄60g，蜂蜜100g。

[制备] 上药切成薄片，一同置于干净容器中，用白酒1000ml浸泡，容器密

闭，14 日后开封。开封后去药渣，再加蜂蜜，搅拌均匀，静置，过滤，即得。

[用法] 口服。每次 15ml，每日 2 次。

[效用] 气血双补，扶羸益智。用于气血不足，面色不华，头晕目眩，神疲气短，心悸失眠，记忆力减退。

[按语] 此方原名两仪膏，为蜜膏剂，现改为酒剂。人参用生晒参或红参，视体质而定。一般偏阳质用生晒参为宜，偏阴质用红参为宜。人参大补元气，益智宁神；熟地黄养血填精；蜂蜜补脾，兼有调味作用。中医学认为人体体质一般可分为偏阳质、偏阴质及阴阳平和质三类。偏阳质具有亢奋、偏热、多动等特性，用药不宜偏温热；偏阴质者具有偏寒、多静等特性，用药宜偏温。红参药性偏温，生晒参药性较平和些，所以应依人选药。

## 8. 人参首乌酒（经验方）

[处方] 人参 30g，制何首乌 60g。

[制备] 上药切碎共为粗末，装纱布袋中，扎口，置干净容器中，用白酒 1000ml 浸泡。14 日后过滤去渣取液，装瓶密闭备用。

[用法] 口服。每次 10ml，每日 2~3 次。

[效用] 补气养血，益肾填精。用于眩晕耳鸣，健忘心悸，神疲倦怠，失眠多梦。低血压、神经衰弱等病，凡见有上述症状者均可服用。

[按语] 人以气血为本，气血不足，无以养神益心，眩晕心悸、神疲失眠诸症蜂起。方中人参补益脾肺之气，宁神益心；制何首乌补益肝肾，滋阴养血。全方气血并补，五脏受益。方中人参可以视具体情况而选用红参或生晒参。一般阳虚者用红参为宜，阴虚者用生晒参则更好。

## 9. 参桂养荣酒（经验方）

[处方] 生晒参 10g，糖参 20g，龙眼肉 30g，枸杞子 20g，炒白术 15g，党参 20g，川芎 15g。

[制备] 上药粉碎成粗粉，纱布袋装，扎口，白酒 500ml、黄酒 500ml 混合后浸泡。14 日后取出药袋，压榨取液。将榨得的药液与药酒混合，静置、过滤后即可服用。

[用法] 口服。每次 20~30ml，每日 2 次。

[效用] 补气养血，健脾安神。用于气血不足，疲劳过度，身体虚弱，病后失调，食欲不旺，虚烦失眠。

[按语] 方中生晒参、糖参、党参、炒白术补气健脾；龙眼肉、枸杞子滋阴养血，安神；川芎调血养血。生晒参和糖参是鲜人参按不同加工方法炮制成的两种商品人参名称。鲜参洗净后晒干即成生晒参；若鲜参洗净后先用沸水浸泡、晒

干，再用硫黄熏过、排针灌糖，最后再烘干或晒干，则制成糖参，又称白糖参、白人参。由于加工糖参所选用的鲜人参质地较次，常缺芦、破皮，经加工后，吃糖较重，所以补气力较生晒参弱，但价格便宜。龙眼肉，又名桂圆肉，《神农本草经》载其："主安志、厌食，久服强魂魄、聪明。"《滇南本草》则称其能"养血安神，长智敛汗，开胃益脾"，适宜于心脾两虚、气血不足之证。

## 10. 参杞补酒 （经验方）

[处方] 人参 15g，枸杞子 50g，熟地黄 50g。

[制备] 上药粉碎成粗粉，纱布袋装，扎口，用白酒 1000ml 浸泡。7 日后取出药袋，压榨取液，将榨得的药汁与原药酒混合，静置、过滤后即可服用。

[用法] 口服。每次 20ml，每日 2 次。

[效用] 补气养血。用于气血不足，腰膝酸软，四肢无力，或视物模糊，头晕目眩。

[按语] 方中人参补气，枸杞子滋补肝肾之阴，熟地黄养血填精。全方药仅三味，气血双补，阴阳并调，配伍严谨。人参、枸杞子都有增强人体免疫功能和降血糖的药理作用。服用者若血糖不高，此配方还可适量加一些白糖或蜂蜜（约100g），以调酒味，使之更可口甜润。

## 11. 参味强身酒 （江西民间方）

[处方] 红参 15g，五味子 15g，白芍 30g，熟地黄 30g，川芎 20g。

[制备] 诸药粉碎成粗末，纱布袋装，扎口，用白酒 1000ml 浸泡。14 日后取出药袋，压榨取液。将榨取的药液与药酒混合，静置、过滤后即可服用。

[用法] 口服。每次 15～20ml，每日 2 次。

[效用] 益气养血，强身健脑。用于气血不足，面乏华色，头晕目眩，健忘不寐，心悸气短，自汗恶风。

[按语] 红参补气，配伍五味子益气安神、收敛固涩，配伍白芍、熟地黄、川芎养血和血。方中红参与五味子的配伍，在中医方剂中经常采用，著名的生脉散就是典型例子，两药配伍后在益气安神方面有协同作用。此外，五味子尚有敛汗、固涩、生津的作用，适用于气虚所致心悸、自汗、失眠、气短等症。

## 12. 参茸补血酒 （经验方）

[处方] 人参 15g，鹿茸 10g，党参 30g，熟地黄 30g，三七 15g，炒白术 15g，茯苓 15g，炒白芍 20g，当归 20g，炙黄芪 30g，川芎 20g，炙甘草 15g，肉桂 5g。

[制备] 上药粉碎成粗粉，纱布袋装，扎口，用白酒 2000ml 浸泡。14 日后

取出药袋，压榨取液。将榨得的药液与药酒混合，静置、过滤后即可服用。

[用法] 口服。每次 15～20ml，每日 2 次。

[效用] 补元气，壮肾阳，益精血，强筋骨。用于心肾阳虚，气血两亏，腰膝酸软，精神不振，身倦乏力，头晕耳鸣，遗精滑精，盗汗自汗，子宫虚寒，崩漏带下。

[按语] 本方由十全大补汤加鹿茸、三七组成，重在温补气血。方中熟地黄、当归、白芍、川芎为四物汤，补血调血，配伍人参、白术、茯苓、炙黄芪、党参、炙甘草、鹿茸、肉桂大队温阳补气药，以求阳生阴长、气旺血生。三七，又名人参三七、田七、滇三七，能化瘀止血、活血定痛。在大队补益气血的药物中配伍三七，能使本方补血调血、补而不滞。阴虚火旺者慎用。高血压者忌用。

## 13. 西洋参酒（经验方）

[处方] 西洋参 50g。

[制备] 西洋参粉碎，或用白酒浸润透切薄片。用白酒 1000ml 浸泡西洋参，10 日后即可饮用。或将西洋参粉碎成细末，每次 3g，用米酒冲服，每日 1 次。

[用法] 口服。每次 15ml，每日 1～2 次。

[效用] 益气生津，清虚火。用于气阴不足，咽干口燥，肺虚久咳，虚热疲倦。

[按语] 西洋参又称花旗参，过去大多从美国、加拿大进口，目前国内移植栽培已获成功。西洋参与人参虽是同科植物，且都有补气功能，但西洋参性偏凉，人参性偏温，故西洋参以益气养阴、清火生津见长，而人参则以大补元气、健脾益智为优。

## 14. 福禄补酒（经验方）

[处方] 红参 10g，炙黄芪 15g，桑寄生 15g，女贞子 15g，玉竹 30g，金樱子 15g，红花 10g，鹿茸 10g，锁阳 15g，淫羊藿 15g，炒薏苡仁 30g，熟地黄 15g，制狗脊 15g，炙甘草 6g。

[制备] 上药粉碎成粗粉，纱布袋装，扎口。用白酒 1500ml 浸泡，14 日后取出药袋，压榨取液。将榨取液与药酒混合，静置、过滤后即得。

[用法] 口服。每次 10～20ml，每日 2 次。

[效用] 益气养血，补肾助阳，强筋壮骨。用于气血两亏，阳虚畏寒，腰膝酸软，阳痿早泄，肩背四肢关节疼痛。

[按语] 方中红参、炙黄芪、炙甘草补益脾肺之气；熟地黄、女贞子、玉竹

滋补阴血；鹿茸、锁阳、淫羊藿补肾壮阳；桑寄生、制狗脊补肝肾，强筋骨，祛风湿；金樱子收敛固精；红花活血通络；薏苡仁祛风湿。全方配伍体现了中医学"阳生阴长""气旺血生""阴阳平衡"的治疗原则。

## 15. 补血调元酒（广东民间方）

[处方] 鸡血藤 50g，骨碎补 100g，制何首乌 30g，黄芪 30g，麦芽 30g，女贞子 15g，党参 15g，佛手 15g，白砂糖 120g。

[制备] 诸药制成粗末，装纱布口袋中，扎口，置干净容器中，倒入白酒 1500ml 浸泡。容器加盖密封，14 日后启封，去药渣，加白砂糖搅拌均匀，待溶解后过滤取液，再合并压榨药渣所得的药汁；装瓶密闭备用。

[用法] 口服。每次 20ml，每日 2 次。

[效用] 健脾补肾，调补气血。用于气血虚头晕，心悸健忘，神疲纳少，面色不华，气短喘促，肢体麻木，骨质增生症。

[按语] 鸡血藤具有活血补血、舒筋活络的功能。配伍黄芪、党参补气健脾，制何首乌养血，骨碎补、女贞子补肾。另外，麦芽消食，佛手理气。可见全方重在调补气血。骨碎补有补肾、接骨、行血的功效，为骨伤科常用药。现也常用于骨质增生症，可以配伍补肾、养血活血药同用，如鸡血藤、淫羊藿等。痰热内盛者慎用。

## 16. 虫草田七酒（民间方）

[处方] 冬虫夏草 5g，人参 20g，三七 15g，龙眼肉 50g。

[制备] 先将冬虫夏草、人参、三七粉碎成粗末，再将诸药用纱布袋装，扎口，用白酒 1000ml 浸泡。14 日后取出药袋，压榨取液。将榨取液与药酒混合，静置，过滤即得。

[用法] 口服。每次 20ml，每日 2 次。

[效用] 补气养血，宁心安神。用于久病体虚，气血两亏，腰膝酸软，失眠等。

[按语] 冬虫夏草益肺肾、秘精益气，配伍人参加强补气作用，且两药都有提高机体免疫功能和提高机体耐缺氧能力的功效。三七，又名山漆、金不换，与人参同属五加科植物，民间一般熟悉它具有的活血、止血、止痛功能，在骨伤科中应用较多。如云南白药，三七是其中主要成分之一。现代药理研究发现，三七除了有止血、镇痛的药理作用外，对心血管也有良好的作用。三七能明显增加冠状动脉血流，并能降低心肌耗氧量，减轻心脏负担。三七、人参、冬虫夏草配伍在一起，在这方面能起到协同作用。方中龙眼肉有养血安神作用。所以，本药酒对心脏有一定的保健作用，但不可贪杯多饮。

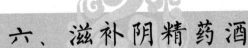

# 六、滋补阴精药酒

## 1. 二至益元酒 (《中国药物大全》)

[处方] 女贞子50g，墨旱莲50g，熟地黄40g，桑椹40g。

[制备] 上药粉碎成粗粉，纱布袋装，扎口，用白酒1500ml浸泡上药。14日后取出药袋，压榨取液。将榨得的药液与药酒混合，静置，滤过，即得。

[用法] 口服。每次20ml，每日2次。

[效用] 滋养肝肾，益血培元。用于肝肾阴虚，腰膝酸痛，眩晕失眠，须发早白。也用于神经衰弱、血脂过高。

[按语] 女贞子为木犀科植物女贞子的干燥成熟果实，别名冬青子；墨旱莲为菊科植物鳢肠的干燥地上部分，两药都有滋补肾阴的作用，作用平和，补而不腻，且常配伍同用，如《医方集解》所载二至丸，仅此两味药。本药酒"二至"两字，盖出于此。二至丸的药理研究表明，有显著降低血清甘油三酯的作用，能加速氧自由基的清除，且能改善高脂血症的血液黏滞性。所以人们认为长期服用二至丸，可以降脂、抗衰老，对健康有益。本药酒配方中，另外配伍滋阴补血药熟地黄和桑椹，所以本方重在滋补肾阴精血。人以气血为本，阴血充盈，则元气旺盛，故将此药酒命名为二至益元酒。脾胃虚寒、大便溏薄者慎用。

## 2. 当归枸杞子酒 (经验方)

[处方] 当归30g，鸡血藤30g，枸杞子30g，熟地黄30g，白术20g，川芎20g。

[制备] 上药洗净，晒干切碎，装入纱布口袋中，扎口，置入酒坛中，用白酒1500ml浸泡，密封。30日后启封，过滤，去渣备用。

[用法] 口服。每日2次，每次10～20ml，早晚饮用。

[效用] 滋阴养血，调补肝肾。用于老年人阴血不足，肝肾两虚，肢体麻木，腰腿酸软，步履困难，视物昏花，记忆力减退。

[按语] 本方药性平和，滋阴补血，可长期适量服用。

## 3. 长生滋补酒 (《中国基本中成药》)

[处方] 熟地黄15g，玉竹10g，女贞子10g，党参15g，黄芪15g，陈皮

10g，蜂蜜 100g，白砂糖 100g。

[制备] 诸药研成粗末，装入纱布口袋内，扎口，用白酒 1500ml 浸泡 14 日后去渣，过滤取液。药酒加蜂蜜、白砂糖搅拌溶解后，滤过静置，密封备用。

[用法] 口服。每日 2 次，每次 15～20ml。

[效用] 滋阴补血，益气增智。用于阴血不足，头晕目眩，心悸气短，健忘少寐，神疲乏力，舌淡脉细。

[按语] 方中熟地黄配玉竹、女贞子滋补阴血。熟地黄为生地黄经炮制加工而成，为滋补阴血的要药。玉竹又名葳蕤，为滋阴润肺、生津养胃的常用药物，含铃兰苦苷、铃兰苷等强心苷成分，有一定的强心作用；与女贞子配伍，可降血糖和降血脂。方中党参、黄芪补气，有增强免疫功能和抗衰老的作用。配伍陈皮理气行滞，使全方补而不腻，且使药酒有一种清香味，再加蜂蜜、白砂糖使药酒更加香甜醇厚。

## 4. 女贞酒 （《医便》）

[处方] 女贞子 50g，墨旱莲 50g，大枣 20 枚，白蜜 100g。

[制备] 女贞子蜜酒拌蒸，晒干后研成粗末；墨旱莲切细；大枣剖开去核。上药入纱布袋，扎口，用白酒 1000ml 浸泡。密封 14 日后，取出药袋，压榨药渣取液。将压榨液与药酒合并，再加入炼制过的白蜜，搅拌均匀后，即可过滤装瓶备用。

[用法] 口服。每日 2 次，早、晚各 20ml。

[效用] 滋阴养血，降血脂。用于阴血亏虚，肝肾不足，眩晕眼花，腰膝酸软，须发早白，神经衰弱，血脂过高。

[按语] 女贞子、墨旱莲为滋阴养血佳品，两药组方名二至丸。现将丸剂改为酒剂，另加大枣、白蜜，一可健脾益气，二可调味。女贞子为木犀科植物女贞的果实。果实中含有丰富的齐墩果酸、亚油酸、亚麻酸等，具有良好的降血脂、抗动脉硬化、降血糖和抗肝损伤等作用。近年临床上试用于中心性视网膜炎、早期老年性白内障而有肝肾阴虚表现者，效果良好。高血糖者不放白蜜。

## 5. 黄精补酒 （清宫秘方）

[处方] 黄精 100g，当归 100g。

[制备] 上述药物粉碎，纱布袋装，扎口，用黄酒 2000ml 浸泡 1h 后，将泡酒容器置锅内，隔水文火加热 1h，待凉后将其移至阴凉处，7 日后开盖取出药袋。压榨取液，将榨得的药液与药酒混合，静置，滤过即得。

[用法] 温饮。每次 30ml，每日 2 次。

[效用] 益气养血，滋阴补虚。用于气血不足，面乏华色，短气懒言，头晕目眩，倦怠乏力，食欲不振，或心悸健忘。

[按语] 本方原用黄酒浸药，浸透加热，再晒干研细，炼蜜为丸，现改为酒剂。方中黄精养阴补气，润肺补肾；当归养血和血，益心补肝。两药配伍，重在调补气血。《滇南本草》称黄精能"补虚填精"，临床上常用于病后体虚、阴血不足，或阴虚肺燥咳嗽。黄精含烟酸、糖类和多种氨基酸及蒽醌类化合物。药理研究发现黄精能降血脂、降血糖及抗动脉硬化，此外，还有兴奋造血功能，加速造血干细胞增殖及抗辐射等作用。当归在增加外周血细胞和抗辐射作用方面与黄精有协同作用；当归多糖对免疫功能的促进作用及所含阿魏酸对血小板聚集的抑制作用，对机体都有良好的保健作用。

## 6. 二至桑椹酒 (《医便》)

[处方] 女贞子200g，墨旱莲200g，桑椹200g。

[制备] 墨旱莲切细，连同女贞子、桑椹用纱布袋盛之，扎口，置于干净容器中，入白酒4000ml浸泡，密封。7日后开启，去药渣，过滤取液，装瓶备用。

[用法] 空腹饮用。每日1～2次，每次20ml。

[效用] 补肝肾，滋阴血。用于肝肾阴虚，头晕目眩，耳鸣眼花，腰膝酸软，脱发遗精，失眠多梦，妇女月经过多等症。

[按语] 女贞子需蒸熟晒干用。女贞子配伍墨旱莲，是著名的补肝肾、滋阴血的"二至丸"配方。二至丸始载于《医方集解》，方中女贞子以冬至日采者为佳，墨旱莲以夏至日采者为佳，故名"二至"。本方具有降低血清甘油三酯和过氧化脂质含量的作用，能加快氧自由基的清除，并能改善高脂血者的血液黏滞性，降低全血黏度和血浆黏度。所以，长期适度服用本药酒可改善高血脂和血液高黏度，也有一定的抗衰老作用。

## 7. 地黄醴 (《寿世编》)

[处方] 地黄120g，枸杞子60g，沉香3g。

[制备] 地黄蒸熟，切片，略晒干；枸杞子蒸熟，晒干。上述药物用白酒1000ml浸泡14日，过滤，即得。

[用法] 睡前口服。每次10～20ml。

[效用] 滋阴明目，理气行滞。用于精血不足，气滞不行所致头晕眼花、神疲乏力、食少腹胀等。

[按语] 地黄为玄参科植物地黄的根茎，以河南怀庆府（今河南省博爱、武陟、孟县、沁阳）所产地黄品质为上乘，习惯称怀庆地黄。地黄蒸熟后，滋阴补血作用增强。地黄在《神农本草经》上就有记载，列为上品，称久服能轻身延

年。现代实验研究也表明，服用地黄可明显增加血中超氧化物歧化酶活性和谷胱甘肽过氧化物酶的活力，使过氧化脂质显著降低，起到抑制脂质过氧化及清除自由基的作用而延缓衰老。配伍枸杞子，滋阴补血的作用可增强；配伍少量沉香，可行气以减少地黄滋腻碍胃的副作用。

## 8. 桑椹果汁酒（《饮食辨录》）

[处方]鲜桑椹 500g。

[制备]鲜桑椹洗净，沥干，捣烂取汁，兑入白酒 1000ml，和匀。密封 21日后，压榨过滤即得。

[用法]口服。每次 20ml，每日 2 次。

[效用]滋阴补血，生津止渴，润肠燥。用于阴血不足，头晕目眩，耳鸣心悸，烦躁失眠；肝肾阴虚，腰酸膝软，或须发早白；阴虚血少，消渴口干，或肠道燥热，大便干结。

[按语]桑椹，又称桑实、桑果。《本草新编》载："桑椹采紫者为第一，红者次之，青则不可用。"桑椹含葡萄糖、胡萝卜素、维生素 $B_1$、维生素 $B_2$、维生素 C、烟酸、苹果酸、琥珀酸等成分。《本草衍义》收载的桑椹膏，即以鲜桑椹绞取汁液，煎熬成稀膏，再加蜂蜜熬至稠厚而成。但在加热煎熬过程中，桑椹中有些成分如维生素 C 等会被破坏，故采用酒剂，可以保护原有成分不被破坏。

## 9. 首乌煮酒（《药酒的制作》）

[处方]制何首乌 120g，芝麻 60g，生地黄 80g，当归 60g。

[制备]先将芝麻捣成细末，何首乌、当归、生地黄捣成粗末，一并装入白纱布袋中，扎口，置瓷坛中，倒入白酒 1500ml，加盖。文火煮数百沸后离火，待冷却后密封，置阴凉干燥处。7 日后开启，去药袋，过滤后即可饮用。

[用法]早晚空腹温饮。每次 10～20ml。

[效用]补肝肾，益精血，乌须发，润肠通便。用于因肝肾不足引起的阴虚血枯、头晕目眩、腰酸腿软、肠燥便秘、须发早白、妇女带下等症。

[按语]若饮用时觉得苦，可加适量冰糖调味。方中四味药在补肝肾、益精血方面有协同作用。何首乌经炮制后，补益作用增强，致泻作用减弱。该药是益精血、乌须发的首选药物之一，在本方中用量最大，是主药。芝麻，又称胡麻仁、巨胜子，有黑、白、赤三色，以黑芝麻的补益作用最好。芝麻中含大量脂肪油，主要为油酸、亚油酸等，又含维生素 E、叶酸、烟酸、卵磷脂、钙等，是抗衰老、润肠燥的药食两用之品。本药酒对中老年人精血不足，伴有便秘干燥者尤为适宜。脾虚便溏者忌用。

## 10. 熟地黄枸杞子酒（《景岳全书》）

[处方] 熟地黄 55g，山药 45g，枸杞子 50g，茯苓 40g，山茱萸 25g，炙甘草 30g。

[制备] 以水 200ml 和黄酒 1000ml 一起文火煎煮诸药 30min，离火待药渣沉淀后，用纱布过滤。过滤后的药酒即可饮用。滤得的药渣用纱布另包，仍浸泡在药酒中。

[用法] 每日 1 次，每次 20～30ml。晚饭后饮用。

[效用] 滋阴补肾。用于肾阴不足，腰酸遗泄，口燥咽干，入夜盗汗，耳鸣头晕。

[按语] 本方原名左归饮，现改为酒剂。肾阴不足，常见口燥咽干、入夜盗汗。这种口燥咽干，不是单靠饮水所能缓解的，需要用滋补肾阴的药物调理改善。方中熟地黄是生地黄经炮制后的产物，一向被中医视为滋阴补肾的重要药物。配伍枸杞子、山茱萸，滋阴补肾作用更强。山药、茯苓是健脾、益气的重要药物，茯苓且有安神、利水的作用。全方补而不滞。本药酒用黄酒制作，乙醇浓度低，不善饮酒者及妇女均可饮用。本药酒放冰箱内，不宜久贮，一般 1 个月内服完。

## 11. 首乌苁蓉酒（民间验方）

[处方] 制何首乌 20g，当归 20g，生地黄 20g，肉苁蓉 20g，芝麻 20g，白蜜 30g。

[制备] 上药粉碎成粗粉，纱布袋装，扎口，用白酒 1000ml 浸泡，14 日后取出药袋，压榨取液。将榨得的药液与药酒混合，加入白蜜，搅拌均匀，静置，过滤，即得。

[用法] 每次 10～20ml，每日 3 次，空腹服。

[效用] 补肾养血，润燥通便。用于精血不足，肠燥便秘。

[按语] 本方对产妇产后血虚、大便干结，老年肠燥便秘者尤为适宜。脾虚便溏者忌用。

## 12. 左归酒（《景岳全书》）

[处方] 大熟地黄 32g，山药 16g，枸杞子 16g，山茱萸 16g，菟丝子 16g，鹿角 16g，龟甲 16g，川牛膝 12g。

[制备] 上药共研粗粉，入纱布袋中，扎口，用白酒 1000ml 浸泡，1 个月后即成。

[用法] 口服。每日清早，饭前饮 15～20ml。

[效用] 补肝肾，益精血。用于老年人精血偏虚者。症见年老形衰，久病体虚，肝肾精血亏损，腰痛腿软，眩晕，耳鸣失聪，小便自遗，口干舌燥，舌红少苔等。

[按语] 本方出自明代大医学家张景岳之左归丸，现改为酒剂。本方与左归丸不同之处在于，在大量应用滋阴补肾药的同时，适量配伍鹿角、菟丝子等补肾阳药，寓意"阳中求阴"，此乃深得阳生阴长之要义也。此方尤宜老年精血不足者，因年老阶段脏腑阴阳皆衰，如纯粹滋补肾阴，效果肯定欠佳。

## 13. 地黄滋补酒（《小儿药证直诀》）

[处方] 熟地黄100g，怀山药120g，山茱萸肉100g，茯苓50g，泽泻50g，牡丹皮25g。

[制备] 诸药研成粗粉，放纱布袋中，扎口，浸于2500ml白酒中，1个月后取出药袋，压榨取汁，与药酒合并，过滤即得。

[用法] 口服。每日晚上睡前饮15～25ml。

[效用] 滋阴补肾。用于肾阴虚证。症见腰膝酸软，头目眩晕，耳鸣耳聋，盗汗遗精，手足心热，足跟作痛，舌燥咽干等。

[按语] 本方即六味地黄丸，为治肾阴虚证的名方，现改为酒剂。全方补中有泻，补而不滞。若伴有眼目干涩、视物昏花者，可于原方中加枸杞子100g、菊花50g。由于酒性温热，故潮热骨蒸阴虚火旺明显者慎用。

## 14. 益阴酒（民间验方）

[处方] 女贞子60g，生地黄30g，枸杞子60g，胡麻仁60g，冰糖100g。

[制备] 将胡麻仁水浸，去掉漂浮物，洗净蒸过，研烂；女贞子、枸杞子、生地黄捣碎，同胡麻仁用细纱布袋盛，扎紧口，备用。将冰糖放锅中，加水适量，置文火上加热溶化，待颜色转黄色时，趁热用纱布过滤一遍，备用。将白酒2000ml装小坛内，放入药袋，加盖，置文火上煮，鱼眼沸时取下，冷却，密封，置阴凉处。隔日摇动数下，14天后开封，去掉药袋，加入冰糖，拌匀即成。

[用法] 口服。每日早晚各1次，每次10～20ml，空腹服。

[效用] 补精血，乌须发，延年益寿。用于肾虚遗精，腰膝酸软，头晕目眩，须发早白，老人肠燥便秘等。

[按语] 女贞子常配伍枸杞滋补肝肾，乌须明目，如古方补阴丸（《医学心悟》）。胡麻仁即黑芝麻的别名，有润肠通便功效。入药须研烂纱布包。

## 15. 轻身酒（民间验方）

[处方] 何首乌60g，全当归30g，肉苁蓉30g，胡麻仁30g，生地黄30g，白蜂蜜60g。

[制备] 将上药捣碎，用纱布袋装，扎口，备用。将白酒 1500ml 倒入干净坛中，放入药袋，加盖密封，置阴凉处，每日摇动数下。14 日后开封，去掉药袋，将蜂蜜炼过，加入药酒中，搅匀，再用细纱布过滤一遍，装入干净的玻璃瓶中，即得。

[用法] 口服。每次 15～20ml，每日 2 次。

[效用] 滋阴补肾，益精润燥。用于腰膝酸软，头目昏暗，肠燥便秘等。

[按语] 本药酒具有补肾益精、润燥的功能，对老年体弱、津液亏损而致的肠燥便秘者尤宜饮用。何首乌宜用炮制过的制何首乌。

## 16. 枸杞子山药酒 （民间验方）

[处方] 枸杞子 1500g，黄芪 200g，山药 500g，生地黄 300g，麦冬 200g，细曲 300g，糯米 2000g。

[制备] 将上药加工成粗末，装入干净坛中，加水 3000ml，加盖，置文火上煮数百沸，取下待凉，备用。将细曲加工研成细末，备用。将糯米加水适量，置锅中蒸熟，待冷后倒入药坛内，加入红曲，搅拌均匀，加盖密封，勿泄气，置保温处。经 14 日后开封，压榨去糟渣，再用细纱布过滤一遍，贮入净瓶中，即得。

[用法] 口服。每次 20～30ml，每日早晚各 1 次。

[效用] 滋补肝肾，益气生津。用于腰膝酸软，头晕目暗，精神不振，消渴等。

[按语] 方中枸杞子、山药补肝肾；生地黄、麦冬滋阴生津；黄芪补气健脾。本药酒适于阴虚体弱者长期饮服，具有防病、抗早衰的作用。

## 17. 首乌地黄酒 （《惠直堂经验方》）

[处方] 熟地黄 48g，薏苡仁 24g，当归 18g，龙眼肉 18g，檀香 2g，制何首乌 24g，枸杞子 24g。

[制备] 将上药捣碎，用纱布袋盛，扎口备用。将白酒 1000ml 倒入净坛中，放入药袋，加盖密封，置阴凉处，每日摇动数次。14 日后开封，去药袋，过滤装瓶，即得。

[用法] 口服。每日临睡前温饮 20ml。

[效用] 补肾益精，养心健脾。用于腰酸耳鸣，头晕心悸，失眠，食欲不振。

[按语] 原书方名为地黄酒。方中何首乌宜用制何首乌，因为生何首乌中含有致泻成分，经炮制后的制何首乌，致泻成分含量降低，补益作用增强。

## 18. 首乌枸杞子酒 （民间验方）

[处方] 何首乌 120g，熟地黄 60g，枸杞子 120g，黄精 30g，全当归 30g。

[制备] 上药研碎，用纱布袋盛，扎口，放净坛中，将白酒 1500ml 倒入，加

盖，放锅内，隔水加热约 1h，取出候冷，密封，埋土中，5 天后取出，开封，去药袋，装入净瓶中，即成。

[用法] 口服。每次空腹饮服 10～20ml，每日早、中、晚各 1 次。

[效用] 补肝肾，益精血。用于腰膝酸软，头晕眼花，食欲不振，精神萎靡等。

[按语] 方中何首乌用制何首乌。不耐酒力者，可改用低度米酒配制，由于酒精度数低，不易长期保存，所以每次药酒制作量不宜多，以 7～10 天量为宜。

## 19. 春寿酒 (《万氏家传养生四要》)

[处方] 熟地黄 30g，生地黄 30g，山药 30g，莲子肉 30g，天冬 30g，麦冬 30g，大枣 30g。

[制备] 将大枣去核，同其他药共加工成粗粒状，用纱布袋盛，扎口，放净坛中，将白酒 1000ml 倒入，加盖，置文火煮数百沸，离火待冷却后，密封，置阴凉处。20 日后开封，去药袋，装入净瓶中，即得。

[用法] 口服。每次 10～20ml，每日 2 次。

[效用] 补肾养阴，健补脾胃。用于腰酸，神疲乏力，食欲不振，须发早白等。

[按语] 本酒名从《诗经》"为此春酒，以介眉寿"而来，意思是饮此酒有延年益寿之功。本药酒也可用民间自酿之米酒来制作，服用剂量可适量增加。

## 20. 滋阴百补药酒 (《治疗与保健药酒》)

[处方] 熟地黄 9g，生地黄 9g，制何首乌 9g，枸杞子 9g，沙苑子 9g，鹿角胶 9g，当归 7g，核桃肉 7g，龙眼肉 7g，肉苁蓉 6g，白芍 6g，人参 6g，牛膝 6g，白术 6g，玉竹 6g，龟甲胶 6g，白菊花 6g，五加皮 6g，黄芪 5g，锁阳 5g，杜仲 5g，地骨皮 5g，牡丹皮 5g，知母 5g，黄柏 3g，肉桂 3g。

[制备] 上药捣碎，用纱布袋盛装，置坛中，用白酒 2000ml 浸泡，密封坛口，15 日后即可饮用。

[用法] 口服。每次 20ml，每日 2 次。

[效用] 调补阴阳，益精健骨，养血补气。用于阴虚阳弱、气血不足、筋骨痿弱引起的劳热、形瘦、食少、腰酸腿软等症。

[按语] 处方中以滋补阴血药物为主，配伍少量温补肾阳药物，体现阳中求阴之意，阴得阳升而泉源不竭。

## 21. 固精酒 (《惠直堂经验方》)

[处方] 枸杞子 120g，当归 60g，熟地黄 180g。

[制备] 将当归、熟地黄切薄片，与枸杞子共放纱布袋内，扎口，置坛中，倒入白酒 2000ml，加盖，置文火上煮数百沸，取下候冷，密封容器，埋入土中，

20 日后取出开封，去药袋，倒入净瓶中，备用。

[用法] 口服。每次 10～20ml，每日 2 次。

[效用] 补肾益精，滋养阴血。用于肾中阴精亏虚，腰膝酸软，以及遗精、男性不育等。

[按语] 肾藏精，主生殖，为封藏之本，具有摄纳精气的作用，肾中阴精亏虚，导致封藏失职，故见遗精，进而致男性不育。腰为肾之府，肾虚则见腰膝酸软。本方熟地黄、枸杞子补肾益精，当归养血补血，故阴血亏损者常服此酒，可收到健身补虚之功效。

## 22. 三才固本酒 （《扶寿精方》）

[处方] 生地黄、茯苓、熟地黄各 60g，人参、天冬、麦冬各 30g。

[制备] 将上药粉碎成粗粉，用细纱布袋装，扎紧口袋，备用。将白酒 2000ml 倒入净坛中，放入药袋，加盖，置文火上煮数百沸，取下候凉，密封，置阴凉处。经 5 日后开封，去药袋，贮入净瓶中备用。

[用法] 口服。每次 10～20ml，每日 2 次。

[效用] 补肾润肺，益气养阴。用于中老年气阴不足者，腰膝酸软，气短乏力，咽干，咳嗽痰少，食欲不振，面色无华。

[按语] 天冬、地黄、人参三药配伍同用，《温病条辨》中称三才汤，取药名中"天、地、人"三才之意。生地黄、熟地黄滋补肾阴；天冬、麦冬滋养肺、胃之阴；人参、茯苓益气健脾。本药酒药性平和，中老年气阴不足者可常服，能获延年益寿之功。

## 23. 长生固本酒 （《寿世保元》）

[处方] 枸杞子、天冬、五味子、麦冬、怀山药、人参、生地黄、熟地黄各 60g。

[制备] 将上药加工粉碎成粗末，用纱布袋装，扎紧袋口，备用。将白酒 3000ml 倒入净坛中，放入药袋，加盖，用豆腐皮封，再置于锅中，隔水加热约 1h，取出酒坛，候冷，埋于土中。经 30 天后破土取出，开封，去掉药袋，再用细纱布过滤一遍，贮入净瓶中。

[用法] 口服。每次 10～20ml，每日 2 次。

[效用] 补肾养阴，益气健脾。用于中老年气阴不足者。症见腰腿酸软，神疲倦怠，四肢无力，心烦口干，心悸多梦，头晕目眩，须发早白。

[按语] 方中枸杞子、生地黄、熟地黄、五味子滋阴补肾；天冬、麦冬滋阴清热；人参、山药健脾益气。此酒药性平和，中老年气阴不足者常服此酒，有益寿健身的功效。

### 24. 杞菊麦地酒（民间方）

[处方] 枸杞子、甘菊花各40g，麦冬、生地黄各30g，冰糖60g。

[制备] 将生地黄、麦冬捣碎，枸杞子拍烂，同甘菊花共装入细纱布袋，扎紧袋口，备用。将冰糖放锅中，加适量水，置火上加温溶化，快变成黄色时，趁热用净纱布过滤一遍，备用。将白酒1200ml倒入小坛内，放入药袋，加盖密封，置阴凉干燥处。14天后开封，去药袋，加入冰糖，再加入800ml凉开水拌匀，静置过滤，贮入干净玻璃瓶中。

[用法] 口服。每日早晚各1次，每次温饮10～20ml。

[效用] 养肝明目。用于肝肾阴虚，腰膝酸软，视物不清，头晕，耳鸣，迎风流泪。

[按语] 此药酒度数低，不宜久贮。

### 25. 双耳补酒（经验方）

[处方] 银耳、黑木耳各20g，冰糖40g。

[制备] 将银耳、黑木耳用温开水泡透，去掉残根，再用温开水反复洗几遍，捞出后沥半干，切成细丝备用。将糯米酒1500ml倒入瓷器内，置文火上煮，待鱼眼沸时加入银耳丝、黑木耳丝，煮约半小时后离火，待冷后加盖密封。经一昼夜开封滤渣，贮入净瓶中。把冰糖放锅中，加适量水，置火上煮热至沸，糖色将要变黄时离火，速用纱布过滤一遍，倒入药酒中搅匀，静置澄明即成。

[用法] 口服。每日早、中、晚各1次，每次随量温服。

[效用] 滋阴润肺，养胃生津。用于体虚气弱，虚热口渴，食欲不振，大便干燥。

[按语] 黑木耳有良好的抗凝血活性、抗血小板聚集、抗血栓形成，以及降血脂和抗动脉粥样硬化的药理作用，因此，长期服用此药酒，对心脑血管疾病有一定的预防和保健作用。由于本药酒采用酒精度较低的糯米酒制作而成，不宜长久贮存，所以每次制备剂量不宜过大。此药酒制成后以放入冰箱冷藏室保存为宜。

# 七、补肾壮阳药酒

### 1. 海龙酒（《全国中成药产品集》）

[处方] 海龙15g，海马15g，人参10g，牡丹皮10g。

[制备] 上药粉碎成粗粉，纱布袋装，扎口，用白酒 1000ml 浸泡。14 日后取出药袋，压榨取液。将榨得的药液与药酒混合，静置，过滤，即得。

[用法] 口服。每次 10～20ml，每日 1～2 次。

[效用] 补气助阳。用于肾虚阳痿、早泄、腰膝酸软无力。

[按语] 海龙和海马都是海洋生物，具有补肾壮阳、活血散瘀的功能。《本草纲目》中记载海马可以"暖水藏，壮阳道，消癥块，治疗疮肿毒"。海马不论雌雄，都有壮阳作用，且壮阳作用不亚于海狗肾。海龙常与海马同用，有协同作用。配伍人参补气强壮，更增壮阳之力；配伍牡丹皮，散瘀活血，兼能清热，以防温热太过为患。海龙、海马均以条大、头尾齐全者为质地优良。

## 2. 海马补酒（经验方）

[处方] 海蛆 10 只，肉苁蓉 30g，淫羊藿 30g。

[制备] 上药粉碎成粗粉，纱布袋装，扎口，用 750ml 白酒浸泡。14 日后取出药袋，压榨取液。将榨取液与药酒混合，静置，过滤，即得。

[用法] 口服。每次 20～30ml，每日 1～2 次。

[效用] 益精壮阳。用于阳痿，神疲乏力，腰肌劳损，宫冷不孕。

[按语] 海马有大海马、海蛆、三斑海马、线纹海马和刺海马之分，均可入药，功效相同。海蛆又称小海马，体小，长 4.5～10cm，临床较多用。本方如以大海马入药也可以，用 1 只即可。海马无论雌雄都有壮阳作用，而且功效不亚于海狗肾。现代研究表明，海马的提取液有雄激素样作用。海马配伍肉苁蓉和淫羊藿能增强其益精壮阳功效。

## 3. 参茸海马酒（《全国中成药产品集》）

[处方] 人参 15g，鹿茸 10g，大海马 1 只。

[制备] 上药粉碎成粗粉，纱布袋装，扎口，用白酒 500ml 浸泡。14 日后取出药袋，压榨取液。将榨取液与药酒混合，静置，过滤后即可服用。

[用法] 口服。每次 20ml，每日 2 次。

[效用] 补肾强身，提神回春。用于肾亏畏寒，阳痿不举，精神萎靡。

[按语] 原书所载为"中国金丹"，系胶囊剂，现改为酒剂。阳虚畏寒甚者可用红参，一般则用生晒参。全方温阳益气力甚，故阴虚阳亢者忌服。

## 4. 鹿茸酒（《圣济总录》）

[处方] 鹿茸片 15g。

[制备] 将鹿茸片研成粗末，纱布袋装，扎口，置干净容器中，倒入 500ml 白酒浸泡，密封。浸泡 10 天后启封，去渣过滤，装瓶备用。药渣晾干后，可研

细末装瓶备用。

[用法] 口服。每日 2 次，每次 10ml。药渣细末可用温酒送服，每日 1 次，每次 1g。

[效用] 益精生髓，温补肾阳，强健筋骨。用于肾阳虚衰，精血不足，男子阳痿不举、早泄精冷，女子宫冷不孕、畏寒肢冷、神疲乏力，以及肾虚骨痿等。

[按语] 本方也可加肉苁蓉50g，一同浸酒，效力更佳。鹿茸为梅花鹿或马鹿的雄鹿尚未骨化而带茸毛的幼角，以幼角的角尖部质地最好。鹿茸含胶质和钙、磷、镁、铁、锌、铜、锰等微量元素及磷脂类化合物、嘌呤和嘧啶类化合物等。鹿茸能增加血液中的红细胞、血红蛋白、网状红细胞，延缓衰老，增强记忆力。但鹿茸升阳性热，故阴虚火旺者不宜用。

## 5. 男宝药酒（经验方）

[处方] 狗肾 1 只，驴肾 1 只，海马 1 只，人参 20g，鹿茸 5g，仙茅 20g。

[制备] 狗肾、驴肾用酒浸透后切片，其余药材粉碎成粗粉。所有药材用纱布袋装，扎口，用白酒 1000ml 浸泡。14 日后取出药袋，压榨取液，将榨得的药液与药酒混合，静置，过滤后即得。

[用法] 口服。每次 20ml，每日 1～2 次。

[效用] 壮阳补肾。用于肾阳不足，阳痿早泄。

[按语] 完整的狗肾、驴肾均包括阴茎和睾丸，内含雄性激素，为本方壮阳补肾的主要药物；配伍其他壮阳药海马、鹿茸、仙茅，使壮阳补肾的功效益增。人参大补元气，与壮阳药同用，在壮阳功效方面有协同作用。

## 6. 海狗肾酒（经验方）

[处方] 海狗肾 1 只，人参 15g，山药 50g。

[制备] 海狗肾用酒浸透后切片，人参、山药粉碎成粗粉。将上述药物纱布袋盛之，扎口，用白酒 1000ml 浸泡。1 个月后取出药袋，压榨取液，将榨得的药液与药酒混合，静置，过滤后即得。

[用法] 口服。每次 10～15ml，每日 2 次。

[效用] 补肾壮阳，补气益精。用于各种虚损、精血不足、阳痿等。

[按语] 海狗肾如缺，可用黄狗肾替代。1 只完整的狗肾，应包括阴茎和睾丸。狗肾中含有雄性激素，配伍人参、山药补气，增强壮阳作用。

## 7. 海马酒（经验方）

[处方] 海马 2 只。

[制备] 海马研细，纱布袋包扎，置干净容器中，用黄酒 750ml 浸泡，容器

加盖，放炉子上小火煎煮，煮沸 20～30min，熄火。待凉后将药袋取出，压榨取液，将榨取液与药酒合并，过滤装瓶，密闭 3 日后启用。

[用法]温饮。每日 1 次，每次 20ml。

[效用]益精壮阳。用于阳痿，神疲乏力，腰肌劳损。

[按语]商品海马有海马（线纹海马、大海马、三斑海马）、刺海马和海蛆三类，本方所用海马一般选用大海马。海马的补肾壮阳作用较好，单味应用也有效，其功效不亚于海狗肾。由于本品壮阳，故阴虚火旺者忌用。

## 8. 人参鹿茸酒（经验方）

[处方]红参 20g，鹿茸 10g，白糖 150g。

[制备]上药粉碎成粗粉，纱布袋装，扎口，用白酒 1000ml 浸泡。7 日后取出药袋，压榨取液。将榨得的药汁与药酒混合，加入白糖，搅拌混匀，静置，过滤，即得。

[用法]口服。每次 10～15ml，每日 2 次。

[效用]补气助阳，益肾填精。用于肾精亏损，气血不足，阳痿，更年期综合征。

[按语]人参、鹿茸是中药补品中常用的名贵药材，但不能滥用。红参补气，配伍鹿茸后益气助阳之力更强。商品红参种类很多，一般以朝鲜红参和吉林边条红参为上品。商品鹿茸有花茸和马鹿茸两类，品质以花茸为好。花茸即梅花鹿的幼角。鹿茸具有强壮和性激素样作用，且能增强人体造血功能、促进蛋白质和核酸合成，也能增强免疫功能。与红参配伍后强壮、壮阳和补益气血作用更强。本方温热之性明显，故适用于阳虚、气虚之人，阴虚火旺者禁用。本药酒每次饮用量也不宜过多，以免矫枉过正，不能达到阴阳"以平为期"的目的，反而有损健康。

## 9. 西汉古酒（《卫生部药品标准》）

[处方]鹿茸 2g，蛤蚧（酒炙）19.5g，狗鞭（酒炙）9.6g，黄精 200g，枸杞子 100g，松子仁 50g，柏子仁 65g，蜂蜜 250g。

[制备]上药粉碎成粗末，入纱布口袋内，扎口，用白酒 3000ml 浸泡。14 日后去渣过滤取液。将蜂蜜炼至嫩蜜，待温，加入滤液中，搅匀，静置，过滤，密封备用。

[用法]每日 2 次，每次服 20～30ml。

[效用]补益肾阳，强壮筋骨，养心安神。用于腰酸肢冷，阳痿遗精，心悸气短，健忘不寐，或咳喘日久，动则喘甚。

[按语]方中鹿茸、狗鞭补肾壮阳；黄精、枸杞子补肾益阴；松子仁、柏子仁养心安神；蛤蚧补肾益肺、纳气定喘，也有一定的壮阳作用。《本草纲目》有

"（蛤蚧）补肺气，益精血，定喘止嗽……助阳道"的记载。蛤蚧用时去头、足和鳞片。其提取物具有雄激素样作用。狗鞭，即狗肾，是雄性狗的阴茎和睾丸，使用时先用酒浸润透后，切片，与其他药物的粗粉混合在一起，纱布袋装，再用白酒浸泡。

本药酒配方特点为"阴中求阳"，即在使用壮阳药的同时，配伍大量补阴滋润阴柔的药物，使全方温而不燥。

## 10. 保真酒 （《证治准绳》）

[**处方**] 鹿角片 10g，杜仲 30g，巴戟天 30g，山药 30g，远志 30g，五味子 15g，茯苓 15g，熟地黄 30g，肉苁蓉 30g，山茱萸肉 15g，益智 20g，补骨脂 30g，胡芦巴 30g，川楝子 10g，沉香 6g。

[**制备**] 上药粉碎成粗粉，纱布袋装，扎口，用白酒 1500ml 浸泡。1 个月后取出药袋，压榨取液，将榨得的药液与药酒混合，静置，过滤，即得。

[**用法**] 口服。每次 15～20ml，每日 1 次，睡前饮服。

[**效用**] 温肾壮阳，填精补髓。用于肾元亏虚，阳痿滑泄，精冷无子，肢软无力。

[**按语**] 方中鹿角片配伍巴戟天、杜仲、肉苁蓉、胡芦巴、补骨脂、益智补肾壮阳，配伍熟地黄、山萸肉、五味子补阴敛精，配伍山药、茯苓健脾益气、利湿，配伍川楝子、沉香疏肝理气以行滞。本方补而不腻，每日饮服少量，贵在坚持。肝阳上亢者忌服。

## 11. 枸杞子巴戟补酒 （《中国药物大全》）

[**处方**] 枸杞子 30g，巴戟天 30g。

[**制备**] 上药粉碎成粗末，纱布袋装，扎口，用白酒 500ml 浸泡。14 日后取出药袋，压榨取液。将榨取液与药酒混合，静置，过滤，即得。

[**用法**] 口服。每次 10～15ml，每日 2 次。

[**效用**] 补益肝肾，养血明目。用于肾虚腰痛，头目眩晕，视物昏花，阳痿、遗精，身体虚弱。

[**按语**] 枸杞子有滋补阴血、明目、润肺的功能；巴戟天补肾阳、强筋骨。两药配伍，阴阳并补，所谓"阳中求阴"、"阴中求阳"，符合中医学脏腑气血阴阳平衡的理论。这样，补阳不伤阴，补阴不碍阳。肾虚阳痿者，不能一味用温肾壮阳药，必须同时配伍滋阴补肾药，其理盖出于此。

## 12. 生精酒 （经验方）

[**处方**] 锁阳 60g，淫羊藿 60g，巴戟天 30g，肉苁蓉 30g，王不留行 15g，菟

丝子 30g，黄芪 50g，制附片 20g，车前子 20g，女贞子 20g，蛇床子 20g，海狗肾 5 只，山萸肉 40g，熟地黄 40g，枸杞子 40g，甘草 15g。

[制备] 上述药物粉碎成粗粉，纱布袋装，扎口，用白酒 2500ml 浸泡。10 日后取出药袋，压榨取液，将榨得的药液与药酒混合，静置，过滤后即得。

[用法] 口服。每次 15～30ml，每日 2 次。

[效用] 补肾壮阳，益气生精。用于男子精子异常不育症、阳痿。

[按语] 中医学认为，阳生阴长是事物发展的一般规律。男子少精或精子异常引起不育，不能仅滋补阴精不足，应该同时重视鼓舞阳气。方中锁阳、淫羊藿、巴戟天、肉苁蓉、海狗肾、菟丝子都是温肾壮阳的药物，配伍后有协同作用；女贞子、熟地黄、枸杞子滋补阴精。"阳中求阴"、"阴中求阳"是中医调理人体阴阳通常采用的方法，富有哲理。本药酒服用 1 个月为 1 个疗程，可以用 1～3 个疗程。

## 13. 仙灵脾酒（《寿世保元》）

[处方] 淫羊藿（仙灵脾）100g。

[制备] 淫羊藿切碎，用纱布袋盛之，入高粱酒 1000ml 中浸泡，密封。春夏过 7 日、秋冬过 10 日后开取饮用。

[用法] 口服。每次 20ml，每晚 1 次。

[效用] 补肾壮阳，祛风除湿。用于肾阳虚衰所致阳痿、遗精、男子不育、女子不孕，以及风湿痹痛、肢麻拘挛等症。

[按语] 淫羊藿又名仙灵脾，全草入药。淫羊藿的药理作用较为广泛，对心血管系统、免疫系统、血液系统、内分泌系统等都有良好的作用。临床上主要用于治疗阳痿、男子不育和女子不孕，可以配伍其他壮阳药同用，也可单独应用。此外，也用于风湿痹痛。妇女更年期综合征患者也可用本品作辅助治疗。阴虚内热或湿热内蕴者忌服。

## 14. 仙灵秘传酒（《葆竹堂集验方》）

[处方] 淫羊藿 30g，巴戟天 15g，补骨脂 15g，菟丝子 15g，杜仲 15g，金樱子 30g，川牛膝 15g，肉桂 6g，沉香 3g。

[制备] 上药粉碎成粗粉，纱布袋装之，扎口，用白酒 2000ml 浸泡。14 日后取出药袋，压榨取液。将榨得的药汁与原药酒混合，静置，过滤，即得。

[用法] 口服。每次 15～20ml，每日 2 次。

[效用] 壮阳益精，延年益寿。用于肾阳不足，肾精亏损，老年体弱，腰膝酸痛。

[按语] 淫羊藿、巴戟天、补骨脂、菟丝子补肾壮阳；杜仲、川牛膝补肝肾，强腰膝；金樱子固肾涩精；肉桂即官桂（植物肉桂的干皮去外部栓皮者称肉桂心，采自粗枝皮或幼树干皮者称肉桂），在本方中有助阳的作用，也能调味，使药酒变得香醇；沉香理气。

## 15. 虫草人参酒（民间方）

[处方] 冬虫夏草 5g，生晒参 15g。

[制备] 上药粉碎成粗粉，纱布袋装，扎口，用白酒 500ml 浸泡。7 日后取出药袋，压榨取液。再将榨得的药液与药酒混合，静置，过滤，即得。

[用法] 口服。每次 10～20ml，每日 1～2 次。

[效用] 补肾壮阳，益肺止咳。用于身体虚弱，阳痿不举，腰膝酸软，身倦乏力，虚喘咳嗽。

[按语] 冬虫夏草是麦角菌科真菌冬虫夏草菌的子座和其寄生主——鳞翅目蝙蝠蛾科昆虫幼虫尸体的复合体。冬季，冬虫夏草菌的菌丝侵入蛰居于土中的幼虫体内，吸取养分，致使虫体死亡并充满菌丝，到了夏季由虫体头部生出真菌子座，露出土外，像一棵草，冬虫夏草因此而得名。冬虫夏草含多种氨基酸，另外还含甘露糖、蕈糖、虫草多糖、D-甘露糖、虫草酸、麦角甾醇，以及锌、铜、锰、镁、铁、钙等多种微量元素。现代药理研究表明，冬虫夏草具有抗心律失常，抗心肌缺血、缺氧作用，能明显扩张支气管，增强肾上腺皮质功能。冬虫夏草尚有雄激素样作用，还有一定的抗肿瘤作用。目前，冬虫夏草应用范围较广，常配伍人参同用，倍增其补益作用。

## 16. 壮阳酒（《南郑医案选》）

[处方] 蛤蚧尾 1 对，海狗肾 2 只，肉苁蓉 40g，菟丝子 20g，狗脊 20g，枸杞子 20g，人参 20g，当归 15g，山茱萸 30g。

[制备] 先将海狗肾用酒浸润透后切片，再将余药粉碎成粗粉。药材一同用纱布袋装，扎口，用白酒 1500ml 浸泡。14 日后取出药袋，压榨取液。再将榨得的药液与药酒混合，静置，过滤，即得。

[用法] 口服。每次 10～20ml，每日 1～2 次。

[效用] 补肾填精，峻补命门。用于阳痿早泄，梦遗滑精，畏寒肢冷，四肢无力，腰膝酸软。

[按语] 如缺海狗肾，可用黄狗肾。狗肾应该包括阴茎和睾丸全部。蛤蚧入药去头、足和鳞片，传统认为其尾功效最好。蛤蚧有益肺补肾作用，可纳气平喘，也有助阳益精作用，常与人参配伍。壮阳药酒每次不宜多饮，贵在坚持。阴虚阳亢者忌用。

## 17. 鹿附补阳酒 （《太平圣惠方》）

[处方] 鹿角片200g，熟附片30g。

[制作] 上药捣研成粗屑，纱布袋装之，扎口，用白酒1000ml浸泡。14日后去渣即可饮用。

[用法] 口服。每日晚上1次，每次10～20ml。

[效用] 补督脉，温元阳。用于肾阳亏虚，腰脊疼痛，形寒肢冷，小便清长。

[按语] 鹿角、熟附片均为温热纯阳之品，非阳虚者不可滥服。肾阳亏虚者，每日适量，每次量不在多，贵在坚持，老年人尤宜。

## 18. 二仙加皮酒 （《万病回春》）

[处方] 淫羊藿120g，仙茅90g，刺五加90g。

[制备] 上药研成粗末，纱布袋装，扎口，用38度白酒或米酒1500ml浸泡，容器密封。前2日容器温度需保持50℃以上，2日后常温存放。每日摇动1～2次，浸酒7日后启用。

[用法] 口服。每日2次，每次10～20ml。

[效用] 温肾壮阳，散寒除痹。用于性功能低下，阳痿，早泄，腰膝筋脉不利，关节不利等。

[按语] 淫羊藿，性温味甘，有补肾、助阳、益精的作用，配伍仙茅能增强补肾壮阳之力。刺五加产于我国东北、河北和山西等地，有较人参更好的适应原样作用，可增强机体抵抗疾病的能力，调节病理过程，使机体功能趋于正常。如不用刺五加，改用南五加皮也可以。酒精对性功能的影响具有双重性，适量酒精刺激可以提高性功能兴奋性，但过量反而使性功能下降，所以本方采用酒精度低的米酒或白酒，服用剂量也不大，就在于恰到好处。酒精度低，药物中有效成分溶出率可能低，所以浸泡前两天适当加温，保持50℃以上，其目的是增加溶出率，以弥补低度酒作为溶剂的缺陷。

## 19. 健身药酒 （民间方）

[处方] 巴戟天15g，肉苁蓉15g，当归10g，黄精15g，淫羊藿15g，熟地黄15g，菟丝子15g，雄蚕蛾（炒，去翅）10g，黄芪20g，女贞子15g，远志10g，金樱子15g，制附子10g。

[制备] 上药粉碎成粗粉，纱布袋装，扎口，用白酒2000ml浸泡。14日后取出药袋，压榨取液。将榨得的药液与药酒混合，静置，过滤，即得。

[用法] 每次10～20ml，每日1～2次，饭前饮服。

[效用] 强腰固肾，补气壮阳。用于病后虚弱，精血不足，阳痿，遗精，遗

尿，腰膝冷痛等。

[按语]中医学认为，久病伤及脏腑阴阳气血，穷必及肾，故治疗上必以补肾为重。本方侧重温补肾阳。方中巴戟天、肉苁蓉、淫羊藿、菟丝子、雄蚕蛾、制附子温肾壮阳；黄芪益气；当归、熟地黄、黄精、女贞子滋补阴血；远志宁心安神；金樱子固精。全方虽以温补肾阳为主，但仍配伍多种滋补阴血的药物，体现了"阴中求阳"之意。中老年人肾精不足、肾气已衰，容易出现腰膝酸痛、脚膝软弱无力、倦怠乏力、尿频、夜尿等表现；男性见阳痿、遗精；女性骨质疏松，见筋骨疼痛，不耐劳累。故本方对中老年人肾阳虚者均可应用，常年服用，有健身作用。阴虚火旺及高血压者忌服。

## 20.青松龄药酒（民间方）

[处方]淫羊藿 15g，红参须 10g，红花 10g，熟地黄 20g，枸杞子 20g，鹿茸 5g，牛睾丸 2 个，羊睾丸 2 个。

[制备]牛睾丸、羊睾丸置水中略煮一下，切片烘干。将上药粉碎成粗粉，与牛睾丸、羊睾丸同用纱布袋装，扎口，用白酒 1500ml 浸泡。14 日后取出药袋，压榨取液。将榨得的药液与药酒混合，静置，过滤即得。

[用法]口服。每次 10～20ml，每日 2 次。

[效用]益气养血，生精壮阳。用于肾虚阳痿，气血不足，身体衰弱，神疲乏力。

[按语]牛睾丸、羊睾丸含有微量雄性激素，有补肾壮阳的功效；淫羊藿、鹿茸有雄激素样作用，也有补肾壮阳的功效；红参须补气；熟地黄、枸杞子滋补阴血；红花活血调血。淫羊藿、鹿茸、红参须、枸杞子都能增强机体免疫功能，有强壮作用。

## 21.回兴酒

[处方]合欢花 50g，八月札 100g，蜈蚣 20 条，石菖蒲 60g，生酸枣仁 60g，人参 100g，红花 80g，丹参 120g，肉桂 50g，菟丝子 150g，韭菜子 100g，巴戟天 100g，肉苁蓉 100g，淫羊藿 120g，枸杞子 100g，川椒 50g，罂粟壳 100g，鸡睾丸 300g，雄蚕蛾 60g。

[制备]上述药物除鸡睾丸外均与高粱酒 2500ml 混合，装入搪瓷罐中，放入大锅内隔水炖煮至沸，放冷后加入鸡睾丸，密封，埋地下一尺许，夏春季 7 天，秋冬季 14 天，过滤，压榨药渣取汁，分装瓶内，密封备用（亦可采用常规冷浸法）。[中医研究，1994，7（4）：34.]

[用法]口服。每次 30～40ml，每日 3 次。连服 2 个月为 1 个疗程。

[效用]补肾壮阳，活血化瘀，益气养血。用于男子阳痿。

[按语] 蜈蚣具有息风止痉、通络散结功能，治疗阳痿的民间验方中常配伍此药，且用量较大，但该品有小毒，不宜超大剂量服用。阴虚阳亢者忌服。感冒发热、传染病或其他感染性疾病病期勿服。

## 22. 壮阳益肾酒

[处方] 蛤蚧 1 对，海马 10g，鹿茸 10g，红参 15g，枸杞子 50g，淫羊藿30g，五味子 30g。

[制备] 上药用 2500ml 白酒浸泡 7 日后即可饮用。[吉林中医药，1991，(1)：17.]

[用法] 口服。每日临睡前饮 35ml，2 个月为 1 个疗程。

[效用] 补肾壮阳。用于男子阳痿。

[按语] 阴虚阳亢者忌用。

## 23. 振阳灵药酒

[处方] 淫羊藿 15g，黄芪 20g，枸杞子 20g，蛇床子 15g，阳起石 15g，菟丝子 15g，益智 10g，蜈蚣 10 条，海狗肾 1 具。

[制备] 将上述药物用黄酒、白酒各 500ml 浸泡 10 日后即可饮用。[湖北中医杂志，1991，(5)：48.]

[用法] 口服。每次 25ml，早晚各 1 次。20 日为 1 个疗程。

[效用] 补肾壮阳。用于男子阳痿。

[按语] 男子正常性功能中出现的勃起和射精，有赖于肝主疏泄功能的正常发挥。蜈蚣辛温，入肝经其走窜力最速，能通经逐邪，疏通肝经气血郁闷，使肝气条达，疏泄正常，气血得行。故在治疗男子阳痿等性功能障碍一类疾病中，常常选用蜈蚣配伍补肾壮阳药同用。阳起石为硅酸盐类矿物药，含有较高的钙、镁、锌、铁、铜、铝、锰等微量元素，有温肾壮阳功效。本方大多为温补肾阳之品，故阴虚阳亢者忌用。

## 24. 抗痿灵

[处方] 蜈蚣（不去头足，不能烘烤）18g，当归、白芍、甘草各 60g。

[制备] ①上药分别研细末，混合均匀，分成 40 包，备用。②上药研粗末，用白酒 1000ml 浸泡，7 天后即可饮用。[中医杂志，1981，22 (4)：36.]

[用法] ①散剂服法：每次 1/2～1 包，早、晚各 1 次，空腹，用白酒或黄酒送服。②酒剂服法：每次 20ml，早、晚各 1 次。以上均 15 天为 1 个疗程。

[效用] 活血通络，壮阳起痿。用于男子阳痿。

[按语] 治疗 737 例，均采用白酒或黄酒送服法，效果满意。服药期间，仅

个别患者有轻度水肿，但可自行消退。但为了服用方便，可以改用酒剂。蜈蚣头部腺体中的疗效物质，高温烘烤会破坏其活性，故使用时不去头足，加工时不烘烤。

# 八、美容驻颜药酒

## 1. 驻颜酒（《长生食物和药酒》）

[处方] 当归 30g，白芍 30g，熟地黄 30g，蜂蜜 100g，柚子 120g。

[制备] 柚子连皮洗净、拭干，切成小块，其他药粉碎，纱布袋装，扎口，用白酒 1500ml 浸泡 30 日。取出药袋后压榨取液。将榨得的药汁与药酒混合，加入蜂蜜，搅拌均匀，静置，过滤，即得。

[用法] 口服。每次 20～30ml，每日 1 次。

[效用] 养血驻颜。用于气血不足，面色㿠白，发枯不荣。

[按语] 古人认为：“发为血之余。”发质的荣华或枯萎和血的充盈与否有密切关系。方中选用当归、白芍、熟地黄养血以荣发质，改善面色。柚子，即芸香科植物柚及其变种文旦柚、沙田柚、坪山柚等的成熟果实，入药连皮用，有理气化痰、健胃、助消化的功能。《本草纲目》中即有记载，专治痰气咳嗽。柚子中富含葡萄糖、蔗糖、果糖、维生素 C、枸橼酸（柠檬酸）、钙、磷等成分，果汁中含有类胰岛素样成分，有降血糖作用。加蜂蜜以调味。

## 2. 红颜酒（《万病回春》）

[处方] 核桃仁 120g，大枣肉 120g，甜杏仁 30g，白蜜 100g，酥油 70ml。

[制备] 先将上药捣碎，纱布袋装，扎口。将白蜜、酥油溶入 1000ml 白酒中，搅拌均匀，再将药袋浸入白酒中浸泡。7 日后取出药袋，压榨取液，合并榨取液与药酒，静置，过滤，即得。

[用法] 口服。每次 15ml，每日 2 次，早晚各 1 次。

[效用] 补肺肾，健脾胃，驻颜延年。用于容颜憔悴，肌肤粗糙，大便干燥，以及肺肾两虚之咳喘。

[按语] 核桃仁即胡桃的种仁，有美容功效。《食疗本草》记载：“常服令人能食，骨肉细腻，光润，须发黑泽。”核桃仁内含丰富的脂肪油和大量的蛋白质及维生素 $B_1$、维生素 $B_2$ 等成分。民间常嚼食核桃仁或煮成核桃仁粥以补肾养

颜。大枣肉健脾补气，内含蛋白质、多种氨基酸、糖类、有机酸、胡萝卜素及维生素 A、维生素 B₂、维生素 C、维生素 P 和微量元素磷、钾、镁、钙、铁等，经常食用，能增加体重，增强肌力，保护肝脏。甜杏仁内含丰富的蛋白质、脂肪油，有润肺通便、止咳平喘之功效。《杨氏家藏方》中收载的杏仁煎，即以甜杏仁与核桃仁捣碎研细，加蜜糖适量调服，专用于肠燥便秘者，尤宜于老年人。本方从补益肺、脾、肾三脏入手，通过润肠通便、排除体内毒素，达到驻颜美容、延年益寿的目的。

### 3. 固本酒（《医部全录》）

[处方] 生地黄 20g，熟地黄 20g，天冬 20g，麦冬 20g，白茯苓 20g，生晒参 20g。

[制备] 上药粉碎成粗粉，纱布袋装，扎口，用白酒 1000ml 浸泡 3 日后，隔水武火煮沸 20～30min，当酒呈黄黑色时立即离火冷却，再取出药袋，压榨取液，合并榨取液与药酒，静置，过滤，即得。

[用法] 空腹温服，每次 10～20ml，每日 1～2 次。

[效用] 滋阴益气，健脾补虚，乌须美容。用于气阴两虚，容颜早衰，须发早白。

[按语]《医部全录》载："固本酒，治劳补虚，益寿延年，乌须发，美容颜。"气、阴、精、血是皮肤毛发赖以生长荣润的物质基础。方中生地黄、熟地黄、天冬、麦冬滋补阴精；生晒参、白茯苓益气健脾。全方气阴双补。天冬滋阴润燥，兼有清肺功能，《日华子本草》称其能"润五脏，益皮肤，悦颜色，补五劳七伤"，所以在美容方中经常配伍天冬，而且常与麦冬同用。

### 4. 熙春酒（《随息居饮食谱》）

[处方] 柿饼 250g，枸杞子 50g，龙眼肉 50g，女贞子（蒸）50g，干地黄 50g，淫羊藿 50g，绿豆 50g。

[制备] 柿饼切成小块，除龙眼肉外，余药粉碎成粗粉，纱布袋装，扎口。将柿饼、龙眼肉、药袋放在干净容器中，用白酒 2000ml 浸泡 1 个月。容器密封，每隔 2～3 日摇动 1 次，以助药味浸出。1 个月后，取出药袋，压榨取液。将榨得的药液与药酒混合，过滤，即得。

[用法] 口服。每次 15～30ml，每日 1～2 次。

[效用] 补肾精，泽肌肤，润毛发，美容颜。用于肌肤枯槁，毛发稀少，容颜憔悴，早老早衰。

[按语] 柿饼有润肺生津、化痰止咳的作用，选用柿霜多者为佳。中医学认为，肺主皮毛，皮肤毛发的许多病变，大多从治肺立法，或清肺，或补肺气，或

滋肺阴。肺的气阴充沛，可以很好地宣发卫气和津液，温煦和濡润皮肤和毛发。所以，皮肤和毛发的美容，大多离不开补益肺气肺阴的药物。枸杞子、龙眼肉、女贞子、干地黄、淫羊藿补肾益精血。精血是皮毛得以生长、赖以荣润的物质基础，故皮毛的美容也离不开补益精血的药物。绿豆性凉，有清热解毒、利小便的功能，本方配伍绿豆，有清肺热作用，与柿饼合用，在润肺清热方面有协同作用。

## 5. 壮骨驻颜酒（《寿亲养老新书》）

[处方] 干地黄30g，熟地黄30g，黑大豆30g，山药20g，赤何首乌、白何首乌各30g，牛膝30g，肉苁蓉30g，枸杞子30g，藁本15g，川椒15g。

[制备] 上药粉碎成粗粉，纱布袋装，扎口，用白酒1500ml浸泡。30日后取出药袋，压榨取液。将榨取液与药酒混合，静置，过滤后即得。

[用法] 口服。每次10～20ml，每日2次。

[效用] 补肾养血，壮骨强筋。用于肝肾不足，腰膝无力，眩晕目昏，面色不华，须发早白。

[按语] 方中干地黄、熟地黄、赤何首乌、白何首乌、枸杞子、肉苁蓉补肾益精血，山药健脾益气，牛膝强筋骨、补肝肾、通经活血，藁本、川椒祛风散寒，黑大豆补肾益阴、健脾利湿。《备急千金要方》、《本草衍义》中记载的豆淋酒，即以黑大豆炒熟，趁热用黄酒浸泡而成，专用于阴虚阳亢、虚风上扰、眩晕头痛、虚烦发热等。本方则用生黑大豆配伍补肝肾药，用白酒浸泡而成。黑大豆含人体必需的多种氨基酸，尤以赖氨酸含量最高，所含脂肪多为不饱和脂肪酸，还含磷脂及钙、磷、铁多种微量元素和维生素 $B_1$、维生素 $B_2$、维生素 $B_{12}$、叶酸、烟酸、胡萝卜素等，为保健佳品。

## 6. 柠檬葡萄酒（民间方）

[处方] 柠檬1只。

[制备] 挤压柠檬将果汁滴入红葡萄酒中即可，现制即饮。

[用法] 每次取半只柠檬，先将红葡萄酒30～50ml倒入杯中，柠檬挤汁滴入酒杯中，用条匙搅拌均匀即可饮用，每日1次。

[效用] 美白肌肤，养颜延寿。用于保养容颜，抗皮肤衰老。

[按语] 柠檬其味酸，性微寒，长于生津止渴，亦可清热解暑、开胃消食。据《本草纲目拾遗》记载，由于本品味极酸，古人常"藏而经久为尚，汁可代醋"。柠檬富含维生素C、柠檬酸、苹果酸、柚皮苷等。红葡萄酒含丰富的抗氧化剂、白藜芦醇及多酚类物质，有抗衰老、抑制血液凝固、抗血栓形成等作用。所以柠檬与红葡萄酒配合饮用，持之以恒，不仅有较好的养颜护肤抗皱的保健作

用，而且对心血管亦有一定的保健作用。

## 7. 养荣酒（民间验方）

[处方] 生地黄 25g，黄精 25g，茯苓 25g，甘菊花 25g，石菖蒲 25g，天冬 25g，人参 15g，肉桂 5g，牛膝 15g。

[制备] 上药粉碎成粗粉，纱布袋装，扎口，用白酒 1000ml 浸泡。春夏浸 7 日，秋冬浸 14 日。开封后取出药袋，压榨取液。将榨取液同药酒混合，静置、滤过后即得。

[用法] 口服。每次 20ml，每日 2 次，早晚空腹温服。

[效用] 补虚损，壮气力，泽肌肤。用于体质虚弱，身倦乏力，形容憔悴。

[按语] 方中生地黄、黄精滋阴补肾；人参、茯苓健脾补气；牛膝补肝肾，强筋骨；石菖蒲则有"通九窍，明耳目"的功效；肉桂在此药酒中既能起到温中祛寒的作用，又能利用自身的芳香气味调酒味；配伍甘菊花和天冬，有清肺、润肺及润泽肌肤的作用。天冬，又名天门冬，是滋阴润肺的要药。《日华子本草》记载天冬有"益皮肤，悦颜色，补五劳七伤"的作用。中医学认为，肌肤的润泽荣华，与肺的气阴是否充沛有密切关系，故有"肺主皮毛"之说。所以，人体肌肤憔悴、粗糙和失去荣华，常从滋阴补肺益气入手，天冬是首选药物之一。

## 8. 参枣酒（吉林民间方）

[处方] 生晒参 30g，大枣 100g，蜂蜜 200g。

[制备] 生晒参切成薄片；大枣洗净，晾干，剖开去核。将两药置干净容器内，用白酒 1000ml 浸泡，密闭容器。14 日后开启，滤去药渣后，再往滤液内加蜂蜜，调和均匀，装瓶密闭备用。过滤后的药渣可放原容器内，加少许白酒继续浸泡待用。

[用法] 口服。每日早、晚空腹各饮 1 次，每次 10～20ml。大枣、参片可随意食用。

[效用] 补中益气，养血安神。用于精神倦怠，面色萎黄，食欲不振，心悸气短，遇事善忘，失眠多梦，舌淡脉弱。

[按语] 阳虚体质者不用生晒参，可改用红参。本方所选用的人参、大枣、蜂蜜，均为补中益气的药物，人参还有益智安神作用。脾为气血生化之源，脾气旺则气血生化不绝，故方中虽无养血药，但能起到补气生血的作用。本方重用大枣，张锡纯在《医学衷中参西录》中称本品"最能滋养血脉，润泽肌肤，强健脾胃，固肠止泻，调和百药"。大枣、蜂蜜甜润，且有芳香之气，与人参配伍浸泡的药酒，甜润芳香，口感较好，但切忌饮用过量。

### 9. 杞圆酒 （《中国医学大辞典》）

[**处方**] 枸杞子 60g，龙眼肉 60g。

[**制备**] 将上述药物与白酒 500ml 一同浸泡，7 日后即可饮用。可随饮随添白酒，至味薄为止。

[**用法**] 口服。每次 10～15ml，每日 2 次。早晚空腹温饮。

[**效用**] 补精血，养心脾，驻颜色。用于心脾不足，头昏倦怠，失眠，心神不安，容颜衰老。

[**按语**] 不耐酒力者，可改用黄酒配制，浸泡时间可长一些，10～14 日后开启饮用。《摄生剖秘》所载杞圆膏，即以此方做成膏剂，经常服食，能安神养血、滋阴壮阳、益智泽肤。枸杞子和龙眼肉都是食药两用之品，此药酒也香甜醇厚，所以本药酒可以经常少量饮服，但不可贪杯。

### 10. 桑椹桂圆酒 （《寿世编》）

[**处方**] 桑椹 100g，龙眼肉（桂圆肉）100g。

[**制备**] 将上述两药与烧酒 2000ml 同入坛内浸泡，7 日后即可饮用。

[**用法**] 口服。每次 10～20ml，每日 2 次。

[**效用**] 养血安神，美容延年。用于肝肾阴亏，虚劳羸弱所致的失眠、健忘、惊悸、怔忡、便秘、目暗、耳鸣、容颜衰老等。

[**按语**] 桑椹含芸香苷、胡萝卜素、维生素 A、维生素 $B_1$、维生素 $B_2$、维生素 C、烟酸、糖类及无机盐，具有兴奋造血功能和增强机体免疫功能的药理作用。桑椹滋阴补血、生津润肠，久服能乌发明目，对老年人病后津枯便秘极其有效。配伍龙眼肉，养血安神。桑椹和龙眼肉都是食药两用之品，所以桑椹桂圆酒可以长期适量饮用，有较好的保健作用。脾胃虚寒、大便溏泄者慎用。

### 11. 祛斑美容酒 （浙江民间验方）

[**处方**] 鲜桃花 250g，白芷 30g。

[**制备**] 鲜桃花捣烂，白芷粉碎成粗末，一同用白酒 1000ml 浸泡。密封容器，1 个月后启封，过滤，即得。

[**用法**] 口服，每次 10～20ml，每日 2 次，早晚各 1 次。同时可倒少许药酒于掌中，两手对擦，待手掌热后，再来回擦面部患处。连用 1～2 个月。

[**效用**] 活血通络，除湿祛斑。用于面暗、黑斑、黄褐斑。

[**按语**] 桃花如用干品，可用 60g，但以鲜品为好。白芷的提取物常用于中药面膜中，有祛斑、增白的效果。

# 九、护发生发药酒

## 1. 七宝美髯酒（《医方集解》）

[处方] 制何首乌100g，茯苓50g，牛膝25g，当归25g，枸杞子20g，菟丝子20g，补骨脂15g。

[制备] 上药共为粗末，入纱布袋中，扎口，用白酒1500ml浸泡。1个月后取出药袋，压榨取液，将榨得的药液与药酒混合，静置，过滤，即得。

[用法] 口服。每次20ml，每日2次，早晚各1次。

[效用] 补益肝肾，乌须黑发。用于肝肾不足，须发早白，齿牙动摇，梦遗滑精，腰膝酸软，妇女带下，男性不育。

[按语] 方中重用制何首乌补肝肾，益精血，乌须发；茯苓健脾渗湿，调补后天；当归、枸杞子滋补阴血；菟丝子、补骨脂补肾固精且助阳；牛膝补肝肾，强腰膝。本方药物7味，功专乌须发，故名"七宝美髯酒"。现代研究发现，本方具有提高实验动物应激生存能力和抗凝血作用。人们一直视该方为抗衰老、延年益寿的良方。补益肝肾一定要用制何首乌，不能用生何首乌，后者有泻下作用。

## 2. 巨胜酒（《实用抗衰老药膳学》）

[处方] 芝麻（巨胜子）100g，干地黄250g，薏苡仁30g。

[制备] 诸药粉碎成粗粉，纱布袋装，扎口，用白酒1500ml浸泡。7日后取出药袋，压榨取液，将榨得的药液与药酒混合，静置，过滤，即得。

[用法] 口服。每次20ml，每日2次，早晚各1次。

[效用] 补肝肾，益精血，润肠燥。用于肝肾精血不足，须发早白，腰膝酸软，四肢无力，肠燥便秘。

[按语] 芝麻即巨胜子，以黑芝麻为优，内含丰富的脂肪油，其中主要为油酸、亚油酸等，还含有维生素E、叶酸、烟酸、卵磷脂和磷、钙等微量元素，具有补肝肾、润肠通便的功效。精血不足，须发早白，肠燥便秘或产后血虚、乳汁不足，可常服食黑芝麻调养。《本草纲目》中收载的芝麻粳米粥和炒芝麻即以此补精血、强筋骨、增乳汁。方中配伍干地黄，是为了增强养阴补血的功能，配伍薏苡仁，有健脾利湿的功效。薏苡仁油及其提取物，现代常用于

美容化妆品中，有护发防脱，使毛发光泽柔滑的功用，对皮肤有营养作用，且有防晒效果。

### 3. 首乌地黄酒（《中国药膳学》）

[处方] 制何首乌 100g，生地黄 60g。

[制备] 上药粉碎成粗粉，纱布袋装，扎口，用白酒 1000ml 浸泡。14 日后取出药袋，压榨取液，合并榨取液与药酒，静置，过滤，即得。

[用法] 口服。每次 20～30ml，每日 2 次，早晚各 1 次。

[效用] 滋阴血，乌须发。用于阴血不足，头晕目眩，健忘失眠，须发早白，脱发。

[按语] 何首乌对于年老体虚、白发斑秃、高脂血症、神经衰弱都有良好的保健功能。《世补斋医书》首乌延寿丹、《积善堂方》七宝美髯丹、《中华人民共和国药典》所载养血生发胶囊中都以何首乌为主药。唐代《开宝本草》中称其有"益血气，黑髭鬓，悦颜色"的功能，后世的《何首乌录》中也记载，何首乌有"益精髓，壮气，驻颜，黑发，延年"的作用。本药酒取效贵在坚持。

### 4. 养血生发酒（经验方）

[处方] 制何首乌 50g，当归 30g，熟地黄 30g，天麻 30g，川芎 20g，木瓜 20g。

[制备] 上述诸药打碎研成粗末，纱布袋装，扎口，用白酒 1000ml 浸泡。密闭 14 日后，取出药袋，压榨取液，与原药酒合并，过滤后装瓶，备用。

[用法] 口服。每日 2 次，每次 20ml。

[效用] 养血补肾，祛风生发。用于斑秃、全秃、脂溢性脱发，以及病后、产后脱发，属血虚证者。

[按语] 中医学认为，脱发的常见原因有两种：一种属血虚所致，所谓血不养发，血虚生风；另一种属血热所致，所谓血热风燥。血虚者宜养血祛风，本方所宜；血热者非本方所宜。

### 5. 养血乌发酒（经验方）

[处方] 制何首乌 75g，熟地黄 75g，当归 50g。

[制备] 上述药物研成粗末，纱布袋装，扎口，用白酒 1000ml 浸泡。15 日后取出药袋，压榨取汁，与原药酒混合，过滤装瓶备用。

[用法] 口服。每日 1～2 次，每次 15～20ml。每日总量不超过 30ml。

[效用] 养精血，乌须发。用于精血不足，未老先衰，须发早白。

[按语] 中医认为"发为血之余"。精血不足，须发早白或须发枯槁无华。何

首乌、熟地黄、当归都是常用的养血补精的要药。

## 6. 生发药酒（《浙江药用植物志》）

[处方] 鲜骨碎补 30g，斑蝥 5 只。

[制备] 将鲜骨碎补打碎，与斑蝥一起用烧酒 150ml 浸泡 12 日，过滤，即得。

[用法] 外用。用药棉球蘸药酒擦患处，每日 2~3 次。

[效用] 促毛发生长。用于斑秃、病后脱发。

[按语] 斑秃系局限性斑状脱发，往往在头部突然出现圆形或椭圆形的秃发斑，无自觉症状，患部皮肤正常，俗称"鬼剃头"。骨碎补为水龙科植物槲蕨或中华槲蕨的根茎。斑蝥有大毒，为芫青科昆虫南方大斑蝥或黄黑小斑蝥的虫体，对皮肤、黏膜有较强的刺激性。本药酒有毒，不可误服。药酒不能滴入眼中。头皮破损处不宜外用。

## 7. 一醉散（《普济方》）

[处方] 槐角子 30g，墨旱莲 60g，生地黄 30g。

[制备] 上药研粗末，纱布袋装，扎口，用白酒 500ml 浸泡。密封 20 日后，取出药袋，将压榨液与原药酒合并，过滤装瓶，备用。

[用法] 每晚临睡前饮 30ml。

[效用] 乌须黑发。用于须发早白。

[按语] 古代文献记载一醉散有两方，另一方出自《德生堂方》，方内有枸杞子和莲子心，但无墨旱莲。《普济方》称："取酒饮一醉后，醒来须发尽黑，故方名为'一醉散'。"事实上，任何乌须黑发的功效，不可能见于顷刻，重要的是必须持之以恒。中医学认为，"发为血之余"，须发早白与血虚或血热有关。该方中用墨旱莲、生地黄滋阴养血，槐角子凉血，故长期服用具有乌须黑发的功效。每次饮用的量不宜过多，以免适得其反，有碍健康。

槐角子，《神农本草经》收载，列为上品。本品为豆科植物槐树的果实。其花蕾也入药，名槐米，作用与槐角子相似，也有清热凉血功效。但槐米富含芸香苷（含量在 10％~28％），俗称芦丁。芦丁具有软化血管、减少毛细血管通透性、抑制类脂质过氧化物形成等功效，故应用本方，有时常以槐米代替槐角子，用量适当增加到 50g。

## 8. 侧柏三黄生发酒（经验方）

[处方] 侧柏叶 30g，大黄 10g，黄芩 10g，黄柏 10g，苦参 10g，川芎 10g，白芷 10g，蔓荆子 10g，冰片 2g。

［制备］除冰片外，上药粉碎成粗粉，纱布袋装，扎口，用高度烧酒500ml浸泡。7日后取出药袋，压榨取液。合并榨取液与药酒，再加入冰片，搅匀，静置，过滤即得。

［用法］外用。用棉签蘸药酒涂擦毛发脱落部位，每日3～4次。

［效用］促使毛发生长。用于秃发、斑秃或脂溢性秃发。

［按语］侧柏叶有凉血止血、祛风利湿、生发乌发的功能。《日华子本草》有"烧取汁涂头，黑润鬓发"的记载。外用生发的记载主要见于现代文献。

## 9. 侧柏叶酒（经验方）

［处方］鲜侧柏叶150g。

［制备］鲜侧柏叶去梗，切细，用高度白酒500ml浸泡。7日后过滤去渣，备用。药酒呈青绿色。

［用法］外用。每日3～4次，每次用药棉蘸药酒反复涂擦患处皮肤。

［效用］凉血生发。用于斑秃、全秃、脂溢性脱发，证属血热风燥者。

［按语］侧柏叶别名扁柏、丛柏叶，终年常绿，但入药以春夏采叶为佳。该药具有凉血清热、生发乌发的功效，单用或配伍何首乌、白鲜皮、骨碎补浸酒同用，均有较好效果。

## 10. 闹羊花生发酊（《现代中药学大辞典》）

［处方］闹羊花60g，补骨脂30g，生姜60g。

［制备］上药用75％乙醇浸泡，7日后过滤去渣，制成400ml酊剂，备用。

［用法］外用。每日用棉签蘸药液涂擦患处，每日3次。

［效用］祛风除湿，生发。用于斑秃、脂溢性皮炎。

［按语］闹羊花为杜鹃花科植物羊踯躅的花序，又名踯躅花，毒性较强，切勿内服。

## 11. 斑蝥侧柏酒

［处方］斑蝥5g，侧柏叶10g，辣椒10g，干姜5g，白僵蚕10g。

［制备］上药研粗末，用75％乙醇200ml浸泡7日，过滤去渣，滤液备用。[内蒙古中医药，1993，(1)：21.]

［用法］外用。用药棉蘸少许药液反复涂擦脱发处，直至出现微热或轻微刺激痛为度，注意药液不要流淌至正常皮肤。3个月为1个疗程。

［效用］清热解毒，活血化瘀，祛风止痒。用于斑秃。

［按语］本药液有毒，切勿入眼、口黏膜处。头皮破损处不宜外用。斑蝥，辛温，有大毒。所含斑蝥素对人的皮肤有较强刺激性，外用后局部皮肤

潮红发热。治疗斑秃除外用斑蝥侧柏酒外，可以配合梅花针轻轻叩打患处局部。

### 12. 银花酒

[处方] 金银花 100g。

[制备] 将金银花置大口瓶中，用白酒 500ml 浸泡 1 周，待酒色呈棕黄色，备用。[新疆中医药，1996，(4)：60.]

[用法] 外用。先用鲜生姜片擦斑秃处数遍，然后用纱布块蘸药酒擦脱发处 2～3min，待斑秃处皮肤发红为度，每日擦洗 2 次。

[效用] 清热解毒。用于斑秃。

[按语] 斑秃，俗称"鬼剃头"，其病因至今尚未完全清楚，但血热风燥，头发失荣，致发脱而秃，恐为其病因之一，本方适用。金银花具有疏风清热解毒之功。

### 13. 生发酒 （《中国保健药酒》）

[处方] 诃子 10g，桂枝 10g，山柰 10g，青皮 10g，樟脑 1.5g。

[制备] 将上述药物用 75% 乙醇 200ml 浸泡 7 天，过滤去渣，滤液备用。

[用法] 外用。每天外擦脱发处 2～3 次。

[效用] 温通经脉，促使生发。用于脂溢性脱发。

[按语] 忌食猪油、肥肉，洗头时勿用碱性强的肥皂。

### 14. 斑秃酒 （《中国保健药酒》）

[处方] 新鲜骨碎补 30g，洋金花 9g，侧柏叶 9g，丹参 20g，何首乌 30g。

[制备] 将上药用 250ml 高粱白酒浸泡 7 天，过滤后滤液备用。

[用法] 外用。每日不拘时用棉签蘸药液擦患处。

[效用] 补肾通络，和血生发。用于斑秃、脱发等症。

[按语] 骨碎补，又名猴姜、毛姜，为水龙骨科植物槲蕨或中华槲蕨的根茎。有补肾活血坚骨功效。这里外用治脱发，注意以用新鲜的为佳。上述临床应用《浙江药用植物志》都有记载。单用新鲜骨碎补捣汁搽敷患处亦有效。

### 15. 樟脑斑蝥酒 （《疮疡外用本草》）

[处方] 斑蝥 9g，樟脑 18g。

[制备] 将上述药物用 75% 乙醇 500ml 浸泡 1 周，去渣过滤即得。

[用法] 外用。以棉签蘸药液轻涂患处，每日 2 次。

［**效用**］攻毒逐瘀，促使生发。用于斑秃。

［**按语**］《疮疡外用本草》另外介绍单用斑蝥 3g 研末，用 95％乙醇 50ml 浸泡 2 周，滤去乙醇，用猪油 30g 与斑蝥末和匀，即得斑蝥膏，备用。先洗净头皮，再将斑秃膏涂抹于脱发处，治疗斑秃。本品有毒，切勿入口、入眼鼻，以防刺激黏膜，发生不良反应。头皮破损处不宜外用。

# 治疗康复药酒

# 一、呼吸科

## （一）感 冒

### 1. 紫苏酒（经验方）

[处方]紫苏叶 50g，生姜 100g，红糖 50g。

[制备]紫苏叶碾粗粉，用纱布袋盛装，扎口，倒入黄酒 300ml，先浸泡 10min，后加热煮沸后转小火煮 5～10min，熄火，去药袋。生姜拍碎，捣烂绞汁，滴入药酒中，加红糖搅拌，待溶化后即成。

[用法]温饮。每次 30～50ml，每日 2～3 次。饮后卧床盖被休息，见微微汗出则效佳。

[效用]辛温解表。用于风寒型感冒。症见恶寒重发热轻，鼻塞头痛，身痛，苔薄白，脉浮紧。

[按语]紫苏叶辛温，有发汗解表、行气宽中的功效，所以风寒感冒后伴有脘腹饱胀不适者用之尤宜。配伍生姜、红糖，发汗解表作用更好。若血糖高者不加红糖。外感风寒所致感冒病症，应用酒剂，可以借酒温通行血之力，使药力迅速布达全身，有利于发汗解表、祛风散寒。风热型感冒不宜用。

### 2. 白芷藁本酒（经验方）

[处方]白芷 15g，藁本 15g，川芎 15g，羌活 15g。

[制备]上药打碎成粗粉，白纱布口袋装，扎口，用米酒 500ml 浸泡 10min，加热煮沸后转小火再煮 5～10min，熄火，待凉后将药袋压榨取汁与药酒合并，即成。

[用法]温服。每次 30ml，每日 3 次。

[效用]辛温解表，祛风止痛。用于外感风寒，头痛身疼。

[按语]白芷、藁本、羌活均为辛温解表药，且有较好的祛风止痛功效，善治外感头痛。其中白芷善治阳明经前额部头痛，藁本善治厥阴经巅顶头痛，羌活善治膀胱经后枕部头痛，川芎辛温升散，能上行头目、祛风止痛，善治各种性质

的头痛。四药配伍合用，祛风止痛之力倍增，故尤宜用于外感头痛较著者。外感风热，咽喉肿痛者不宜用。

### 3. 香薷酒（经验方）

[处方] 香薷 25g，厚朴 15g，白扁豆 30g，苍术 10g，陈皮 10g，甘草 6g。

[制备] 上述药物研成粗粒，装纱布袋，扎口，置容器内，用米酒 500ml 浸泡 30min，加热至沸，转小火煮 5～10min，熄火待凉，取出药袋，压榨取汁，与药酒混合即成。

[用法] 温饮。每次 30ml，每日 3 次。

[效用] 解表祛湿，理气和胃。用于阴暑证。夏令外感风寒，内伤暑湿，恶寒发热，头痛无汗，呕吐腹胀，或腹泻。

[按语] 本方为香薷饮（香薷、厚朴、白扁豆）的加减方。《本草纲目》："世医治暑病，以香薷饮为首药。""香薷乃夏月解表之药，如冬月之用麻黄"。暑天乘凉饮冷，致阳气为阴邪所遏，遂病头痛、发热恶寒、烦躁口渴、或吐或泻，前人称此为"阴暑证"，本方用之甚当。方中另配伍苍术、陈皮、甘草，增强化湿邪、和胃气功能。此方阳暑证不宜用，所谓阳暑证，即盛夏之季，烈日下劳动或长途奔走而中暑，症见头痛、高热、烦躁、大汗等。

### 4. 桑菊酒（《温病条辨》）

[处方] 桑叶 15g，菊花 15g，桔梗 10g，连翘 15g，杏仁 10g，薄荷 10g，苇根 15g，甘草 6g。

[制备] 上药研粗末，装白纱布口袋，扎口，用米酒 500ml 浸泡 20min，加热煮沸，转小火煮 10min，待凉，取出药袋，压榨取汁，与药酒混合即成。

[用法] 口服。每次 30ml，每日 2 次。

[效用] 疏风清热，宣肺止咳。用于外感风热轻证。症见身热不甚，咳嗽，口微渴，脉浮数。

[按语] 本方为桑菊饮，现改为酒剂。酒为良好的溶剂，但由于酒性温热，故外感风热重症，见有高热、烦渴、咽喉疼痛者，酒剂不宜用，以免加重病情。

## ～ （二）急性气管炎 ～

### 1. 治咳止嗽酒（《全国中成药处方集》）

[处方] 全紫苏 25g，杏仁、桔梗、白前、枇杷叶各 6g，蔻仁 3g，枳壳、半夏、茯苓各 6g，陈皮 12g，细辛、五味子各 3g，干姜 6g，桑白皮、全瓜蒌、浙

贝母、百部各 6g，甘草 3g。

[制备] 上药用 1000ml 白酒浸泡，封口。10 天后过滤去渣，备用。

[用法] 口服。每次 20ml，早晚各 1 次。

[效用] 辛温宣肺，止咳化痰。用于寒痰咳嗽。症见咳嗽气促，咳痰清稀，色白量多，畏寒肢冷，口淡不渴。

[按语] 外感咳嗽的治疗原则是：解表祛邪，宣肺理气，化痰止咳。处方中既用半夏、白前温化寒痰，又选用全瓜蒌、浙贝母清化痰热，但方中重用紫苏辛温解表，细辛、干姜温肺化饮，所以全方重在辛温解表，温化寒痰，适用于外感寒痰咳嗽。痰热咳嗽及燥咳者不宜服用。

## 2. 橘红酒（《饮食辨录》）

[处方] 橘红 30～50g。

[制备] 上药洗净，切碎成小块，装纱布袋内，用米酒 500ml 浸泡，密封容器，1 周后去药袋取浸出液，并将药袋压榨取液，过滤后一并倒入浸出液中，备用。

[用法] 口服。每晚临睡前饮一小盅。

[效用] 燥湿化痰，行气健脾。用于痰湿咳嗽。症见咳嗽痰多，痰白黏稠，胸闷腹胀，苔白腻，脉濡滑等。

[按语] 橘红，为芸香科植物橘及其栽培变种的成熟外层果皮，因其色红，故称橘红。现商品橘红常以化橘红替代，化橘红为芸香科植物化州柚或柚的未成熟或近成熟的干燥外层果皮，功效与橘红相同。由于本品药性温燥，行气走散，故阴虚燥咳及久咳气虚者慎用，以防进一步损伤气阴。

## 3. 竹黄酒（《中国药用真菌》）

[处方] 竹黄 30g，蜂蜜 60g。

[制备] 将竹黄置净器内，加蜂蜜 60g，再加 50 度白酒 500ml 浸泡，密封 7 日后开启，去药渣装瓶备用。

[用法] 口服。每次 10ml，每日早晚各 1 次。

[效用] 化痰，止痛。用于气管炎咳嗽痰多、胃气痛。

[按语] 竹黄，又名淡竹花、竹参、竹赤团子、竹茧，为肉座菌科真菌竹黄的子座，长在竹竿上，呈不规则的瘤体，早期白色，后变成粉红色；早期表面平滑，后龟裂，肉质渐变为木栓质，长 1.5～4cm。本品水提取物有抗炎镇痛的药理作用。另外有一种中药天竹黄，别名也称竹黄，又名天竺黄，为禾本科植物青皮竹等被寄生的竹黄蜂咬洞或人工打洞后，于竹节间贮积的伤流液经干涸凝固而成的块状物，呈不规则的片状或颗粒，体轻，质硬而脆，易破碎，有清热豁痰、

镇心定惊的功能。这是两种不同的中药，不可混为一谈。

痰少干咳者慎用。灰指甲、鹅掌风皮肤病患者不宜用。服用过量可引起感光性皮炎。服药期间忌食萝卜及酸、辣食物。

### 4. 止咳药酒（《医学心悟》）

[处方] 桔梗 30g，荆芥 30g，紫菀 30g，百部 30g，白前 30g，陈皮 20g，甘草 15g。

[制备] 上述药物碾成粗末，用米酒 750ml 浸泡 7 日，过滤即得。

[用法] 口服。每次 15～20ml，每日 3 次。

[效用] 疏风宣肺，化痰止咳。用于外感咳嗽，咽痒，咳痰不爽，或微有恶风发热者。

[按语] 原方为散剂，现改为酒剂。若咳嗽痰多，可加法半夏 30g。

### 5. 金沸草酒（《太平惠民和剂局方》）

[处方] 旋覆花 30g，麻黄 30g，前胡 30g，荆芥穗 40g，法半夏 30g，甘草 20g。

[制备] 上述药物碾成粗末，用米酒 750ml 浸泡 7 日，过滤即得。

[用法] 口服。每次 15～20ml，每日 3 次。

[效用] 发散风寒，降气化痰。用于伤风咳嗽，咳嗽痰多，鼻塞流涕。

[按语] 原方为散剂，现改为酒剂。金沸草即菊科植物旋覆花的全草，其头状花序即旋覆花，有良好的化痰止咳作用。本方解表宣肺药较多，故适用于伤风感冒咳嗽初起。

## 〰️ （三）慢性支气管炎 〰️

### 1. 人参蛤蚧酒（《卫生宝鉴》）

[处方] 人参 12g，茯苓 12g，川贝母 12g，桑白皮 12g，知母 12g，杏仁 30g，甘草 30g，蛤蚧一对。

[制备] 上药共研粗粉，装入白纱布口袋，扎口，浸入 1000ml 白酒中，14 日后取用，压榨过滤取汁，与药酒混合，兑入白蜜 150g 即得。

[用法] 口服。每次 15～20ml，早、晚饭前各 1 次。

[效用] 补肺益肾，止咳定喘。用于肺肾气虚喘息，咳嗽。慢性支气管炎、支气管扩张症，属虚喘兼有痰热者均适用。

[按语] 蛤蚧入药研粗粉前，先经炮制，以去其腥。方法是除去鳞片及头、爪，切成小块，每 100g 蛤蚧用 20g 黄酒浸，待浸润后，烘干，再研粗粉。外感

咳嗽、支气管哮喘急性发作期不宜应用。

## 2. 小叶杜鹃酒（《陕甘宁青中草药选》）

[**处方**] 小叶杜鹃叶（干品）100g。

[**制备**] 将杜鹃叶用清水冲洗干净，晾干后用白酒 500ml 浸泡，1 周后去渣备用。

[**用法**] 口服。每日早、晚各 1 次，每次 10ml。

[**效用**] 止咳，平喘，祛痰。用于慢性气管炎、哮喘。

[**按语**] 杜鹃叶为杜鹃花科植物杜鹃花的叶。杜鹃花，又名映山红（《本草纲目》），叶中含有的成分具有镇咳祛痰的药理作用；但另含有少量椤木毒素成分，过量可能引起头昏、恶心、心率减慢、惊厥、呼吸困难等不良反应。所以，每次服用 10ml，不能过量。

## 3. 蜂糖鸡蛋酒

[**处方**] 鲜鸡蛋 1 只，蜂蜜一匙（约 15ml），白酒 15～30ml。

[**制备**] 将鲜鸡蛋、蜂蜜、白酒放碗中，用筷子打匀即成。上述为一次服用量。现配现用。[中国民族医药杂志，1998，(2)：32.]

[**用法**] 口服。每日早餐前、晚饭后各 1 次，6 日为 1 个疗程。

[**效用**] 润肺止咳。用于老年虚寒咳嗽。

[**按语**] 鸡蛋，入药称鸡子或鸡卵，与蜂蜜均有滋阴润肺作用，酒有活血通脉散寒作用，三者配伍合用，尤宜于老年虚寒咳嗽痰少者。高血压、糖尿病、肾炎患者忌用。咳嗽痰多者慎用。

## 4. 紫金牛酒（经验方）

[**处方**] 紫金牛 60g，紫菀 60g，桔梗 30g。

[**制备**] 上药清水洗净，晾干，用白酒 500ml 浸泡 1 周，去渣即得。

[**用法**] 口服。每次 15～30ml，每日早、晚各一次。

[**效用**] 祛痰止咳。用于慢性气管炎，咳嗽痰多者。

[**按语**] 紫金牛，即矮地茶，又名平地木，为紫金牛科植物紫金牛的全株。有镇咳、祛痰的药理作用，其有效成分为岩白菜素。本品含有抗结核有效成分紫金牛酚Ⅰ及紫金牛酚Ⅱ，但作为酒剂对肺结核患者应慎用，以防酒性刚烈，灼伤肺络，引起咯血。

## 5. 照白杜鹃酒（《中药制剂汇编》）

[**处方**] 照白杜鹃（鲜叶）1350g。

[制备] 将上药浸于 50 度白酒 1500ml 中，加冷开水至 6000ml，浸泡 5 日，然后制成 30％照白杜鹃酒。

[用法] 口服。每次 10～15ml，每日 3 次，饭后 30min 服用，7～10 日为 1 个疗程。

[效用] 止咳化痰。用于老年慢性气管炎。

[按语] 照白杜鹃，即照山白，为杜鹃花科植物照山白的叶。具有明显的镇咳祛痰药理作用，但由于叶中含有有毒成分梫木毒素，应用剂量过大，可能出现头晕、出汗、视力障碍、心率减慢等不良反应。故应注意不可过量饮用。

## 6. 参蛤虫草酒（《中国药膳》）

[处方] 人参、冬虫夏草、核桃仁各 30g，蛤蚧一对。

[制备] 蛤蚧去头、足，打碎，与诸药置陶瓷或玻璃容器中，加白酒 2000ml，密封浸泡 3 周，滤取上清液待用，药渣可再加适量白酒浸泡一次再用。

[用法] 口服。每次 10～20ml，每日早晚各空腹服 1 次。

[效用] 补肺益肾，纳气平喘。用于哮证、喘证属肺肾两虚型者。症见咳嗽气喘，动则气促喘甚，腰酸耳鸣，阳痿早泄等。

[按语] 人参补益肺气，冬虫夏草、核桃仁、蛤蚧补肾纳气，且均能协同人参补益肺气。现代药理研究表明，上述诸药均能增强机体免疫功能；冬虫夏草有一定平喘止咳作用，临床上单用本品或其菌丝体治疗慢性阻塞性肺病效果较好。支气管哮喘发作期，痰气交阻肺道，哮喘气促，呼吸困难，当急则治其标。本药酒补肺益肾，适宜于哮喘缓解期，缓则其治本。心脏病引起的咳喘，系心力衰竭所致，当强心为主，不宜用本药酒。

## 7. 天冬紫菀酒（《肘后备急方》）

[处方] 天冬 200g，紫菀 30g。

[制备] 将上药洗净，捣碎，用纱布袋装，置净器中，加饴糖 100g，用白酒 1000ml 浸泡，密封，7～10 天后开启，去掉药袋，过滤装瓶备用。

[用法] 口服。每次 10～30ml，每日 2 次。

[效用] 清肺降火，润肺止咳。用于肺痿咳嗽，吐涎沫，咽燥而不渴者。

[按语] 中医"肺痿"病名源于《金匮要略》，系指肺叶枯萎，临床以咳吐浊唾涎沫为主症的慢性肺部虚弱疾患。大多因燥热重灼，久咳伤肺，或其他疾病误治之后，重伤津液，肺失濡润所致。本方重用天冬，其性味甘苦大寒，有清肺降火、滋阴润肺功能，配伍少量紫菀化痰止咳，对本病有良好的治疗作用。临床应

用时可加适量蜂蜜，润肺作用更好。

## 8. 虫草补酒（民间方）

[处方] 冬虫夏草10g，生晒参10g，龙眼肉30g，淫羊藿25g，玉竹30g。

[制备] 先将上药粉碎成粗粉，纱布袋装，扎口。将白酒500ml浸泡上药7天，后兑入米酒500ml，继续浸泡7天。取出药袋，压榨取液，将榨取液与药酒混合，静置、过滤后即得。

[用法] 口服。每次20ml，每日2次。

[效用] 补气益肺，补肾纳气。用于气虚咳喘，腰膝酸软，久病体虚。

[按语] 冬虫夏草为名贵中药材，具有益肾补肺、壮阳益精、平喘止嗽的功效，常配伍人参、淫羊藿同用。方中另外配伍龙眼肉、玉竹滋补阴血，全方阴阳并补，故长期饮用不致阴阳失调。

## 9. 固本止咳酒

[处方] 黄芪90g，淫羊藿36g，白术36g，百部30g。

[制备] 上药用白酒1000ml浸泡2周后去渣过滤即成。[北京中医药大学学报，2001，24（2）：58.]

[用法] 口服。每次15ml，每日3次。

[效用] 补肺益肾，健脾化痰。用于慢性支气管炎迁延期，证属肺肾两虚，痰浊阻滞。症见咳嗽咳吐白色泡沫痰，气喘，自汗，恶风，或动则气短，腰酸肢软，咳则遗尿，夜尿增多。

[按语] 本方根据晁恩祥教授近40年治疗慢性支气管炎经验总结而成，原为胶囊剂，现改为酒剂应用。

## 10. 冬花止咳酒（《中国中医秘方大全》）

[处方] 炙款冬花24g，杏仁24g，罂粟壳12g，桔梗18g，炙僵蚕24g，炙全蝎6g，天竺黄18g。

[制备] 上药碾成粗粉，纱布袋装，扎口，用白酒500ml浸泡，2周后即可饮用。

[用法] 口服。每次15ml，每日2～3次。

[效用] 解痉化痰止咳。用于咳嗽日久，痰少，咳痰不爽，伴有痉挛性咳嗽者。

[按语] 慢性支气管炎患者常伴有支气管痉挛，咳喘并见，方中僵蚕、全蝎为此而设，化痰止咳与解痉法并用，能收到较好的效果。久咳易耗伤肺气，故方

中配伍罂粟壳敛肺以止咳。外感咳嗽初起，痰多者不宜用。

## 11. 白屈菜药酒（《吉林中草药》）

[处方] 白屈菜 100g，茯苓 50g，款冬花 25g，黄精 25g。

[制备] 上药用白酒 1000ml 浸泡 2 周，过滤即得。

[用法] 口服。每次 15～20ml，每日 3 次。

[效用] 止咳平喘，消炎祛痰。用于慢性支气管炎。

[按语] 白屈菜又名地黄连、牛金花，东北地区称土黄连，为罂粟科植物白屈菜的带花全草。白屈菜有较好的抗菌消炎作用，配伍款冬花有良好的镇咳祛痰作用。配伍茯苓、黄精健脾益气，寓扶正之意。原方为水煎剂，现改为酒剂。服此药酒少数患者可能有轻度胃中不适感，如恶心、腹胀、便溏等，但 3～5 天后可自行缓解。

## 12. 复方四季青药酒

[处方] 四季青 30g，佛耳草 60g，苍耳草 60g，黄芪 60g，党参 90g。

[制备] 上药加清水适量，淹没为度，煎煮 2 次，将 2 次煎汁合并，再浓缩至 100ml。用 50 度白酒 500ml 与药液混合，加冰糖 100g，溶化即成。[上海中医药杂志，1986，(3)：33.]

[用法] 口服。每次 20ml，每日早晚各 1 次。1 个月为一个疗程。

[效用] 清热解毒，止咳化痰。用于慢性支气管炎。

[按语] 原方制成糖浆剂，现改为酒剂。佛耳草，又名鼠曲草，有良好的止咳、化痰、平喘作用；苍耳草，即菊科植物苍耳的茎叶，有祛风散热的功效；四季青，又名冬青叶，有较好的广谱抗菌作用。上述三药配伍合用，旨在清热解毒、止咳化痰；配伍黄芪、党参健脾益气，旨在扶正固本。

## 13. 洋金花酊

[处方] 洋金花 15g。

[制备] 将洋金花研为极细末，倒入 60 度粮食白酒 500ml 中摇匀，密封存放 7 日后用。[黑龙江中医药，1992，(1)：18.]

[用法] 口服。每次 1～2ml，先从小剂量开始，每日 3 次。上述制备的药酒为 1 个疗程量。

[效用] 止咳平喘。用于慢性支气管炎喘息较剧者。

[按语] 本品有毒，必须严格掌握服用剂量。感冒、痰热咳喘、咳痰不爽者慎用。青光眼、心脏病、高血压、肝肾功能不全、高热等患者禁用。

洋金花，即曼陀罗花，其所含生物碱具有抑制呼吸道腺体分泌、松弛支气管平滑肌的作用。

## 14. 复方野马追药酒（《新编中成药》）

[处方] 野马追 50g，炙麻黄 40g，桔梗 100g，法半夏 150g，甘草 50g。

[制备] 上述药物碾成粗末，用白酒 1250ml 浸泡，14 日后过滤，加冰糖 100g，溶化后即成。

[用法] 口服。每次 15ml，每日 3 次。

[效用] 化痰止咳平喘。用于慢性支气管炎，痰多咳喘。

[按语] 野马追为菊科植物林泽兰的全草。其所含总黄酮和总生物碱具有良好的镇咳、抗菌作用。临床多次报道本品治疗老年慢性支气管炎有良好疗效。本方配伍半夏、桔梗旨在化痰、祛痰，配伍麻黄协同止咳平喘。高血压患者慎用。

## ≈≈≈ （四）支气管哮喘 ≈≈≈

### 1. 红葵酒

[处方] 龙葵果实 450g，千日红 200g。

[制备] 上述两药分别用 60 度白酒 1500ml 浸泡 1 个月后，压榨过滤，取以上两种溶液，等量合并，再加 10%～15% 单糖浆，制成即得。[新医学，1972，(9)：8.]

[用法] 口服。每次 10～20ml，每日 3 次。可用开水稀释后缓缓服下，3 个月为 1 个疗程。

[效用] 止咳，祛痰，平喘。用于支气管哮喘、慢性支气管炎。

[按语] 龙葵，为茄科植物龙葵的全草和果实，又名天茄子（《本草图经》）、天天茄（《滇南本草》）、山海椒（贵州）。龙葵果实的乙醇提取物有显著的止咳、祛痰、平喘作用。千日红，又名滚水花（广西）、球形鸡冠花（福建），为苋科植物千日红的花序和全草，有祛痰、平喘的药理作用。临床报道治疗 100 例，显效率为 70.1%。一般服药后 10～20min，喉间先有热感，以后气喘渐平息，痰容易咳出，渐有舒适感。

### 2. 脱敏酒（经验方）

[处方] 炙麻黄 18g，钩藤 30g，葶苈子 18g，乌梅 12g，蝉蜕 18g，石韦 60g，甘草 15g。

[制备] 将上药用白酒 1000ml 浸泡 7 日后，过滤去药渣，备用。

[用法]口服。每次 15～20ml，早晚各 1 次。

[效用]宣肺平喘，化痰止咳，抗敏解痉。用于支气管哮喘。

[按语]支气管哮喘属Ⅰ型变态反应性疾病，方中麻黄、乌梅、蝉蜕具有一定的抗过敏作用。本方对过敏性鼻炎、喘息型支气管炎也有一定的疗效。肾不纳气之虚喘者忌用。

## 3. 地龙五味子酒

[处方]地龙 36g，五味子 120g，鱼腥草 150g。

[制备]先将中药用清水浸泡 2h，用文火煎 20min，水煎 2 次，2 次煎液合并浓缩至 200ml 左右，过滤后加 50 度白酒 200ml，混匀，即成。[中医杂志，1988，(9)：687.]

[用法]口服。每次 30ml，每日下午 4 点、晚上 8 点各服 1 次。

[效用]清热敛肺定喘。用于支气管哮喘发作期。

[按语]原方为水煎剂，现改为水煎酒兑。上述制备的药酒约为 6 天量，置冰箱，可保存 1 周左右。

## 4. 龙胆截哮酒

[处方]地龙 40g，胆南星 30g，北杏仁 30g，桔梗 30g，防风 30g，瓜蒌 20g，枇杷叶 24g，川贝母 24g，甘草 16g。

[制备]上药碾碎成粗粒，用米酒 750ml 浸泡 2 周，过滤去渣，即成。[中西医结合杂志，1989，9 (1)：22.]

[用法]口服。每次 20ml，每日早、晚各 1 次。

[效用]清热化痰，止咳平喘。用于支气管哮喘。

[按语]原方为水煎剂，现改为酒剂。地龙中含氮有效成分对支气管平滑肌有良好的舒张作用。胆南星、杏仁、桔梗、瓜蒌、枇杷叶、川贝母化痰止咳，尤宜用于偏痰热型咳喘。配伍防风疏风解表。

## 5. 宁嗽定喘酒

[处方]炙麻黄 20g，桃仁 20g，杏仁 20g，清半夏 20g，紫苏子 20g，远志 20g，白果 20g，补骨脂 20g，茯苓 20g，陈皮 20g，沙参 20g，淫羊藿 20g，五味子 30g，地龙 30g，制僵蚕 30g，黄芪 30g，细辛 6g，甘草 6g。

[制备]上药碾碎成粗粒，用白酒 1500ml 浸泡 2 周，去药渣过滤即得。[山东中医杂志，1991，(5)：23.]

[用法]口服。每次 20ml，每日 2 次。

[效用] 化痰止咳，下气平喘。用于支气管哮喘。

[按语] 原为水煎剂，现改为酒剂。

## 6. 参蛤益肺酒

[处方] 生晒参 60g（或用党参 120g），蛤蚧 2 对，麻黄 60g，杏仁 100g，炙甘草 50g，生姜 60g，大枣 120g，白果肉 20 枚。

[制备] 蛤蚧去头、足，碾碎，与诸药一起置容器中，用白酒 1000ml 浸泡，封口，每隔 2 天将药酒摇荡 1 次，2 周后过滤去渣，加入冰糖 100g，溶化后即成。[中医杂志，1987，(9)：674.]

[用法] 口服。每次 20ml，每日 2 次。

[效用] 补益肺肾，止咳定喘。用于支气管哮喘缓解期。

[按语] 本方根据《御药院方》人参蛤蚧散化裁而成，原方制成膏方，现改为酒剂。古人认为蛤蚧眼有毒，足无药用价值，故入药要去头、足。但现代研究认为此说缺乏科学根据，蛤蚧头、足与身、尾化学成分一致，也有明显的药理作用，且无任何不良反应，所以可以不去头、足，直接入药。中医对支气管哮喘的治疗，十分强调"急则治其标""缓则治其本"的原则，急性发作期应以化痰止咳平喘为主，缓解期应以补益肺肾为主。本方适用于缓解期应用。

## 7. 哮喘固本酒

[处方] 紫河车 60g，苍耳子 60g，蛤蚧 2 对，地龙 75g，五味子 24g，甘草 30g。

[制备] 苍耳子应先放锅中，文火炒至表面深黄色，有香气逸出时，取出放凉，去刺即可。诸药碾碎，用白酒 1000ml 浸泡，封口。期间每隔 2 天将浸酒容器振荡摇晃 1 次，2 周后过滤去药渣，即得。[浙江中医杂志，1987，(1)：7.]

[用法] 口服。每次 20ml，每日 2 次。

[效用] 补肾固本，敛肺纳气。用于支气管哮喘缓解期。

[按语] 紫河车为健康产妇的干燥胎盘，内含多种激素、干扰素、免疫因子等，有良好的调节免疫、抗变态反应的作用，配伍蛤蚧，旨在补肾固本。苍耳子含毒蛋白，对神经系统和泌尿系统有一定毒性，经加热炒制，毒蛋白变性，凝固在细胞中不被溶出，达到去毒目的。从传统中医角度无法解说方中配伍苍耳子的用药意义，但现代研究发现本品对动物细胞免疫和体液免疫功能均有抑制作用，这一药理作用可能对本病的治疗有一定的临床意义。

# 二、消化科

## （一）胃痛／胃胀

### 1. 状元红酒（《全国中药成药处方集》）

[处方]当归15g，红曲30g，砂仁30g，陈皮15g，青皮15g，丁香6g，白蔻6g，栀子6g，麦芽6g，枳壳6g，藿香9g，厚朴6g，木香3g。

[制备]上述药物研成粗粉，装入布袋内，扎口，浸于白酒1500ml中，用文火煮30min，加入冰糖1kg，放凉，去药袋，备用。

[用法]口服。每次15～20ml，早、中、晚各1次。

[效用]疏肝理气，醒脾开胃。用于肝气郁滞，脾胃失和，脘腹饱胀，嗳气呃逆，不思饮食等。

[按语]红曲，又名红米，为曲霉科真菌紫红曲霉寄生在粳米上而成的红曲米，红曲之名见于《饮膳正要》。本品有健脾消食、活血化瘀功能。本药酒药物偏温性，故适宜于气滞偏寒者。

### 2. 佛手露酒（《全国中成药处方集》）

[处方]佛手40g，五加皮10g，当归6g，陈皮5g，栀子5g，青皮4g，木瓜4g，高良姜3g，缩砂仁3g，肉桂3g，公丁香2g，木香2g。

[制备]将上述药物装入纱布口袋内，用棉线将袋口扎紧，浸于白酒3000ml中，用文火加热30min后过滤，加冰糖500g，溶化，用瓷坛或玻璃瓶存贮，备用。

[用法]口服。每日早、中、晚各温服10～20ml。

[效用]疏肝解郁，理气和胃。用于肝郁气滞，脾胃不和，脘胁痞满，上逆欲吐，食欲不振，胃脘胀痛。

[按语]方中主药为佛手，乃芸香科植物佛手的果实，又称佛手柑，味辛、苦，性温，功能疏肝理气、和胃化痰。《本草纲目》曰其："煮酒饮，治痰气咳嗽；煎汤，治心下气痛。"《滇南本草》记载本品焙研末，用烧酒每次吞服3钱，治疗胃气痛。方中有富含发挥油的药物，故药酒气味芳香，服后有健脾开胃的作用。

## 3. 玫瑰花酒（《全国中药成药处方集》）

[处方] 鲜玫瑰花 450g（干品减半）。

[制备] 将玫瑰花放瓷坛或玻璃瓶中，用白酒 1500ml 浸泡，同时放入冰糖 200g，密封容器，1 个月后，去渣过滤后备用。

[用法] 口服。每次 15～20ml，每日 2 次。

[效用] 疏肝解郁，和营止痛。用于肝胃不和所致胃脘胀痛或刺痛，嗳气，消化不良，食欲不振。

[按语] 玫瑰花，味甘、微苦，性温，其气芳香，为行气和血之品，《本草纲目拾遗》记载玫瑰花阴干，冲汤代茶服，治肝胃气痛。若配伍少量代代花，则行气宽胸、除胀止痛作用更好。

## 4. 山核桃酒

[处方] 青核桃 3kg。

[制备] 取青核桃，捣碎，加白酒 5000ml，密封容器浸泡 20 日，期间可适当暴晒数日，待酒色变为黑褐色为止，过滤去渣，加入单糖浆 1350ml。浸液装瓶备用。

[用法] 口服。每次 10～15ml，每日 2～3 次，或痛时服。

[效用] 收敛，消炎，止痛。用于急、慢性胃痛。

[按语] 青核桃，又名胡桃青皮，为胡桃科植物胡桃未成熟果实的外果皮，外果皮呈青色，故名之。亦可将青核桃与烧酒按 3∶10 比例配制，浸泡 24～48h，待酒液变成棕黄色后过滤应用。对胃溃疡、十二指肠溃疡及胃炎疼痛有明显止痛作用。生核桃之青皮，对皮肤有轻度刺激，但酒制后经动物试验及临床应用，均未发现不良反应。

## 5. 砂仁酒（《本草纲目》）

[处方] 砂仁 30g。

[制备] 砂仁研细，白纱布袋装，扎口，用黄酒 500ml 浸泡。7 日后取出药袋，压榨取液。将榨得的药液与药酒混合，静置，过滤，即得。

[用法] 口服。每次 20ml，每日 2～3 次，空腹温饮。

[效用] 行气和中，开胃消食。用于消化不良，脘腹胀满，呕恶胃痛。

[按语] 砂仁分国产砂仁和进口砂仁两类。国产砂仁中以阳春砂质量为优；进口砂仁称缩砂，产于东南亚各国，也为上品。砂仁挥发油有芳香健胃、驱风的作用。临床上常用于湿阻脾胃气滞，脘腹痞闷，食少腹胀。凡见有上述症状表现者，可选用本药酒调理。

### 6. 大佛酒 （《百病饮食自疗》）

[处方] 大佛手、砂仁、山楂各 30g。

[制备] 上药洗净，用黄酒或米酒 500ml 浸泡 1 周后即可饮服。

[用法] 口服。每次 20ml，每日 2 次，温服。

[效用] 疏肝行气，醒脾和胃。用于肝胃不和所致脘胁胀痛、恶心欲呕、纳食不化。

[按语] 大佛手，即佛手，乃芸香科植物佛手的果实，又称佛手柑，味辛、苦，性温，功能疏肝理气、和胃化痰。

### 7. 丁香煮酒 （《千金翼方》）

[处方] 丁香 10g。

[制备] 将黄酒 50ml 倒入瓷杯中，加入丁香，将瓷杯放锅中，隔水加热蒸炖 10min，即成。

[用法] 口服。趁热饮酒，一次饮尽。

[效用] 温中散寒。用于感寒引起的胃脘疼痛、腹胀、吐泻等。

[按语] 丁香辛温，有温中降逆、散寒止痛功效，所以胃寒脘腹冷痛、呕吐、呃逆都可以应用。如治疗呃逆，再配伍柿蒂 10g 则更好。肝胃郁热或湿热中阻引起的胃中灼热疼痛、嘈杂泛酸者忌用。

### 8. 健脾益胃酒 （《医方集解》）

[处方] 党参 20g，白术 15g，茯苓 15g，炙甘草 10g，木香 10g，砂仁 5g。

[制备] 上药粉碎成粗粉，纱布袋装，扎口，先用黄酒 1000ml 浸泡 3h，再以文火煮沸半小时，冷却后密封容器。7 日后取出药袋，压榨取液，将榨取液与药酒混合，静置，过滤，即得。

[用法] 温饮。每次 20～30ml，每日 1～2 次。

[效用] 健脾和胃，理气行滞。用于脾胃气虚，湿阻气滞所致食少，脘腹胀满，腹痛，便溏不实等。

[按语] 本药酒配方即香砂六君子汤，现改为酒剂。方中以党参为主药，健脾益气；配伍白术、茯苓健脾利湿；配伍炙甘草益气和中；配伍木香、砂仁理气行滞，可以除胀止痛。现代研究表明，木香所含挥发油及生物碱，砂仁中所含龙脑、樟脑、乙酸龙脑酯等，对肠道均有很好的解痉和调节作用。

### 9. 佛手开郁酒 （经验方）

[处方] 佛手片 10g，青皮 10g，陈皮 10g，木香 5g，砂仁 3g，高良姜 5g，

丁香 1g，肉桂 3g。

[制备]上述药物粉碎成粗末，纱布袋装，扎口，再将白酒 500ml、黄酒 500ml 混合后浸泡药袋。48h 后将药酒连容器置锅中，隔水小火煮，待水沸后半小时，把容器移至阴凉处。7 日后取出药袋，压榨取液。将榨取液与药酒合并，静置，过滤，即得。

[用法]口服。每次 10～20ml，每日 2 次。

[效用]宽胸解郁，行气开胃，温中止痛。用于肝胃不和，胃脘气滞作胀，不思饮食，或胃寒胀痛不适。

[按语]佛手为芸香科植物佛手接近成熟的果实，其气芳香，性和缓，常配伍青皮、陈皮、木香、砂仁等同用，有行气解郁、宽胸理气的作用。高良姜、丁香、肉桂温中止痛。气滞解，寒凝除，胃纳自然恢复正常、开胃进食。若兼有食滞不化，方中可加谷芽、麦芽各 15g，莱菔子 15g。

## 10. 屠苏酒（《治疗与保健药酒》）

[处方]厚朴 10g，桔梗 10g，防风 9g，桂枝 9g，茅术 9g，白术 9g，干姜 9g，白芷 8g，大黄 10g，陈皮 10g，檀香 9g，紫豆蔻 9g，川椒 9g，藿香 6g，威灵仙 9g，甘草 5g。

[制备]将上药浸入白酒 2000ml 中，加入冰糖 520g，加热数沸后，候凉去滓取用。

[用法]口服。每次 20ml，每日早晚各 1 次。

[效用]健脾和胃，化积消滞。用于风寒挟食滞所致脘腹胀痛、进食不化、恶心呕吐等症。

[按语]《普济方》、《本草纲目》、《外台秘要》所载屠苏酒，与本处方不完全相同。原方中配伍制川乌，有温里散寒止痛作用，但该药有毒，现改用干姜 9g。家庭配制此药酒，可以按药、酒比例减量制备。脾胃虚寒者慎用。

## 11. 良附酒（《良方集腋》）

[处方]高良姜 15g，制香附 15g。

[制备]上药用白酒 250ml 浸泡 7 天，过滤即得。

[用法]口服。每次 15～20ml，每日 2～3 次，或痛时饮服。

[效用]行气疏肝，祛寒止痛。用于气滞寒凝所致胃脘疼痛。

[按语]原方为丸剂。高良姜味辛大热，温中暖胃、散寒止痛；香附疏肝解郁、行气止痛；两药配伍，一散寒凝，一行气滞，恰到好处。临床根据病情需要，两者剂量可以增减，如气滞甚，表现为胃脘作胀明显，加大香附用量；如寒凝甚，表现为胃寒怕冷，疼痛甚者，则加大高良姜用量。

## 12. 调气平胃酒 (《类证治裁》)

[处方] 木香 10g, 檀香 10g, 砂仁 10g, 白蔻仁 15g, 厚朴 15g, 陈皮 24g, 苍术 27g, 藿香 27g, 甘草 10g。

[制备] 上药打碎成粗末, 用白酒 1000ml 浸泡 2 周后, 去渣过滤即成。

[用法] 口服。每次 20ml, 每日 2 次。

[效用] 行气止痛, 和胃化湿。用于胃脘胀痛, 泛泛欲吐, 证属气滞兼有湿滞者。

[按语] 方中大多药物辛温香燥, 长于行气化湿, 阴虚兼有气滞者慎用。

## 13. 半夏厚朴酒 (《金匮要略》)

[处方] 法半夏 24g, 制厚朴 18g, 茯苓 24g, 紫苏梗 18g, 生姜 20g。

[制备] 上药用白酒 500ml 浸泡 2 周, 过滤去渣, 药酒装瓶, 密封备用。

[用法] 口服。每次 20ml, 每日 2 次。

[效用] 行气化痰, 降逆除胀。用于脘腹痞胀, 不思饮食, 胃轻瘫综合征。

[按语] 原方在《金匮要略》一书中记载治疗梅核气, 现用于治疗胃轻瘫综合征也有良效。

## 14. 香砂养胃酒 (经验方)

[处方] 白术 24g, 制香附 15g, 砂仁 15g, 茯苓 15g, 厚朴 15g, 枳壳 15g, 藿香 15g, 法半夏 15g, 陈皮 10g, 白豆蔻 10g, 木香 10g, 大枣 10 枚, 生姜 10g。

[制备] 先将砂仁、白豆蔻、法半夏粉碎成粗粉, 与其他药一起装纱布口袋, 扎口。用白酒 1000ml 浸泡, 2 周后过滤去渣, 药酒装瓶, 密封备用。

[用法] 口服。每次 20ml, 每日 2 次。

[效用] 健脾和胃, 理气化湿。用于湿阻气滞, 胃脘胀痛。

[按语] 本方即中成药香砂养胃丸配方, 原方为丸剂, 现改为酒剂。

## 15. 木香荔核酒 (《青囊秘传》)

[处方] 木香 30g, 荔枝核 50g。

[制备] 先将上述药物粉碎成粗末, 装纱布口袋, 扎口。用烧酒 500ml 浸泡 3 天, 取出药袋, 压榨取液, 与药酒混合, 过滤即得。

[用法] 口服。每次 10~15ml, 每日 2 次。

[效用] 行气消胀止痛。用于胃脘胀痛。

[按语] 原方做成散剂, 用烧酒调服, 现改为酒剂。

# （二）慢性胃炎

## 1. 平胃酒

[处方] 枸杞子、山药、大枣各 200g，砂仁、麦芽、山楂各 100g，肉豆蔻、小茴香、干姜、鸡内金各 50g，炒陈皮 80g。

[制备] 取 40 度白酒 3000ml，将大枣去核，与上药烘干，共研细末，放砂锅内加酒热浸 30min，温度保持在 65～70℃，待凉后过滤，残渣加酒再浸 20min 后过滤，合并滤液，加入蜂蜜 100g，搅拌溶化，过滤装瓶。[陕西中医，1997，1：5.]

[用法] 温饮。每次服 25ml，每日 2 次，2 个月为 1 个疗程。

[效用] 健脾和胃，消食化积。用于慢性胃炎、胃及十二指肠溃疡。

[按语] 治疗期间应少食多餐，忌食辛辣，食物宜软宜温易消化。

## 2. 党参蒲公英酒（经验方）

[处方] 党参 50g，丹参 50g，蒲公英 80g。

[制备] 上药装纱布袋，扎口，用黄酒 1000ml 浸泡 30min 后，用小火加温 30min，待凉后加入 50 度白酒 500ml，密封容器，7 天后取出药袋，压榨取汁，与药酒合并，过滤装瓶即成。

[用法] 温饮。每次 20ml，每日 2～3 次。

[效用] 益气活血，清热解毒。用于慢性胃炎、胃及十二指肠溃疡、胃脘隐痛作胀。

[按语] 本处方为临床经验方，现改为酒剂应用。采用黄酒与白酒调制目的是为了降低酒精浓度，以免过度刺激胃黏膜引起不良反应。由于黄酒酒精度数低影响药物浸出效果，故先加温。药理研究表明，处方中的药物均有抗溃疡的良好作用，丹参、蒲公英还有良好的抗菌消炎作用，特别是蒲公英，对幽门螺杆菌有良好的抑制作用，而幽门螺杆菌现已证明是慢性胃炎和消化性溃疡疾病发生的重要原因。为了改善口感，制备中可以酌加蜂蜜或饴糖。

## 3. 黄芪建中酒

[处方] 黄芪 90g，白芍 90g，桂枝 45g，炙甘草 30g，生姜 45g，大枣 20 枚，饴糖 150g。

[制备] 上药用白酒 1500ml 浸泡 30min 后，小火加温约 30min，待冷却后密封容器，14 天后启封，去药渣过滤即得，加饴糖搅匀，装瓶待用。

[**用法**] 口服。每次 20ml，每日 2 次。

[**效用**] 温中补气，和里缓急。用于慢性胃炎和消化性溃疡证属脾胃虚寒者，症见胃脘隐痛，喜按喜温，怕冷，食少。

[**按语**] 本方出自《金匮要略》黄芪建中汤，方中重用黄芪、白芍以益气敛阴、缓急止痛，桂枝温阳祛寒，饴糖、炙甘草佐助白芍缓急止痛，生姜、大枣调和胃气。在临床上该方是治疗慢性胃炎和消化性溃疡证属虚寒者的常用方剂。

## 4. 柴芍六君子酒

[**处方**] 柴胡 15g，赤芍 60g，党参 60g，山药 45g，茯苓 45g，陈皮 30g，百合 60g，川楝子 30g，三七 18g，炙甘草 18g。

[**制备**] 三七、川楝子打碎成粗末，其他药用饮片即可。用米酒 2500ml 浸泡 2 周，过滤去渣即得。[湖南中医杂志，1993，9 (6)：39.]

[**用法**] 口服。每次 20ml，每日 3 次。

[**效用**] 疏肝理气，健脾益气，化瘀止痛。用于慢性胃炎及脾虚不运、肝气横逆。症见胃脘胀满疼痛，引及胁肋，情绪紧张则症状加剧，纳谷不香，大便不调。

[**按语**] 原方为水煎剂，现改为酒剂，药物剂量在原方比例基础上酌定。慢性胃炎中证属肝胃不和者并不少见。方中柴胡、川楝子、陈皮疏肝理气，党参、茯苓、山药、炙甘草健脾益气，赤芍、三七化瘀止痛，百合滋胃养阴。

## 5. 黄芪公英酒（《中国中医秘方大全》）

[**处方**] 黄芪 30g，蒲公英 20g，百合 20g，乌药 10g，白芍 20g，甘草 10g，丹参 20g，炒神曲 10g，炒山楂 10g，炒麦芽 10g。

[**制备**] 上述药物用白酒 1500ml 浸泡 2 周后，去药渣过滤即成。

[**用法**] 口服。每次 20ml，每日 2~3 次。

[**效用**] 益气活血，和胃解毒，缓急止痛。用于慢性浅表性胃炎。

[**按语**] 方中百合配乌药，即《时方歌括》中的百合汤，为治胃脘痛的验方。百合补胃阴，乌药行气以止痛。白芍、甘草缓急止痛；黄芪、丹参益气活血；蒲公英清热解毒，为抑制幽门螺杆菌而设；神曲、麦芽、山楂消食和胃。

## 6. 石斛养胃酒（《中国中医秘方大全》）

[**处方**] 玉竹 30g，石斛 36g，麦冬 45g，山楂 30g，蒲公英 45g。

[**制备**] 将上述药物打碎成粗末，用纱布袋装，扎口，用白酒 1500ml 浸泡封口，2 周后开封，将药袋取出压榨取液，与药酒混合即成。

[**用法**] 口服。每次 20ml，每日 3 次。3 个月为 1 个疗程。

[效用] 养阴清热，健脾和胃。用于萎缩性胃炎，证属胃阴不足型。

[按语] 本方为沈阳市中医院老中医经验方，原方名为复萎汤，现改为酒剂。慢性胃炎从病理上可分为两大类，一为浅表性胃炎，二为萎缩性胃炎。后者临床表现除有胃脘隐痛、食欲减退、餐后饱胀等慢性胃炎常见症状外，常伴有贫血、消瘦、舌炎、腹泻等临床表现。从中医临床角度审视，萎缩性胃炎胃酸分泌少，常呈胃阴不足的表现，故方中用石斛、玉竹、麦冬滋养胃阴，山楂味酸，除有健胃消食作用外，尚能行气化瘀；蒲公英清热解毒，主要针对幽门螺杆菌而设，幽门螺杆菌为慢性胃炎和溃疡病发病的重要原因。鉴于本病常伴有贫血、消瘦、腹泻等症状，有脾虚气血不足的表现，所以上述处方中亦可酌加黄芪、当归、党参等健脾补气血的药物同用。石斛品种较多，以铁皮石斛为佳。

## 7. 胃友酒

[处方] 黄芪 60g，肉桂 20g，吴茱萸 20g，枳壳 20g，姜黄 20g，川芎 20g，红花 20g，桃仁 20g，丹参 60g，三棱 20g，莪术 20g，甘草 12g。

[制备] 上药打碎成粗粒，用白酒 1500ml 浸泡 2 周，去药渣过滤即成。[中医杂志，1989，9：554.]

[用法] 口服。每次 20ml，每日 2～3 次。3 个月为 1 个疗程。

[效用] 温中补气，化瘀止痛。用于萎缩性胃炎，证属脾胃虚寒、血络瘀阻型。症见胃脘痛胀不适，痛处固定，遇寒加重。

[按语] 本方原为汤剂，现改为酒剂。作者报道所有病例均伴有不同程度肠上皮化生病理改变，经治疗临床症状及病理上都有明显改善。

## 8. 姜氏经验方药酒（《中医疑难病方药手册》）

[处方] 白芍 30g，沙参 18g，石斛 18g，天花粉 18g，玉竹 18g，麦冬 18g，大麻仁 18g，佛手片 18g，川楝子 18g，乌梅 12g，白豆蔻 12g，甘草 12g。

[制备] 上药打成粗末，用白酒 1500ml 浸泡 2 周后，去药渣过滤即得。

[用法] 口服。每次 20ml，每日 2～3 次。

[效用] 养胃阴，缓挛急，行气止痛。用于慢性萎缩性胃炎，胃阴不足，口干，舌红少津，胃脘隐痛绵绵者。

[按语] 此方乃上海已故名老中医姜春华的经验方，原为水煎剂，现改为酒剂。

## 9. 疏肝健胃酒

[处方] 百合 30g，柴胡 20g，明党参 20g，山药 20g，当归 20g，郁金 20g，乌药 20g，乌梅 20g，赤芍 20g，甘松 10g，甘草 12g。

[制备] 上药打成粗末，用白酒 1000ml 浸泡 2 周，去药渣过滤即得。

[用法] 口服。每次 20ml，每日 2～3 次。

[效用] 疏肝健胃，活血养阴，行气止痛。用于慢性萎缩性胃炎。

[按语] 萎缩性胃炎患者大多胃酸缺乏，进食后不易消化，容易出现胃胀不适，故用药时大多配伍行气药。另外，由于本病大多有胃阴不足的表现，所以十分重视"酸甘化阴"的配伍模式，如该方中百合配乌梅，有些处方中则用玉竹、麦冬配山楂，或石斛配山楂，或白芍配甘草。这种配伍模式比单纯用补阴药效果要好，值得借鉴。

## （三）胃下垂

### 1. 补中益气酒（《脾胃论》）

[处方] 黄芪 36g，白术 18g，陈皮 12g，党参 24g，当归 6g，柴胡 12g，升麻 12g，炙甘草 18g。

[制备] 上药碾成粗粒，用白酒 1000ml 浸泡，2 周后去药渣，过滤即得。

[用法] 口服。每次 20ml，每日 2 次。

[效用] 补中益气，升阳举陷。用于胃下垂。

[按语] 胃下垂患者临床常见脘腹痞满，食后坠痛，平卧则减轻或消失，站立或活动时加剧。本病"本虚而标实"，脾气虚为本，气滞、血瘀、水饮内停或食滞为实。本方所治重点在于健脾补气，补其"虚"。胃下垂的调治要徐徐图之，3 个月为 1 个疗程。

### 2. 调气益胃酒

[处方] 柴胡 9g，黄芪 30g，葛根 18g，党参 15g，枳实 15g，茯苓 12g，白术 12g，白芍 12g，山药 30g，生麦芽 20g，桂枝 6g，炙甘草 6g。

[制备] 上药碾成粗末，用白酒 1000ml 浸泡，2 周后去药渣过滤即得。[山东中医杂志，1988，7（5）：14.]

[用法] 口服。每次 20ml，每日 2 次。

[效用] 补中益气，健脾利湿。用于胃下垂。

[按语] 本方组成与补中益气酒略有不同，本方以"标本兼治"为特点。因为胃下垂兼有水湿和食滞，故方中配伍茯苓、枳实、生麦芽等。临床表现以舌苔腻厚，或有恶心、不思饮食、大便不畅等为特点。

### 3. 益气举陷酒（山东民间方）

[处方] 炙黄芪 120g，防风 6g，柴胡 6g，升麻 6g，炒白术 18g，炒枳实

30g，煨葛根 24g，山茱萸 24g。

[制备] 上药碾成粗粒，用白酒 750ml 浸泡 2 周，过滤即得。

[用法] 口服。每次 20ml，每日 2 次。

[效用] 补中益气，升阳举陷。用于胃下垂。

### 4. 升阳健胃酒（青海民间方）

[处方] 附子（制）36g，炒白术 60g，炒艾叶 24g，小茴香 24g。

[制备] 上药用白酒 500ml 浸泡 2 周，过滤即得。

[用法] 口服。每次 20ml，每日 2 次。

[效用] 温中祛寒，健脾燥湿。用于胃下垂。

[按语] 从本方药物组成分析提示，本方适用于胃下垂证属脾胃阳气不振、寒湿内阻者，故方中附子助脾胃之阳，艾叶、小茴香助附子祛脾胃之寒，白术健脾燥湿。生附子有毒，必须炮制后方能入药。

### 5. 黄芪枳麻酒（经验方）

[处方] 黄芪 80g，升麻 50g，枳壳 50g，大枣 20 枚。

[制备] 诸药用白酒 500ml 浸泡 2 周，过滤取液，即成。

[用法] 口服。每次 20ml，每日 2 次。

[效用] 补中益气，升阳举陷。用于胃下垂。

[按语] 枳壳有行气宽中、消胀除痞的作用，故本方对胃下垂伴有明显胃脘胀满者更适宜。现代药理研究发现枳壳与枳实对动物胃肠道平滑肌均有兴奋作用，可使胃肠蠕动加强而有节律，故对改善本病有较好的治疗作用。本方枳壳改用枳实也可以。

## ～～（四）腹　泻～～

### 1. 杨梅酒（江西《中草药学》）

[处方] 新鲜杨梅 500g。

[制备] 将新鲜杨梅用烧酒 1000ml 浸泡，10 天后即可应用。也可以加冰糖 100g 以调味，待溶化后饮用。

[用法] 口服。每次 20～30ml，早、中、晚各 1 次。

[效用] 和胃消食，止泻。用于胃气不和，饮食不消，胃脘胀满，或腹泻久痢不止。

[按语] 杨梅酒为江南地区民间夏季常用食疗酒，制作简单，使用方便，疗

效较好。一般在六七月份杨梅上市时，选购新鲜者如法制备，以供夏令应用。早在唐代《食疗本草》和《开宝本草》就有其药用记载。杨梅六月成熟采摘，挑选紫红个大者为上品，即时配制，当年暑天即可服用。杨梅含葡萄糖、果糖、枸橼酸、苹果酸、草酸、乳酸和丰富的维生素 C 等成分，是食药两用的保健果品。药酒味酸，有牙病者不宜多用。

### 2. 乌梅酒（《伤寒论》乌梅丸）

[处方] 乌梅 30g，黄连 6g，黄柏 6g，当归 6g，干姜 9g，熟附片 6g，蜀椒 5g，桂枝 6g，人参 6g，细辛 3g。

[制备] 将上药用纱布袋装，扎口，用白酒 500ml 浸泡，7 日后去药袋，得药液备用。

[用法] 口服。每次 15～20ml，每日 2～3 次。

[效用] 温脏安蛔，涩肠止泻。用于腹痛吐蛔、时发时止、上热下寒的蛔厥证及久痢久泻等。对于胆道蛔虫症、肠蛔虫症、慢性肠炎、慢性菌痢等属寒热错杂证者均可应用。

[按语] 本方原为丸剂，现改为酒剂。乌梅味酸、涩，有安蛔、涩肠功效，适用于久泻久痢者，但急性大肠湿热泻痢忌用之，因有恋邪之弊。

### 3. 回阳救急酒（《保健与治疗药酒》）

[处方] 公丁香 30g，肉桂 30g，樟脑 30g。

[制备] 将上药研碎，装入纱布袋中，扎口，放瓷坛或玻璃瓶中，用白酒 500ml 浸泡，密封 1 个月，然后去药袋，即得。

[用法] 口服。每次服 10～20 滴（2～4ml），滴舌面，先含后咽。每隔 6h 服 1 次。

[效用] 温阳散寒，救急止痛。用于阳气不振，阴寒凝滞所致的腹痛、泄泻、痛经等。

[按语] 樟脑味辛，性热，有小毒。内服剂量每次 0.1～0.3g 为宜。内服量 0.5～1.0g，即可出现头晕、头痛、兴奋、谵妄等不良反应。儿童摄食 0.75g 即可出现严重不良反应，故为了安全，儿童忌用。樟脑作为止泻、止痛药物，现代临床上经常配伍其他药物，制成复方酊剂使用，如复方樟脑酊、十滴水等。本药酒主要应用于非细菌性严重腹泻、腹痛。若腹泻早期即有腹胀症状者禁用。若上吐下泻不止，病情凶险者，应去医院采取输液等综合治疗。

### 4. 藿香正气酒（《太平惠民和剂局方》）

[处方] 藿香 15g，大腹皮 5g，白芷 5g，紫苏 5g，半夏 10g，白术 10g，厚

朴 10g，桔梗 10g，炙甘草 12g。

[制备] 上药研粗末，装入纱布袋中，扎口，用白酒 500ml 浸泡 7 日，去药袋，即得。

[用法] 口服。每次 15～30ml，早、晚各 1 次。

[效用] 解表化湿，理气和中。用于外感风寒，内伤湿滞证。夏令伤暑头痛，脘腹疼痛，恶心干呕，腹胀吐泻。

[按语] 本方重在化湿和胃，乃夏令常用方剂，对伤湿感寒、脾胃失和者最为适宜。也适用于急性胃肠炎属湿滞脾胃、外感风寒者。湿热泻痢者忌用。本方原为散剂，现改为酒剂。

## 5. 凤尾山楂酒（经验方）

[处方] 凤尾草 100g，山楂 100g。

[制备] 上药用白酒 500ml 浸泡，7 天后即可饮用。

[用法] 口服。每次 20ml，每日 3 次。

[效用] 清热利湿，消食化积。用于湿热泻痢，伤食腹泻。

[按语] 凤尾草，为凤尾蕨科植物凤尾草的全草，功能清热利湿、凉血止血、解毒消肿，常用于湿热泻痢、湿热黄疸的治疗。山楂能消肉食积滞，与凤尾草配伍，用于伤食腹泻。老人阳虚、冷痢等虚寒证患者忌服。

## 6. 真人养脏酒（《太平惠民和剂局方》）

[处方] 人参 10g（或党参 60g），炒白术 24g，肉桂 24g，白芍 24g，肉豆蔻 30g，诃子 30g，罂粟壳 12g，木香 12g，炙甘草 10g。

[制备] 上药碾成粗末，装纱布袋内，扎口，用白酒 1500ml 浸泡 2 周后，药袋压榨取液，与药酒混合，过滤即得。

[用法] 口服。每次 20ml，每日 2 次。

[效用] 温中补虚，涩肠止泻。用于久泻久痢。

[按语] 方中人参、白术益气健脾；白芍、炙甘草缓急止痛；肉桂温肾暖脾；诃子、罂粟壳涩肠止泻；木香行气导滞。本方对脾肾阳虚所致久泻久痢者较为合宜。急性湿热泻痢禁用。方中所用肉豆蔻应去油成霜才能入药。

## 7. 温肾止泻酒

[处方] 制附片 15g，淫羊藿 15g，木香 15g，苍术 15g，白术 15g，石榴皮 15g，党参 25g，山药 25g，茯苓 25g，神曲 25g，炮姜 10g，五味子 10g，黄连 10g。

[制备] 上述药物饮片用白酒 1000ml 浸泡 2 周后，过滤后即得。[中国中西

医结合消化杂志，2003，11（1）：50.]

　　[用法] 口服。每次 20ml，每日 2～3 次。

　　[效用] 温肾健脾，涩肠止泻。用于慢性腹泻，尤宜于老年人脾肾阳虚者。

　　[按语] 老年人常因肾气亏虚，命门火衰，致脾失温煦，运化失常，泄泻不止。方中制附片、淫羊藿、炮姜益火扶阳，温中祛寒；党参、白术、茯苓、苍术补中益气，健脾燥湿；石榴皮、五味子涩肠止泻；木香、神曲理气消食；黄连燥湿坚阴，清肠止泻。急性湿热泻痢者禁用。

### 8. 复方四神酒（经验方）

　　[处方] 补骨脂 20g，五味子 10g，肉豆蔻 10g，吴茱萸 10g，炒白术 15g，炒白芍 10g，陈皮 6g，防风 10g，大枣 10 枚，生姜 15g。

　　[制备] 上药碾成粗末，纱布袋装，扎口，用白酒 1000ml 浸泡 2 周后，去药袋，药袋内药液压榨取出，与药酒混合，过滤即得。

　　[用法] 口服。每次 20ml，每日 2～3 次。

　　[效用] 温肾抑肝，健脾止泻。用于五更泄泻，伴有腹痛肠鸣、泻必腹痛、肢冷等。

　　[宜忌] 急性湿热泻痢者禁用。

　　[按语] 本方由《内科摘要》四神丸和《医学正传》痛泻要方两个方剂组成。五更泄泻又称肾泄、鸡鸣泻。《内经·素问》："鸡鸣至平旦，天之阴，阴中之阳也，故人亦应之。"脾肾阳虚者，每至五更阴气极盛、阳气萌发之际即大便泄泻，可用四神丸，如伴有腹痛肠鸣、泻必腹痛者合用痛泻要方为宜。方中肉豆蔻要去油成霜后才能使用。

### 9. 厚朴石榴皮酒（《中国中医秘方大全》）

　　[处方] 厚朴 20g，五味子 20g，石榴皮 20g，乌梅 6 枚，鸡内金 6g，黄芪 20g。

　　[制备] 上药碾成粗末，用白酒 500ml 浸泡，2 周后过滤去渣即得。

　　[用法] 口服。每次 20ml，每日 2 次。

　　[效用] 健脾理气，安神敛肠。用于肠易激综合征及以腹痛、腹泻为主症的神经性腹泻。

　　[按语] 肠易激综合征是临床上常见的一种胃肠功能紊乱性疾患，以腹痛、腹胀、大便性状异常、腹泻或便秘为特点。过去本病称过敏性结肠炎、黏液性结肠炎、结肠痉挛等，其名称现已被废止使用。因为本病既无炎症病变，也不限于结肠。本方适用于腹泻型患者，方中厚朴理气宽中，配伍黄芪、鸡内金调理胃肠功能；配伍五味子、石榴皮、乌梅收敛涩肠止泻，五味子尚有安神镇静作用。原

方为水煎剂，现改为酒剂。

## 10. 抑激止泻酒（江苏民间方）

[处方] 党参 15g，白术 10g，茯苓 12g，炙甘草 10g，广木香 6g，白芍 30g，陈皮 10g，防风 10g，补骨脂 10g，炮姜 10g。

[制备] 上述药物用白酒 1000ml 浸泡，封口。期间每隔 2 日将浸泡药酒容器振荡数次，2 周后启封，过滤即得。

[用法] 口服。每次 20ml，每日 2 次。

[效用] 健脾温中，缓急止泻。用于以腹泻为主症的肠易激综合征。

[按语] 如腹泻次数多或呈水样便者，加石榴皮 20g；如排便有肛门滞重不爽者，加枳实 20g。

## 11. 秦艽萆薢酒（《中国中医秘方大全》）

[处方] 秦艽 18g，萆薢 18g，补骨脂 18g，煨诃子 18g，党参 18g，茯苓 21g，炒白术 21g，山药 21g，砂仁 5g，陈皮 15g。

[制备] 上述药物用白酒 1000ml 浸泡，容器封口。每隔 2 日摇晃振荡数次，2 周后启封，过滤即得。

[用法] 口服。每次 20ml，每日 2 次。

[效用] 调补脾肾。用于以腹泻为主症的肠易激综合征。

[按语] 本方调补脾肾在用诸多补益脾肾药物的同时，从祛风湿、泌别清浊角度，再配伍秦艽、萆薢乃是一种新的尝试。

## 12. 防风白芍酒

[处方] 白芍 20g，炒白术 20g，防风 12g，陈皮 12g，葛根 15g，枳实 10g，木香 10g，甘草 10g。

[制备] 上药饮片用白酒 1000ml 浸泡 2 周，过滤去渣，装瓶密封，备用。[陕西中医，2000，21（6）：255.]

[用法] 口服。每次 20～30ml，每日 2 次。

[效用] 柔肝理气，健脾止泻。用于以腹泻为主症的肠易激综合征。

[按语] 本病乃肠胃功能紊乱所致，属慢性病，治疗当徐徐调理胃肠功能，原方为水煎剂，现改为酒剂，服药治疗更为便捷。

## 13. 健脾温阳酒

[处方] 炒苍术 50g，党参 30g，茯苓 20g，神曲 20g，木香 15g，乌药 15g，补骨脂 15g，炒白术 15g，肉豆蔻 15g，制附片 10g，干姜 10g，炙甘草 10g。

[制备]上述药物饮片用1000ml白酒浸泡2周，过滤去渣，药酒装瓶，密封备用。[实用中医药杂志，2001，17（9）：43.]

[用法]口服。每次20ml，每日2次。

[效用]健脾化湿，温运脾阳。用于以腹泻为主症的肠易激综合征。

[按语]肠易激综合征为肠胃功能紊乱的一种消化道疾病，引起的原因较多，从中医角度看，肝脾不调或脾阳不振是常见的类型，属前者则采用疏肝健脾、调理肝脾之法，如用防风白芍酒，属后者则可用本方治疗。

## （五）慢性结肠炎

### 1. 参苓白术酒（《太平惠民和剂局方》）

[处方]党参50g，炙甘草12g，茯苓20g，白术20g，山药20g，白扁豆20g，莲子肉20g，薏苡仁20g，砂仁10g，桔梗10g。

[制备]上述药物碾成粗末，装入纱布袋，扎口，用白酒1000ml浸泡，2周后取出药袋，压榨取液，与药酒混合，过滤即得。

[用法]口服。每次20ml，每日2～3次。

[效用]健脾益气，和胃渗湿。用于慢性结肠炎。

[按语]慢性结肠炎临床表现以反复腹泻、黏液便为特点。本方适合用于脾虚夹湿证者，常伴见饮食不化、胸脘痞闷、肠鸣泄泻、四肢乏力、形体消瘦、面色萎黄等。本药酒急性湿热泻痢者忌用。

### 2. 健脾益肾酒

[处方]炒山药30g，炒白术20g，茯苓20g，陈皮10g，菟丝子15g，补骨脂20g，焦山楂25g，肉桂9g。

[制备]上述药物碾成粗末，装入纱布袋，扎口，用白酒1000ml浸泡，2周后取出药袋，压榨取液，与药酒混合，过滤即得。[光明中医，1992，（2）：24.]

[用法]口服。每次20ml，每日2～3次。

[效用]健脾温肾，消食止泻。用于慢性结肠炎。

[按语]本方适用于脾肾两虚型患者，临床有反复腹泻，并伴有明显肢冷、畏寒表现。方中菟丝子、补骨脂、肉桂即为温补肾阳而设，山药、白术、茯苓为健补脾气而设。急性湿热泻痢者忌用。

### 3. 温中实脾酒

[处方]熟附片20g，白术20g，煨木香15g，肉桂10g，黄连10g，炒枳壳

10g，炮姜 10g，茯苓 30g，炒山楂 30g。

[制备]上述药物碾成粗末，装入纱布袋，扎口，用白酒 1000ml 浸泡，2 周后取出药袋，压榨取液，与药酒混合，过滤即得。[浙江中医杂志，1992，(10)：441.]

[用法]口服。每次 20ml，每日 2～3 次。

[效用]温中散寒，燥湿实脾。用于慢性结肠炎。

[按语]本方适用于脾肾阳虚型慢性结肠炎，但又有寒热夹杂表现，如反复腹泻、黏液便，伴有腹痛、里急后重症状，故方中配伍黄连、木香清热燥湿、行气止痛。附片、肉桂、炮姜温补脾肾之阳，茯苓、白术、山楂健脾燥湿消食以实脾。急性湿热泻痢者忌用。

## 4. 固本益肠酒

[处方]黄芪 36g，党参 30g，白术 24g，山药 24g，白芍 24g，延胡索 24g，赤石脂 20g，地榆 20g，炮姜 20g，补骨脂 20g，当归 20g，木香 12g，儿茶 12g，炙甘草 12g。

[制备]上述药物碾成粗末，装入白纱布口袋，扎口。用白酒 1500ml 浸泡，2 周后取出药袋，压榨取液，与药酒混合，过滤即得。[中国医药学报，1993，8（增刊）：91.]

[用法]口服。每次 20ml，每日 2～3 次。

[效用]健脾温肾，和中涩肠。用于慢性结肠炎。

[按语]本方适用于脾虚型慢性结肠炎。急性湿热泻痢者忌用。

## 5. 健脾理肠酒

[处方]黄芪 30g，党参 20g，当归 12g，炮姜 12g，白芍 30g，白术 12g，延胡索 20g，赤石脂 20g，儿茶 6g，肉桂 6g，乌梅 18g，茅莓 18g，升麻 20g，炙甘草 6g。

[制备]上述药物碾成粗末，装入白纱布口袋，扎口，用白酒 1000ml 浸泡，2 周后取出药袋，压榨取液，与药酒混合，过滤即得。[中药药理与临床，1989，5（4）：42.]

[用法]口服。每次 20ml，每日 2～3 次。

[效用]益气健脾，温中涩肠。用于慢性结肠炎。

[按语]方中赤石脂、儿茶收敛涩肠，尚有生肌作用。茅莓全草均可入药，有化瘀止血止泻功能。配伍延胡索加强止痛。原方制成片剂用，现改为酒剂。急性湿热泻痢者忌用。

## 6. 苍术白芷酒

[处方]苍术 60g，白芷 20g，白及 30g，黄芪 30g，木香 30g，三七 12g，黄

连 6g，干姜 6g。

[制备] 上述药物碾成粗末，装入纱布袋，扎口，用白酒 1000ml 浸泡，2 周后取出药袋，压榨取液，与药酒混合，过滤即得。[山西中医，2001，17（4）：20.]

[用法] 口服。每次 20ml，每日 2～3 次。

[效用] 燥湿行气，益气调中，化瘀生肌。用于慢性脾虚湿盛型结肠炎。

[按语] 急性湿热泻痢者忌用。

## 〜〜 （六）便　秘 〜〜

### 1. 便结一次通

[处方] 阴干桃花 250g，白芷 30g。

[制备] 上药用 50 度白酒 1000ml 浸泡，密封容器，每 5 日摇动 2 次，1 个月后启封饮用。[实用中医药杂志，1998，1：33.]

[用法] 口服。每次 15～20ml，儿童酌减，每日 1 次。

[效用] 通便。用于大便干结，便秘。

[按语] 桃花有利水通便功能，《本草纲目》曰其："性走泄下降，利大肠甚快，用以治实人水饮肿满，积滞，大小便闭塞者则有功无害。"白芷有祛风通窍作用，《杨氏家藏方》通秘散即用白芷一味药治疗大便秘涩。

### 2. 马奶酒

[处方] 新鲜马奶。

[制备] 将刚挤出的新鲜马奶盛于沙巴（用大牲畜皮制的酿袋）中，用奶杆加以搅拌，使其发酵至微带酸味，且具酒香时即可饮用。注意，若天气炎热，发酵过度或保存不善，易变质。[中国民间疗法，2000，（6）：27.]

[用法] 口服。每日服马奶酒 250～500ml。

[效用] 健脾益肺。用于便秘、腹泻及肺结核、气喘、肺炎。

[按语] 马奶酒，两千多年前汉代就有应用记载，明代李时珍《本草纲目》曰："汉时以马乳造酒……气味甘，冷，无毒。"马奶酒能刺激胃酸分泌，增强胃肠道蠕动，促进消化功能，马奶酒中含有大量对人体健康有益的乳酸菌，乳酸菌在肠道内能抑制致病性大肠杆菌、痢疾杆菌等的繁殖，减少发生肠道传染病的机会。因此，可以治疗胃肠功能紊乱、菌群失调引起的便秘、腹泻。对于肺结核、气喘、肺炎等疾病，也可以作为辅助治疗。胃溃疡、慢性胃炎胃酸过多者忌用。

**3. 温脾酒**（《备急千金要方》）

[处方] 干姜 30g，甘草 30g，大黄 30g，人参 20g，制附子 20g。

[制备] 上药共捣细，用黄酒 500ml 浸泡，5 天后去渣取用。

[用法] 口服。每次温服 10～20ml，早晚各 1 次。

[效用] 温中通便。用于脘腹冷痛，大便秘结。

[按语] 本方原为汤剂，后世《杂病广要》中改为酒剂。方中人参也可改用党参 60g。附子必须炮制后入药，生附子有毒，禁用。实热便秘者忌用。

**4. 秘传三意酒**（《松崖医经》）

[处方] 生地黄 250g，枸杞子 250g，火麻仁 150g。

[制备] 生地黄切碎，火麻仁研粗末，将三味药用纱布袋盛好，扎口，放入白酒 1750ml，浸泡 1 周，过滤，备用。

[用法] 口服。每次 20～30ml，早晚各 1 次。

[效用] 养阴生津，润肠通便。用于阴虚肠燥便秘。症见大便干结，数日一行，口燥咽干，形体消瘦，舌红苔少，脉细数。

[按语] 方中生地黄养阴生津，枸杞子滋阴补肾，火麻仁润肠通便，所以本方对老年人习惯性便秘有较好的疗效。

**5. 二仁润肠酒**（《校注妇人良方》）

[处方] 杏仁、麻仁、枳壳、诃子各 30g。

[制备] 杏仁去皮、尖，枳壳炒黄，诃子炒、去核。诸药研成粗末，纱布袋装，用白酒 500ml 浸泡。14 日后取出药袋，压榨取液，将压榨液与药酒合并，过滤后装瓶，备用。

[用法] 每日 1 次，每次 20～30ml。亦可兑白蜜服。

[效用] 润肠通便。用于虚人、老人大便秘结。

[按语] 大便秘结有实有虚，实者多热、多食积，宜用大黄、枳实等药通腑清热；虚者多见津少肠燥，宜用润肠通便法。方中杏仁、麻仁富含油质，有润肠作用，配枳壳行气，诃子理肺与大肠之气。诸药配伍，益增润肺通便之力。蜂蜜也有润肠作用，故服药酒时，可以另兑服适量白蜜，增强功效。药用诃子为使君子科植物诃子的果实。果实中含 20%～40% 鞣质，有止泻作用，但尚含致泻成分番泻苷 A，故本品有先致泻后收敛的作用。虚人、老人便秘使用润肠通便药后，有时又一泻无度，故方中用诃子，也是起到调节和制约的作用。

# 三、心、脑血管科

## ❀❀❀ （一）冠心病 ❀❀❀

### 1. 冠心活络酒（《刘惠民医案选》）

[处方] 人参 15g，冬虫夏草 18g，红花 15g，川芎 15g，当归 18g，橘络 15g，薤白 15g。

[制备] 上药共研粗末，用低度白酒 500ml 浸泡 15 天后，过滤，加白糖 100g，令化。药渣可续白酒 250ml，浸泡 7 天，过滤后再加白糖适量，两次滤液混合，备用。

[用法] 口服。每次 10～15ml，每日早、中、晚饭后各服 1 次。

[效用] 益气活血，通络宣痹。用于冠心病心绞痛，气虚血瘀型。

[按语] 酒可以活血通脉，是中药良好的有机溶剂，但对冠心病患者而言，饮酒后，心率加快，心肌耗氧量增加，不利于保护缺血心肌。所以制作用于冠心病的药酒时，通常采用低度白酒浸泡药物，每次剂量控制在 10ml，并一再强调不宜过量，目的就是为了将酒对疾病不利的一面降到最低限度，让酒中的药物尽量发挥其积极的治疗作用。本方能增加冠脉流量，且对缺血心肌有一定的保护作用。

### 2. 银杏叶酒

[处方] 银杏叶（干品）适量。

[制备] 银杏叶浸入 39 度白酒 1 周，制成干重 1g/ml 的酒浸剂（即 100g 银杏叶用白酒 100ml 浸泡）。[天津中医，2000，17（1）：37.]

[用法] 口服。每次服用 20ml，每日 2 次，连续服用 30 日。

[效用] 活血化瘀。用于防治心脑血管疾病。

[按语] 银杏叶于秋季叶尚绿时采收，晒干，去杂质，备用。银杏叶对心脑血管疾病防治的药用价值，近年来被国内外医药学界一致看好。银杏叶提取物银杏黄酮、银杏内酯是强活性的血小板活化因子拮抗剂，能改善脑代谢，使大脑免受缺血引起的低氧损伤。制备时，先将银杏叶切碎，以便白酒浸泡。

### 3. 大蒜酒

[处方] 紫皮大蒜适量。

[制备] 紫皮大蒜3瓣，捣成泥，用中国红葡萄酒25ml调和即成。现服现制备。

[用法] 口服。上述剂量为1次量，早、晚各服1次。[陕西中医，1997，4：175.]

[效用] 温通散结。用于防治冠心病。

[按语] 紫皮大蒜具有降低血浆总胆固醇、甘油三酯（三酰甘油）和游离胆固醇，降低极低密度脂蛋白胆固醇和增加高密度脂蛋白胆固醇，且有一定的抑制血小板聚集和溶栓的药理作用，故常服大蒜对冠心病有保健和治疗作用。红葡萄酒中含有花色苷、前花青素、单宁等化合物，这些物质具有明显的扩张血管、增强血管通透性的作用，适量饮用可降低血脂、增加高密度脂蛋白胆固醇在总胆固醇中的比例，因而能减轻动脉粥样硬化和防治冠心病。

### 4. 丹参酒（经验方）

[处方] 丹参100g。

[制备] 丹参切细，用低度白酒1000ml浸泡，10天后去药渣过滤，即得。

[用法] 口服。每次10～15ml，每日3次。

[效用] 化瘀止痛。用于冠心病。

[按语] 丹参具有扩张冠状动脉、改善心肌缺血的药理作用，因而本药酒对冠心病有一定治疗作用。

### 5. 三七酒（经验方）

[处方] 三七30g。

[制备] 将三七打碎，用低度白酒1000ml浸泡，每日将浸泡容器摇晃1次，10天后即可饮用。

[用法] 口服。每次10ml，每日3次，上述剂量约为1个月的剂量，约每日服三七1g。

[效用] 化瘀止痛。用于冠心病。

[按语] 三七具有抗血小板聚集和溶栓作用，能改善心肌内微循环和增加冠脉流量，因而服用三七酒对冠心病有一定的治疗和保健作用。

### 6. 复方延胡索酒（《中医疑难病方药手册》）

[处方] 延胡索30g，山楂30g，丹参30g。

［制备］上药用米酒或低度白酒1000ml浸泡，10天后饮用。

［用法］口服。每次10～15ml，每日3次。

［效用］活血化瘀，行气止痛。用于冠心病，心绞痛。

［按语］延胡索含延胡索乙素等生物碱，止痛作用较好，虽不及吗啡，但无成瘾性，《雷公炮炙论》曰其"治心痛欲死"。山楂有扩张血管、降血脂的作用。延胡索、山楂、丹参配伍同用，可增强化瘀止痛作用。

### 7. 健心酒

［处方］黄芪24g，党参12g，黄精15g，麦冬15g，丹参20g，川芎12g，赤芍12g，郁金12g，葛根15g，淫羊藿9g。

［制备］上药切细，用米酒或低度白酒1000ml浸泡10天，过滤去渣，备用。[中西医结合杂志，1991，11（11）：679.]

［用法］口服。每次20ml，每日2次。

［效用］益气养心，活血止痛。用于冠心病。

［按语］原方为煎剂，现改为酒剂。本方能降低血脂，改善血液黏稠度，可预防血栓形成；且能增加冠状动脉血液流量，提高心肌耐缺氧能力。

### 8. 参芪酒（《中医疑难病方药手册》）

［处方］党参50g，黄芪50g，丹参50g。

［制备］上药切碎，用米酒或低度白酒500ml浸泡，密封容器，半个月后启封，过滤去渣，备用。

［用法］口服。每次10ml，每日2次。

［效用］益气活血。用于冠心病，中医辨证属气虚血瘀型。

［按语］党参、黄芪益气，丹参活血化瘀，三药配伍，益气活血，适用于气虚血瘀型冠心病。其临床表现为心胸阵阵隐痛，胸闷气促，动则益甚，心中动悸，倦怠乏力，神疲懒言，面色㿠白或易出汗，舌淡红，苔薄白，脉虚细缓或结代。

### 9. 葛根酒（《冠心病防治研究资料》）

［处方］葛根500g。

［制备］葛根打碎，用低度白酒2000ml浸泡，10天后过滤去渣，备用。

［用法］口服。每次10ml，每日3次。

［效用］活血化瘀，解痉止痛。用于冠心病心绞痛。

［按语］原资料报道用的是葛根浸膏片，现直接改用酒剂。葛根中所含总黄酮或葛根素能使冠脉扩张，血压下降，心率减慢，外周阻力降低，心肌氧耗减

少。所以，对冠心病心绞痛有一定的治疗作用。

## 10. 瓜葛红花酒（《中华临床药膳食疗学》）

[处方] 瓜蒌皮 25g，葛根 25g，红花 15g，桃仁、延胡索各 20g，丹参 30g，檀香 15g。

[制备] 上药洗净晾干，置容器中，用低度白酒 1000ml 浸泡，加盖密封，1 个月后过滤去渣，备用。

[用法] 口服。每次 15ml，每晚 1 次。

[效用] 祛痰逐瘀，通络止痛。用于痰瘀闭阻型冠心病心绞痛。症见胸闷心痛，体胖痰多，身重困倦，舌胖暗淡或有瘀斑，舌苔白腻，脉滑，或脉沉涩等。

[按语] 瓜蒌皮，为瓜蒌的果皮，有化痰散结、宽胸利气的作用。《金匮要略》治疗胸痹心痛（即今之冠心病心绞痛）的瓜蒌薤白白酒汤、瓜蒌薤白半夏汤、瓜蒌薤白桂枝汤，均以瓜蒌为主药。本方瓜蒌配伍活血化瘀和行气药，故适用于痰瘀闭阻型冠心病心绞痛。

## 11. 双参山楂酒（《中国药膳》）

[处方] 人参 6g（或党参 30g），丹参 30g，山楂 30g。

[制备] 上药置玻璃瓶或陶瓷坛中，加低度白酒 500ml 浸泡 15 天后过滤即成。

[用法] 口服。每次 10~15ml，每日 2~3 次。

[效用] 益气活血，通脉止痛。用于冠状动脉供血不全，冠心病心绞痛，以气虚血瘀型为宜。症见心胸隐痛，胸闷气短，动则喘息，心悸心慌，时发时止，劳倦则病情加重，舌暗淡或有瘀点瘀斑，脉虚细涩或结代。

[按语] 商品人参品种繁多，红参一般药性偏温，适用于气虚又偏阳虚患者，生晒参药性微温，适用于气虚或气阴两虚者。

## 12. 瓜蒌薤白酒（《金匮要略》）

[处方] 瓜蒌实 1 枚（24g），薤白半升（12g）。

[制备] 将上药加米酒 250ml 同煮，煮沸后转小火再煮片刻，浓缩至 100ml 左右，过滤取液即成。

[用法] 上述为 1 日量，分 2 次温服。

[效用] 温通阳气，行气祛痰。用于胸痹。症见胸中闷痛，甚至胸痛彻背，喘息咳唾，短气，舌苔白腻，脉沉弦或紧。

[按语] 若痰多，本方中加制半夏 12g，同煮；若气滞于胸，胸满而痛，心中痞气，方中加枳实 12g、厚朴 12g、桂枝 6g，三药先加适量水煎煮，去渣取汁，

再纳入瓜蒌实、薤白、适量白酒，再煎片刻，过滤去渣即成。上述处方即《金匮要略》瓜蒌薤白半夏汤和枳实薤白桂枝汤。《金匮要略》所载胸痹，其描绘的症候即今之冠心病心绞痛的临床表现。中医学认为，胸阳不振，痰、气、瘀阻滞心脉，导致不通则痛，是胸痹发生的主要原因。因此，祛痰、行气、化瘀、振奋心阳是治疗本病的主要法则。本方及加味方所治胸痹侧重于祛痰、行气、振奋心阳，治疗痰滞和气滞型胸痹为主。

## （二）脑卒中（中风）偏瘫

### 1. 桃红通脉酒（《中国中医秘方大全》）

〔处方〕桃仁 50g，红花 50g，当归 100g，川芎 50g，穿山甲 50g，地龙 50g，桂枝 50g，生黄芪 150g，丹参 150g，赤芍 100g，白芍 100g，郁金 50g，石菖蒲 50g。

〔制备〕上药用纱布袋装，扎口，用白酒 2500ml 浸泡，密闭 2 周后即可开启使用。

〔用法〕口服。每次 10～20ml，每日 2 次。

〔效用〕活血通脉。用于脑血栓形成恢复期及后遗症。

〔按语〕本方原制剂为冲剂，现改为酒剂，其服用剂量为编者酌定。本方由《医林改错》补阳还五汤加味组成，在诸活血化瘀药中配伍大剂量黄芪以益气行血，配伍桂枝通经以助血运，这是本方的特点。使用酒剂，借助酒性行血通脉，更好地发挥药效。但饮用剂量不可过大，适量为度。阴虚阳亢、血压高者忌用。

### 2. 脑脉通酒（经验方）

〔处方〕葛根 100g，丹参 50g，川芎 50g，当归 30g，鸡血藤 100g，地龙 30g，红花 50g。

〔制备〕上药加入低度白酒 2500ml，小火加温 30min，待凉，密封 7 天后过滤去渣，即成。

〔用法〕口服。每次 20～30ml，每日 2～3 次。

〔效用〕活血通脉。用于脑血栓形成恢复期及后遗症。

〔按语〕葛根为豆科植物野葛或甘葛藤的根，具有解肌透表、生津止渴、升阳止泻的功能。现代药理研究表明，本品有抗心肌缺血、抗高血压、抗血小板聚集及保护脑组织等药理作用，因此，本品及其各种制剂已广泛应用于心脑血管疾病。

### 3. 仙酒方（《普济方》）

〔处方〕川牛膝一斤（150g），秦艽一两（20g），防风二两（30g），枸杞子二

两 (50g)，蚕沙二两 (30g)，牛蒡子炒一升 (20g)，桔梗二两 (30g)，苍术二斤 (30g)，地黄一两八钱 (50g)，当归一两八钱 (80g)，天麻五两 (100g)。

[制备] 上药用无灰糯酒二斗，浸于净瓷缸内，用七层净白纸，密封七日，药成。现代制备方法：上药均用饮片，置瓷坛或玻璃瓶中，用低度白酒2000ml浸泡，密封容器，7日后启封饮用。

[用法] 口服。每次20～30ml，每日2～3次。

[效用] 活血养血，祛风除湿。用于脑卒中（中风）后瘫痪，半身不遂。

[按语] 原方从用药及其所用剂量表明，主要针对内有瘀滞，兼夹风湿阻滞经脉所致的半身不遂而设。

### 4. 敦煌佛赐酒

[处方] 人参30g，黄芪50g，雪莲30g，僵蚕30g，穿山甲30g，何首乌20g，西红花5g，乌梢蛇30g，酸枣仁20g，当归30g，牡丹皮30g，天麻30g，丹参50g，海风藤30g，冬虫夏草10g，川芎50g，紫河车20g。

[制备] 上药置瓷坛或玻璃瓶中，用低度白酒2000ml浸泡，小火加温30min，密闭容器，约2周后即可过滤去渣，即成。[甘肃中医，1998，(4)：36.]

[用法] 口服。每次20ml，每日2次。服12日为1个疗程。若用于痹病，除内服外可用本药酒涂搽患部，再局部按摩。

[效用] 补益元气，滋补肝肾，调和气血，疏通经络。用于脑卒中（中风）偏瘫、痹病。

[按语] 原方未出剂量，现方中剂量为编者酌定。其中西红花稀少价高，可用普通红花10～15g代替。

### 5. 定风酒（《随息居饮食谱》）

[处方] 天冬、麦冬、生地黄、熟地黄各50g，牛膝、桂枝各15g，川芎、秦艽各30g，五加皮25g。

[制备] 将上药装入纱布袋中，扎紧，备用。将白酒2000ml倒入瓷罐中，放入蜂蜜500g、红糖500g、陈醋500ml，搅匀；然后放入药包，用豆腐皮封口，压上大砖，隔水蒸煮3h后，将药酒罐埋土中，7日后，即可取出饮用。

[用法] 口服。每次20～30ml，每日早晚各1次。

[效用] 滋补肝肾，活血祛风。

[主治] 脑卒中口眼㖞斜，舌强语謇，或手足重滞，甚则半身不遂。

[按语] 本方重用滋补肝肾之阴的药物，配伍活血通络祛风药物，适用于偏阴虚型的脑卒中患者。制备过程中加入500ml陈醋，有散瘀、消积、降脂的作

用，对心脑血管疾病有一定的治疗和保健作用。服降压药物后血压仍高不能控制者忌用。

## 6. 脑卒中（中风）Ⅱ号药酒（《中风病的家庭康复》）

[处方] 当归、川芎、威灵仙、桃仁、土鳖虫、茺蔚子各30g，红花、丹参、全蝎各10g，地龙、络石藤、伸筋草各60g，鸡血藤、川牛膝各100g，蜈蚣10条，白花蛇2条。

[制备] 上药碾碎，用低度白酒2000ml浸泡，密封2周后启封，过滤装瓶备用。

[用法] 口服。每次10～20ml，每日3次。

[效用] 活血化瘀，祛风通络。用于脑血栓形成恢复期、脑栓塞后遗症。

[按语] 原方制成片剂服用，现改为酒剂。阴虚阳亢、血压高者慎用。

## 7. 蝎精祛风酒

[处方] 全蝎25g，灵芝50g，枸杞子50g。

[制备] 上药用低度白酒（25～39度）或黄酒1000ml浸泡，7～10天后即可饮用。[中国民族民间医药杂志，2000，1：35.]

[用法] 口服。每次20ml，每日2次。

[效用] 益气养阴，祛风止痛，并具有抗疲劳作用。用于心脑血管病、风湿病、半身不遂。

[按语] 原文药物未出剂量，此剂量为编者酌定。全蝎，主要含有蝎酸、蝎蛋白、牛磺酸等成分，具有抗惊厥、镇痛、抗血栓的药理作用。《杨氏家藏方》牵正散即用全蝎配伍他药治疗脑卒中、口眼㖞斜、半身不遂。本药酒且有免疫调节作用，能显著增强体液免疫和细胞免疫功能。全蝎性走窜而有毒，故饮服不宜过量。

## 8. 复方淫羊藿酒（经验方）

[处方] 淫羊藿50g，巴戟天50g，鸡血藤50g。

[制备] 上药粉碎成粗粉，纱布袋装，扎口，用白酒500ml浸泡。14日后取出药袋，压榨取液。将榨得的药液与药酒混合，静置，过滤后即可服用。

[用法] 口服。每次15ml，每日2次。

[效用] 补肾强筋，活血通络。用于脑卒中（中风）偏瘫、肢体麻木拘挛、风湿久痹以及陈旧性跌打伤痛。

[按语]《太平圣惠方》中就有以淫羊藿单味浸酒治脑卒中（中风）偏瘫、肢体麻木拘挛的记载。脑卒中（中风）后遗症患者常有偏瘫、肢体麻木拘挛等症

状，只要血压不高，就可服用此药酒用于康复治疗。风湿日久，伤及筋骨，那么单纯祛风湿难以取效，必须在祛风湿的同时补肝肾，才能收到效果。方中所用淫羊藿又名仙灵脾，不仅具有温肾壮阳的功效，而且还有强筋骨、祛风湿的作用；巴戟天可治肾虚、筋骨失养、骨痿不起及风湿痹证。配伍后，强筋骨、祛风湿之力得到加强。此外，陈旧性跌仆损伤患者，往往局部肿胀已消失，疼痛也不严重，但劳累后局部仍有伤痛，或因气候变化、受寒后疼痛加重，本药酒方中鸡血藤能活血、通络、止痛，配伍淫羊藿、巴戟天补肝肾、祛风湿，对此类病症有一定的康复治疗作用。阴虚阳亢、血压高者慎用。

## 9. 补阳还五酒（《医林改错》）

[处方] 黄芪 120g，当归 12g，赤芍 12g，地龙 15g，川芎 15g，红花 10g，桃仁 12g。

[制备] 上述药物粉碎成粗粉，纱布袋装，扎口，用白酒 1000ml 浸泡。14日后取出药袋，压榨取液。将榨得的药液与药酒混合，静置，过滤后即可服用。

[用法] 口服。每次 15ml，每日 2 次。3 个月 1 个疗程。

[效用] 益气活血，化瘀通络。用于脑卒中，半身不遂，口眼㖞斜，语言謇涩，口角流涎。

[按语] 原方补阳还五汤为水煎剂，现改为酒剂，更便于久服缓治。该方为清代名医王清任治疗脑卒中偏瘫的著名方剂，方中重用益气药黄芪，配伍诸多活血化瘀通络药物，使气旺而血行，活血而不伤正，开创了采用益气活血通络法治疗脑卒中偏瘫后遗症的先河。原方活血通络药物剂量更小，现适当增大。阴虚阳亢、血压高者慎用。

## 10. 搜风酒

[处方] ①搜风散：全蝎 30g，蜈蚣 20 条，地龙 30g，水蛭 30g，蕲蛇 30g。②黄芪 120g，胆南星 30g，当归 30g，钩藤 45g。

[制备] 将搜风散五味药物碾细粉，混匀，装瓶备用。将黄芪、胆南星、当归、钩藤碾成粗粉，用低度白酒 1000ml 浸泡，小火加温 30min，改常温下密封，每隔 2 日将药液振荡数次，2 周后过滤即得。[河南医药学刊，1997，12（4）：31.]

[用法] 口服。每次搜风散 2g，用药酒 15ml 送服，每日 3 次。20 日为 1 个疗程。间隔 10 日后进行下一个疗程。

[效用] 益气活血，搜风祛痰，化瘀通络。用于脑卒中后遗症。

[按语] 原方用黄芪等煎汤送服搜风散，现改为药酒送服，更为方便，且借助酒的活血之性，更好地发挥药效。脑卒中后遗症，属本虚标实的常见病。风、

痰、瘀入络，导致络脉痹阻，脑卒中偏瘫。故搜风祛痰、化瘀通络为治标之大法，方中采用诸虫类药及胆南星即是此意。虫类药长于搜风剔邪、息风止痉、活血通络，再用大剂量补气药黄芪药酒送服，旨在标本兼治。其治疗用药思路与前面补阳还五汤的组方意义相同。阴虚阳亢、血压高者慎用。

## 11. 滋阴通络酒

[处方] 生地黄 30g，山茱萸 15g，石斛 15g，麦冬 15g，肉苁蓉 15g，石菖蒲 15g，茯苓 15g，地龙 15g，当归 15g，远志 8g，黄芪 60g，赤芍 24g，水蛭 10g。

[制备] 上述诸药用白酒 1500ml 浸泡 2 周后，过滤即得。[四川中医，2001，(2)：39.]

[用法] 口服。每次 15～20ml，每日 2 次。

[效用] 滋阴益气，化痰祛瘀。用于脑卒中后遗症，气阴两虚，痰瘀阻络。

[按语] 脑卒中偏瘫气阴两虚者，一般多伴有失眠、心烦、口渴、眩晕、手足心热、舌红等阴虚症状，故方中配伍生地黄、石斛、麦冬、山茱萸等滋阴益阴药物。但本病气虚血瘀的基本病理仍存在，所以益气活血化瘀通络之法及其药物仍然采用。阴虚阳亢、血压高者慎用。

## 12. 九味复元酒（安徽民间方）

[处方] 黄芪 100g，丹参 30g，远志 20g，地龙 30g，土鳖虫 12g，全蝎 12g，天麻 30g，钩藤 30g，酸枣仁 50g。

[制备] 上述药物用白酒 1500ml 浸泡 2 周后，过滤即得。

[用法] 口服。每次 20ml，每日 2 次。

[效用] 益气活血，通络安神。用于脑卒中后遗症。

[按语] 本方对脑卒中偏瘫伴有头晕、心烦、失眠者尤宜。阴虚阳亢、血压高者慎用。

## 13. 固本复元酒（上海民间方）

[处方] 黄芪 45g，鸡血藤 60g，丹参 45g，黄精 45g，海藻 36g，玄参 45g。

[制备] 上述药物用白酒 1500ml 浸泡 2 周后，过滤即得。

[用法] 口服。每次 20ml，每日 2 次。20 日为 1 个疗程，间隔 10 日后进行下 1 个疗程。

[效用] 益气养阴，活血通络，化痰软坚。用于动脉硬化、中风偏瘫。

[按语] 动脉硬化的治疗，中医常予活血通络，化痰软坚之法，方中鸡血藤、丹参即为前者而设，海藻即为后者而备。配伍黄芪、黄精、玄参益气养阴之品，则从治本角度而设。阴虚阳亢、血压高者慎用。

### 14. 祛瘀通络酒（陕西民间方）

[处方] 黄芪 60g，桂枝 30g，当归 30g，地龙 30g，牛膝 30g，川芎 20g，丹参 20g，桃仁 20g，甘草 6g。

[制备] 上述药物用白酒 1500ml 浸泡，每隔 2 日将容器内药酒振荡数下，2 周后过滤即得。

[用法] 口服。每次 20ml，每日 2 次。缓缓饮服。

[效用] 益气化瘀通络。用于脑卒中后遗症。

[按语] 若有语言障碍者，处方中可加郁金 30g、石菖蒲 30g。阴虚阳亢、血压高者慎用。

# 四、内分泌科

## （一）糖尿病

### 1. 胜甘降糖酒

[处方] 山茱萸 60g，五味子 60g，丹参 60g，黄芪 80g。

[制备] 上述药物粉碎成粗末，用白酒 1000ml 浸泡，每隔 2 日将药酒振荡数次，2 周后过滤即得。[中医杂志，1992，11：25.]

[用法] 口服。每次 15～20ml，每日 2 次。

[效用] 养阴生津，益气活血。用于 2 型糖尿病。

[按语] 1 型糖尿病为胰岛素依赖型，不是本方适应证。2 型糖尿病患者主要由于胰岛素抵抗和胰岛素相对分泌不足所致，是诸多中西降糖药物的适应证。本病属中医"消渴"病范畴，阴虚燥热为本病的主要病机，在此基础上常伴有气虚血瘀的证候表现。本方山茱萸、五味子养阴生津、固涩阴精，主要针对阴虚燥热病机而设，方中丹参、黄芪益气活血，为气虚血瘀病理而备，立方用意十分清楚。原方为水煎剂，现改为酒剂。

### 2. 祝氏降糖酒

[处方] 黄芪 30g，山药 20g，苍术 18g，玄参 25g，生地黄 20g，熟地黄

15g，丹参 20g，葛根 15g。

[制备] 上述药物粉碎成粗末，用白酒 1000ml 浸泡，每隔 2 日将药酒振荡数次，2 周后过滤即得。[辽宁中医杂志，1992，8：22.]

[用法] 口服。每次 15～20ml，每日 2 次。

[效用] 益气养阴，化瘀降糖。用于 2 型糖尿病。

[按语] 本方为祝谌予名老中医治疗糖尿病的经验方，他在北京已故名老中医施今墨先生采用黄芪配山药、苍术配玄参两个对药的基础上，增加了生地黄与熟地黄、丹参与葛根两个对药，重在益气养阴治其本。方中苍术性虽偏温燥，但有"敛脾精"作用，且与甘润之玄参配伍同用，可制其短而用其长。原方为水煎剂，现改为酒剂。

### 3. 人参消渴酒

[处方] 人参 40g，天花粉 40g，山药 40g，黄连 20g。

[制备] 上述药物粉碎成粗末，用低度白酒 1000ml 浸泡，每隔 2 日将药酒振荡数次，2 周后过滤即得。[山东中医杂志，1994，11：496.]

[用法] 口服。每次 15～20ml，每日 2 次。

[效用] 益气健脾，清热生津。用于 2 型糖尿病。

[按语] 方中人参以生晒参为宜。天花粉和黄连为本病"肺胃燥热"而设。本病属中医消渴病范畴，治疗上常按上、中、下三焦分治。上消以肺燥为主，多饮症状突出；中消以胃热为主，多食症状较为突出；下消以肾虚为主，多尿症状较为突出。从本方药物组成分析，似应适宜用于上消或中消证。原方为水煎剂，现改为酒剂。

### 4. 三才降糖酒

[处方] 人参 36g，天冬 36g，生地黄 50g，天花粉 150g，枸杞子 50g，覆盆子 90g。

[制备] 上述药物粉碎成粗末，用白酒 1500ml 浸泡，每隔 2 日将药酒振荡数次，2 周后过滤即得。[中药通报，1987，11：49.]

[用法] 口服。每次 15～20ml，每日 2 次。

[效用] 益气养阴，固肾涩精。用于 2 型糖尿病，气阴两虚型。

[按语] 人参、天冬、生地黄三药组合成方，即《温病条辨》三才汤，原方用于暑温气阴两虚者。现在原方基础上加天花粉、枸杞子、覆盆子，用于糖尿病气阴不足者。从药物组成分析，本方似更适宜用于多尿症状突出的下消证。原方为水煎剂，现改为酒剂。

### 5. 益气养阴酒

[处方] 黄芪 50g，红参 25g，生地黄 50g，熟地黄 50g，泽泻 25g，枸杞子 25g，丹参 25g，地骨皮 25g，山茱萸 25g，天花粉 25g。

[制备] 上述药物粉碎成粗末，用白酒 1500ml 浸泡，每隔 2 日将药酒振荡数次，2 周后过滤即得。[北京中医，1991，6：27.]

[用法] 口服。每次 15～20ml，每日 2 次。

[效用] 益气活血，补肾养阴。用于 2 型糖尿病，气阴两虚型。

[按语] 地骨皮，即枸杞子的根皮，有清肺火、退虚热的作用。现代研究发现本品有良好的降糖作用。有报道仅用一味地骨皮煎汤代茶治疗糖尿病有效。其实，早在 1000 多年前的宋朝，《圣济总录》中就有地骨皮饮治疗"消渴日夜饮水不止"的记载。原方为丸剂，现改为酒剂。

### 6. 活血降糖酒

[处方] 丹参 60g，黄芪 60g，山药 60g，赤芍 20g，苍术 20g，玄参 20g，三七 10g。

[制备] 上述药物粉碎成粗末，用白酒 1500ml 浸泡，每隔 2 日将药酒振荡数次，2 周后过滤即得。[云南中医学院学报，1995，1：26.]

[用法] 口服。每次 15～20ml，每日 2 次。

[效用] 益气健脾，活血化瘀。用于 2 型糖尿病，血瘀型。

[按语] 由于本病阴虚燥热的病理特点，并发症较多，常见燥热内结，血脉瘀滞，诸病丛生。故本方采用黄芪配山药、苍术配玄参两对药降血糖外，用丹参、赤芍和三七活血化瘀，以防心、脑血管疾病的发生。原方为水煎剂，现改为酒剂。

### 7. 健脾降糖酒

[处方] 黄芪 30g，黄精 18g，白术 18g，山药 60g，薏苡仁 60g，葛根 40g，玉竹 24g，天花粉 24g，枸杞子 18g，丹参 24g。

[制备] 上述药物用白酒 1500ml 浸泡，每隔 2 日将药酒振荡数次，2 周后过滤即得。[中医杂志，1991，11：20.]

[用法] 口服。每次 15～20ml，每日 2 次。

[效用] 益气健脾，养阴生津。用于 2 型糖尿病，脾气亏虚型。

[按语] 糖尿病大多有"三多"（多饮、多食、多尿）症状，但也不尽然，有些患者多饮多尿，但食欲不振，或经常便溏不实，倦怠乏力，有脾气亏虚的表现，这样的情况适用本方。原方为水煎剂，现改为酒剂。

### 8. 加味二陈酒

[处方] 陈皮 12g，制半夏 20g，茯苓 30g，白术 30g，苍术 30g，决明子 48g，丹参 60g，葛根 60g。

[制备] 上述药物用白酒 1000ml 浸泡，每隔 2 日将药酒振荡数次，2 周后过滤即得。[浙江中医杂志，1994，1：9.]

[用法] 口服。每次 15～20ml，每日 2 次。

[效用] 健脾利湿，化瘀降糖。用于 2 型糖尿病，痰湿阻滞型。

[按语] 糖尿病与中医消渴病相似，以多饮、多食、多尿、形体消瘦为其特点。但临床上也有形体肥胖者，属中医所称痰湿阻滞型。方中陈皮、半夏、茯苓、白术、苍术健脾利湿，即为此而设。原方为水煎剂，现改为酒剂。

### 9. 消渴酒

[处方] 沙参 20g，山药 20g，玄参 30g，熟地黄 30g，枸杞子 30g，石斛 30g，玉竹 30g，丹参 30g，天花粉 30g，麦冬 15g，益智 15g，乌梅 10g，芡实 10g，知母 10g。

[制备] 上述药物粉碎成粗末，用白酒 1500ml 浸泡，每隔 2 日将药酒振荡数次，2 周后过滤即得。[浙江中医杂志，1986，21（12）：554.]

[用法] 口服。每次 15ml，每日 2 次。

[效用] 清热养阴，化瘀降糖。用于 2 型糖尿病，阴虚内热型。

[按语] 阴虚内热型主要临床表现有烦躁，失眠，五心烦热，咽干口渴，舌红，脉细数等。方中沙参、麦冬、玉竹、石斛、玄参、天花粉、知母滋养肺胃之阴，清肺胃之热；熟地黄、枸杞子滋补肾阴；益智、乌梅、芡实固涩缩泉；丹参活血化瘀，山药健脾益气。原方为水煎剂，现改为酒剂。

### 10. 降糖益胰酒（安徽民间方）

[处方] 炒苍术 40g，炒白术 30g，山药 50g，生地黄 40g，熟地黄 40g，玄参 30g，沙参 40g，玉竹 40g，五味子 25g，桑螵蛸 15g。

[制备] 上述药物粉碎成粗末，用白酒 1500ml 浸泡，每隔 2 日将药酒振荡数次，2 周后过滤即得。

[用法] 口服。每次 15ml，每日 2 次。

[效用] 健脾清胃，养阴止渴。用于 2 型糖尿病。

[按语] 本方适于脾气虚弱、胃腑有热的糖尿病患者。胃热则消谷善饥，脾虚则食而不能运化，胃气上逆，则胃脘痞塞。临床上往往既时时有饥饿感，但又食不多，或不思食，胃中痞塞。

## 11. 荔枝核酒

[处方] 荔枝核 500g。

[制备] 先将荔枝核打碎，加白酒 1000ml 浸泡 30min 后，小火煎煮 20min，自然冷却后，放置 3～5 天，即可过滤去渣，取液装瓶，密封备用。[中成药，1991，11：24.]

[用法] 口服。每次 15ml，每日 3 次。3 个月为 1 个疗程。

[效用] 降血糖。用于轻、中型 2 型糖尿病。

[按语] 药理研究证明荔枝核的水和乙醇提取物均有良好的降血糖作用。原方用浸膏干燥制粒，压成片剂服，现改为酒剂。

## ～ （二）高脂蛋白血症 ～

## 1. 丹参决明子酒

[处方] 丹参 180g，决明子 180g，山楂 90g。

[制备] 上药加工成粗粒，用白酒 2000ml 浸泡，15 天后过滤去渣，备用。[河南中医，1983，4：44.]

[用法] 口服。每次 15～20ml，每日 2 次。4 周为 1 个疗程，连用 3 个疗程。

[效用] 散瘀降脂。用于高脂蛋白血症。

[按语] 原报道上方制成浸膏并加工成片剂服用，现改成酒剂。决明子为豆科植物决明或小决明的成熟种子，有清肝明目、润肠通便功能。决明子与山楂的动物实验及临床应用均证明其能抑制血清胆固醇升高和主动脉粥样硬化斑块的形成。

## 2. 山楂麦芽酒 （经验方）

[处方] 山楂 150g，麦芽 150g。

[制备] 上药加工成粗末，用白酒 1000ml 浸泡，密封容器 15 天后，启封过滤去渣，备用。

[用法] 口服。每次 15～20ml，每日 3 次。

[效用] 消食降脂。用于 Ⅱa 及 Ⅱb 型高脂蛋白血症。

[按语] 日常饮食应限制食物中的胆固醇摄入，减少动物性脂肪、全脂奶、奶油、奶酪、动物内脏、蛋黄的摄入。Ⅱb 型患者应选择低糖、低脂饮食。

[按语] 麦芽最好先用微火炒一下，微黄即可，以祛除酸腐味。

### 3. 四味降脂酒

[处方] 山楂 150g，制何首乌 75g，泽泻 75g，决明子 75g。

[制备] 上药加工成粗末，用白酒 1000ml 浸泡，15 天后过滤去渣，备用。[黑龙江中医药，1995，5：14.]

[用法] 口服。每次 15～20ml，每日 2～3 次。

[效用] 化瘀，利湿，降血脂。用于高脂蛋白血症。

[按语] 山楂具有消食健胃、活血化瘀功能。动物实验和临床研究表明，山楂有较好的降血脂作用，并能扩张冠脉血管，增加冠脉血流量。所以，山楂对高脂血症和冠心病患者无疑是药食两用之佳品。原方为水煎剂，现改为酒剂。

### 4. 泽泻降脂酒

[处方] 泽泻 700g。

[制备] 将泽泻加工成粗粒状，用白酒 1500ml 浸泡 10 天，过滤去渣，备用。[中华医学杂志，1976，11：693.]

[用法] 口服。每次 10～15ml，每日 3 次。

[效用] 降脂减肥。用于高脂蛋白血症、肥胖症。

[按语] 泽泻具有利水渗湿的功能。《神农本草经》曰其："久服耳目聪明，不饥，延年轻身，面生光。"现代研究表明，本品尚有降血脂、减肥和抗脂肪肝的药理作用。原方用醇提取物加工成片剂应用，每日服用量 9～12 片，相当于生药 22.5～30g，服 1～3 个月为 1 个疗程，报道治疗 281 例，血胆固醇和三酰甘油明显下降者分别为 89.6％和 74.7％。

### 5. 首乌降脂酒（民间验方）

[处方] 制何首乌 150g，枸杞子 100g，决明子 300g。

[制备] 何首乌切片，决明子研碎，诸药用白酒 1500ml 浸泡 10 天，即可饮用。

[用法] 口服。每次 10～15ml，每日 2～3 次。

[效用] 益肾降脂。用于高脂蛋白血症。

[按语] 何首乌能养血益肝、固精益肾、乌髭发，为滋补良药。现代药理研究表明，何首乌有显著的降血脂、防治动脉粥样硬化效果。配伍枸杞子、决明子益肾降脂作用更好。

### 6. 玉竹山楂酒（经验方）

[处方] 玉竹 100g，山楂 100g。

[制备] 上药洗净，晾干，用白酒 1000ml 浸泡 10 天后即可饮用。

[用法] 口服。每次 10～15ml，每日 2～3 次。

[效用] 益阴化瘀，降低血脂。用于高甘油三酯血症、冠心病。

[按语] 玉竹又名葳蕤，为百合科植物玉竹的根茎，有轻度的强心作用，能改善心肌缺血；山楂含有黄酮苷类成分，具有扩张血管、增加冠状动脉血流量等作用，两药配伍同用，效果更好。

### 7. 茵陈泽泻酒（《中医疑难病方药手册》）

[处方] 茵陈 100g，泽泻 100g，葛根 100g。

[制备] 上药用白酒 1500ml 浸泡 10 天，过滤去渣，备用。

[用法] 口服。每次 10～15ml，每日 2～3 次。

[效用] 利湿化瘀，降低血脂。用于高胆固醇血症。

[按语] 单用茵陈也有效。20 世纪 80 年代，国内曾有报道，82 例高胆固醇血症患者，每天用茵陈 15g 煎汤代茶，连用 1 个月，血清胆固醇明显降低。现配伍泽泻、葛根，作用更好。

### 8. 三七虎杖酒（《中医疑难病方药手册》）

[处方] 三七 30g，山楂 240g，泽泻 180g，决明子 150g，虎杖 150g。

[制备] 上药加工成粗末，用白酒 2000ml 浸泡 10 天，过滤去渣，备用。

[用法] 口服。每次 10～15ml，每日 2～3 次。

[效用] 散瘀利湿，降脂。用于高胆固醇血症。

[按语] 三七是化瘀止血定痛的要药，常用于冠心病心绞痛的治疗；在临床应用中还发现，三七能有效降低血清胆固醇，有报道单用三七粉也有效。

### 9. 降脂酒（《中医疑难病方药手册》）

[处方] 制何首乌 60g，丹参 60g，茵陈 60g，桑寄生 60g，山楂 60g，决明子 60g。

[制备] 上药用白酒 1500ml 浸泡 7 天后，即可饮服。

[用法] 口服。每次 15ml，每日 3 次。

[效用] 益肾，化瘀，利湿，降脂。用于高脂蛋白血症。

[按语] 高脂蛋白血症，中医学认为湿浊、瘀血为标，肝、脾、肾虚为本，所以治疗常从化湿利水、活血化瘀入手治其标，从补肝肾、健脾入手治其本。本方为标本兼治。

## 10. 泽山丹竹酒（《中医疑难病方药手册》）

[处方] 泽泻 60g，山楂 60g，丹参 30g，玉竹 30g。

[制备] 上药用白酒 1000ml 浸泡 10 天后，即可饮用。

[用法] 口服。每次 15ml，每日 3 次。

[效用] 利湿化瘀，益阴降脂。用于高脂蛋白血症。

## 11. 香菇酒（民间方）

[处方] 香菇（干品）50g，蜂蜜 250g，柠檬 3 只。

[制备] 香菇、柠檬洗净、晾干，柠檬切成两半，与蜂蜜一同放入酒坛中，加入 60 度白酒 2000ml，密封浸泡。7 天后将柠檬取出，再封口浸泡 7 天即可饮用。

[用法] 口服。每次 20ml，每日 2 次。

[效用] 健脾益胃。用于高脂血症、维生素 D 缺乏症。

[按语] 香菇可明显降低血浆中胆固醇含量，也有降血压和增强免疫功能的作用。香菇中的麦角醇在日光照射下，可转变为维生素 $D_2$，故香菇也被用作抗佝偻病食物。另外，香菇中所含香菇多糖，有抗肿瘤的作用。

## 12. 首乌泽泻降脂酒

[处方] 何首乌 20g，泽泻 30g，法半夏 20g，白术 20g，枳实 16g，制大黄 20g，白芥子 16g，生山楂 30g，郁金 20g，丹参 20g，当归 20g。

[制备] 上述药物饮片用 1500ml 白酒浸泡 2 周，过滤去渣，药酒装瓶，密封备用。[江苏中医药杂志，2006，27（5）：32.]

[用法] 口服。每次 20ml，每日 2 次。

[效用] 利水渗湿，化瘀泄浊。用于高脂血症。

[按语] 高脂血症多因嗜食膏粱厚味，脾运失健，痰湿内生。内蕴则脂混血中，痰浊血瘀侵淫心脉为患，外溢则呈肢体肥胖。故治疗上多以健运脾胃治其本，化痰泄浊、化瘀利湿治其标。本方则偏重治标。

## 13. 荷叶酒（民间方）

[处方] 鲜荷叶适量。

[制备] 鲜荷叶洗净，晾干，去叶柄和粗茎，将叶片切碎，每 200g 荷叶加白酒 500ml 浸泡，密封容器，2 周后启封，过滤即成。

[用法] 口服。每次 20ml，每日 2 次。

[效用] 降脂减肥。用于高脂血症、肥胖症。

[按语] 七、八月采摘的荷叶为佳。

## ∼✿∼ （三）甲状腺功能减退症 ∼✿∼

### 1. 助阳益气酒

[处方] 党参 60g，黄芪 60g，熟附片 24g，仙茅 18g，肉桂 24g，淫羊藿 24g，生薏苡仁 60g，枸杞子 24g。

[制备] 上药用白酒 2000ml 浸泡 3 周，过滤去渣即得。[中西医结合杂志，1988，8（2）：74.]

[用法] 口服。每次 20ml，每日 2 次。2 个月为 1 个疗程。

[效用] 温肾助阳，益气。用于甲状腺功能减退症，肾阳虚衰型。

[按语] 本方为原上海第二医学院邝安堃教授的经验方。原方水煎服，现调整剂量后改为酒剂。邝教授认为温肾、助阳、益气是治疗甲状腺功能减退症（甲减）的基本方法。

### 2. 补益脾肾酒

[处方] 制附子 30g，干姜 15g，肉桂 10g，党参 75g，白术 45g，茯苓 45g，炙甘草 24g。

[制备] 上述药物用白酒 1000ml 浸泡 2 周，过滤去渣即得。[中医杂志，1984，25（7）：45.]

[用法] 口服。每次 15～20ml，每日 2 次。1 个月为 1 个疗程。

[效用] 温中健脾，助阳补肾。用于甲状腺功能减退症，脾肾阳虚型。

[按语] 甲状腺功能减退症是由甲状腺激素功能不足或缺如，以致机能代谢过程降低的症候群，简称"甲减"，由于发病年龄不同，分为呆小病、幼年甲减和成人甲减三型，本书所载方剂主要针对成人型。临床表现多见畏寒、乏力、出汗减少、毛发稀疏、体重增加、黏液水肿面容、贫血、皮肤苍白、反应迟钝、嗜睡、记忆力衰退、性欲减退、脉搏缓慢、食欲减退等，血清 T3、T4 降低。中医辨证大多属肾阳虚或脾肾阳虚，以中老年妇女为多见。

### 3. 参鹿补肾酒

[处方] 鹿角片 30g，党参 72g，淫羊藿 180g，锁阳 72g，枸杞子 72g。

[制备] 上述药物用白酒 1500ml 浸泡，2 周后过滤去渣即成。[中西医结合杂志，1993，13（4）：202.]

[用法] 口服。每次 20ml，每日 2 次。

[效用] 温补肾阳，益气。用于甲状腺功能减退症。

[按语] 本方为原上海第一医学院沈自尹教授的研制方，原方为片剂，现改为酒剂。

### 4. 苁蓉生精酒

[处方] 肉苁蓉 30g，肉桂 18g，菟丝子 30g，生地黄 60g，黄精 60g。

[制备] 上药用白酒 1500ml 浸泡，2 周后过滤去渣即得。[中医研究，1991，4（增刊）：20.]

[用法] 口服。每次 20ml，每日 2 次。1 个月为 1 个疗程。

[效用] 温肾助阳，益精。用于甲状腺功能减退症，阳虚或阴阳两虚证候。

[按语] 甲减症在中医学属虚劳范畴，其临床表现大多符合肾阳虚证，故治疗上以温补肾阳为主。方中配伍生地黄、黄精，有阴中求阳之意，以达到阳得阴助而生化无穷目的。

# 五、血液科

## （一）缺铁性贫血

### 1. 养血酒枣（经验方）

[处方] 大枣 500g，熟地黄 50g，当归 50g，白芍 50g，制何首乌 50g，鸡血藤 50g。

[制备] 先将熟地黄、当归、白芍、制何首乌、鸡血藤用白酒 1500ml 浸泡 2 周，去药渣过滤后用此药酒浸泡大枣，1 周后即可食用。

[用法] 取酒枣食用，每次 3 颗，每日 2 次。

[效用] 养血补血。用于血虚证，心悸怔忡，面色萎黄。

[按语] 用诸养血补血药物浸制的药酒浸泡大枣，使大枣补脾益气、养血安神之效倍增，食用此酒枣养血补血也简便易行。

### 2. 健脾生血酒（《实用中医血液病学》）

[处方] ①绿矾（煅）90g，大枣 120g，麦粉、食醋各适量。②潞党参 45g，

茅苍术 36g，陈皮 36g，厚朴 30g，六神曲 30g。

[制备] 绿矾煅过，研细末，大枣煮烂去皮核。将绿矾末、食醋适量倒入砂锅内溶化，放入枣肉，煮烂，浓缩，加入麦粉适量，捣和制成绿豆大小丸剂，晾干备用。将潞党参、茅苍术、陈皮、厚朴、六神曲用白酒 1000ml 浸泡 2 周，过滤即得。

[用法] 口服。每次取绿矾丸 1g，用 15ml 药酒送服，每日 3 次。8 周为 1 个疗程。

[效用] 健脾燥湿，补血和胃。用于缺铁性贫血。

[按语] 本方及绿矾的使用方法最早见于《本草纲目》。绿矾，即皂矾，主含硫酸亚铁，因其酸涩之性极强，对人体喉舌黏膜有强烈刺激性，故不能内服，仅供外用。绿矾经醋制火煅后变赤，称绛矾，能缓和其酸涩味和刺激性，可以内服，其主成分为氧化铁，能刺激造血功能，促进红细胞新生。潞党参、大枣、茅苍术、陈皮、厚朴、六神曲，是平胃散基础上的加减方，功能健脾燥湿、理气和胃，又能减轻绛矾对胃的刺激所产生的不良反应。丸剂始服剂量宜小，每次 1g，如无不适反应，可逐渐加大至每次 1.5g。服药期间忌服浓茶、咖啡，以免降低铁的吸收。

### 3. 黄芪乌梅酒

[处方] 黄芪 60g，乌梅 24g，党参 30g，白芍 24g，桂枝 12g，制何首乌 30g，五味子 12g，甘草 12g，醋煅赭石 60g。

[制备] 赭石碾成细末，其他药碾成粗末，用白酒 1500ml 浸泡，2 周后过滤，即得。[浙江中医学院学报，1990，14（5）：11.]

[用法] 口服。每次 20ml，每日 2 次。

[效用] 益气生血，甘酸养胃。用于缺铁性贫血。

[按语] 赭石为赤铁矿矿石，主含三氧化二铁，入药必须先炮制，即用煅醋淬水飞法，目的是使铁等微量元素溶出量增加，并能有效去除有毒有害元素。服药期间忌服浓茶、咖啡，以免降低铁的吸收。

## （二）再生障碍性贫血

### 1. 菟丝子酒

[处方] 菟丝子 40g，女贞子 40g，枸杞子 30g，熟地黄 40g，制何首乌 24g，山茱萸 20g，墨旱莲 40g，补骨脂 30g，肉苁蓉 24g，桑椹 30g。

[制备] 上述药物置陶瓷或玻璃容器中，倒入白酒 1500ml 浸泡，密封容器瓶

口。期间每隔 2 日将药酒容器振荡数次，3 周后过滤即得。 [中华血液杂志，1986，8 (7)：492.]

[用法] 口服。每次 15～20ml，每日 2 次。

[效用] 滋阴补阳，益精养血。用于慢性再生障碍性贫血。

[按语] 慢性再生障碍性贫血是以造血干细胞数量减少和质的缺陷为主所致的造血障碍，导致红骨髓总容量减少为主要表现的一组综合征。慢性再生障碍性贫血的治疗，中医大多从补肾入手，或补阴为主，或补阳为主，但不能单补一方。所以大多采用阴中求阳，或阳中求阴的方法，以求阳生阴长，阴阳平衡。本方熟地黄、女贞子、制何首乌、枸杞子、山茱萸、桑椹、墨旱莲滋补肾阴。配伍菟丝子、补骨脂、肉苁蓉温补肾阳，即寓阳中求阴之意。感染发热、出血者慎用。

## 2. 益气温阳补血酒

[处方] 黄芪 60g，仙茅 24g，淫羊藿 24g，胡芦巴 24g，肉苁蓉 30g，补骨脂 30g，菟丝子 40g，女贞子 30g，当归 24g，桑椹 30g。

[制备] 上述药物置陶瓷或玻璃容器中，倒入白酒 1500ml 浸泡，密封容器瓶口。期间每隔 2 日将药酒容器振荡数次，3 周后过滤即得。[中医杂志，1982，5：28.]

[用法] 口服。每次 15～20ml，每日 2 次。

[效用] 补阳温肾，益气养血。用于慢性再生障碍性贫血，阳虚型。

[按语] 本方诸多补肾药中配伍益气温阳药也是中医治疗慢性再生障碍性贫血常采用的方法。一般急性再生障碍性贫血起病急，进展迅速，常以出血和感染发热为主要临床表现，中医治疗常按温病热入营血采用清热凉血的方法，但预后较差，用酒剂更不适宜。慢性再生障碍性贫血，以贫血为主，偏阳虚或气虚者可用药酒调治。

## 3. 二仙温肾酒

[处方] 仙茅 20g，淫羊藿 24g，巴戟天 30g，黄芪 40g，人参 6g，当归 20g，赤豆 60g，陈皮 12g，甘草 12g。

[制备] 赤豆碾成粗粉，与其他药物一起置陶瓷或玻璃容器中，倒入白酒 1000ml 浸泡，密封容器瓶口。期间每隔 2 日将药酒容器振荡数次，2 周后过滤即得。[浙江中医学院学报，1991，1：16.]

[用法] 口服。每次 15～20ml，每日 2 次。

[效用] 温补脾肾，益气养血。用于慢性再生障碍性贫血，脾肾阳虚型。

[按语] 方中人参选用红参为宜。感染发热、出血者慎用。

### 4. 加味七宝美髯酒

[处方] ①制何首乌15g，枸杞子15g，菟丝子15g，茯苓15g，当归15g，牛膝15g，黄芪20g，熟地黄20g，人参10g，补骨脂10g，肉桂10g。②紫河车150g。

[制备] ①上述药物置陶瓷或玻璃容器中，倒入白酒1000ml浸泡，密封容器瓶口。期间每隔2日将药酒容器振荡数次，2周后过滤即得。②紫河车粉碎碾细末，装胶囊，每粒1g。[中西医结合杂志，1990，10（1）：49.]

[用法] 口服。每次服紫河车胶囊3颗，药酒15～20ml，每日2次。15天为1个疗程，连用3个疗程。

[效用] 益气养血，温补肾阳。用于慢性再生障碍性贫血。

[按语] 本方取自《积善堂方》七宝美髯丹，在该方基础上增加了人参、熟地黄、肉桂三味药，属于平补肝肾之剂。原方治疗肾虚须发早白、脱发、齿牙动摇、腰膝酸软等，现用于再生障碍性贫血，并将水煎剂改为酒剂。感染发热、出血者慎用。

### 5. 血复生酒

[处方] 菟丝子40g，女贞子40g，熟地黄20g，制何首乌20g，肉苁蓉20g，补骨脂20g，黄芪60g，当归20g，巴戟天40g，淫羊藿20g，紫河车粉20g，鹿角片20g。

[制备] 上述药物置陶瓷或玻璃容器中，倒入白酒2500ml浸泡，密封容器瓶口。期间每隔2日将药酒容器振荡数次，3周后过滤即得。[江苏中医杂志，2002，23（12）：10.]

[用法] 口服。每次15～20ml，每日2次。3个月为1个疗程，连服2个疗程以上。

[效用] 补肾填精，益气生血。用于慢性再生障碍性贫血。

[按语] 方中使用菟丝子、肉苁蓉、补骨脂、巴戟天、淫羊藿、紫河车、鹿角、黄芪等大量温阳益气药的同时，配伍熟地黄、女贞子、制何首乌、当归等滋阴补血药，寓"阴中求阳"之意。唯有如此，才能阳生阴长，阳气生生不息。对于治疗再生障碍性贫血而言，这是十分重要的治则。感染发热、出血者慎用。

### 6. 健脾温肾酒

[处方] ①党参30g，白术20g，陈皮12g，甘草12g，熟地黄30g，肉桂12g，补骨脂24g，鹿角24g，黄芪60g，当归24g，巴戟天24g。②阿胶200g。

[制备] 阿胶粉碎成细粉末，装胶囊，每粒1g。其他药物置陶瓷或玻璃容器

中，倒入白酒 2000ml 浸泡，密封容器瓶口。期间每隔 2 日将药酒容器振荡数次，3 周后过滤即得。[中医杂志，1985，2：9.]

[用法] 口服。每次服阿胶胶囊 2 颗，药酒 15～20ml，每日 2 次。

[效用] 健脾益气，温补肾阳。用于慢性再生障碍性贫血。

[按语] 采用健脾温肾法，有助后天生化之源，这也是治疗再生障碍性贫血的一条思路。慢性再生障碍性贫血全血细胞减少，所以皮肤黏膜也常见出血现象，但不严重，方中用阿胶即为此而设。感染发热、出血者慎用。

### 7. 益气生髓汤

[处方] 人参 12g，冬虫夏草 12g，黄芪 60g，当归 20g，白芍 30g，枸杞子 24g，女贞子 24g，制何首乌 60g，鸡血藤 24g，淫羊藿 20g。

[制备] 上述药物置陶瓷或玻璃容器中，倒入白酒 2000ml 浸泡，密封容器瓶口。期间每隔 2 日将药酒容器振荡数次，3 周后过滤即得。人参、冬虫夏草也可单独用适量酒浸泡，最后将浸出液合并过滤。[湖南中医杂志，1988，4：4.]

[用法] 口服。每次 15～20ml，每日 2 次。

[效用] 益气养血。用于慢性再生障碍性贫血，偏气血亏虚者。

[按语] 人参选用红参为宜。全方以补益气血为主，佐以枸杞子、女贞子滋补肾阴，淫羊藿温补肾阳。感染发热、出血者慎用。

### 8. 鹿角生血酒

[处方] 鹿角 45g，补骨脂 15g，陈皮 15g，虎杖 15g，黄芪 25g，巴戟天 25g，山茱萸 25g，当归 20g，太子参 20g，丹参 20g，枸杞子 20g，鸡血藤 20g，白花蛇舌草 10g，肉桂 10g。

[制备] 上述药物置陶瓷或玻璃容器中，倒入白酒 2000ml 浸泡，密封容器瓶口。期间每隔 2 日将药酒容器振荡数次，3 周后过滤即得。[天津中医，1987，3：7.]

[用法] 口服。每次 15～20ml，每日 2 次。

[效用] 温补肾阳，益气养血。用于慢性再生障碍性贫血，偏肾阳虚衰者。

[按语] 原方为水煎剂，现改为酒剂，原方用鹿角胶，现改用鹿角，以利于有效成分的浸出。阴虚内热较著及感染发热、出血者慎用。

### 9. 保元酒（《博爱心鉴》）

[处方] 黄芪 200g，党参 100g，甘草 100g，肉桂 6g。

[制备] 上述药物置陶瓷或玻璃容器中，倒入白酒 2000ml 浸泡，密封容器瓶口。期间每隔 2 日将药酒容器振荡数次，3 周后过滤，即得。

[用法] 口服。每次 15～20ml，每日 2 次。

[效用] 益气温阳。用于慢性再生障碍性贫血，偏气虚为主者。

[按语] 原方保元汤，出自《博爱心鉴》。有学者对本方做过较为深入的临床和实验研究，对本病的治疗效果持肯定意见。本方可以作为治疗再生障碍性贫血的基本方，临床根据不同证情可以适当加味，如兼有阴虚者，加女贞子、制何首乌、枸杞子；兼有阳虚者，加菟丝子、补骨脂、淫羊藿。阴虚内热较著及感染发热、出血者忌用。

### 10. 填精补血酒 （《全国名老中医验方选集》）

[处方] 紫河车 20g，熟地黄 24g，龟甲胶 18g，鹿角胶 12g，党参 24g，黄芪 24g，桑椹 40g，制何首乌 30g，制黄精 30g，当归 20g，砂仁 12g，仙鹤草 60g。

[制备] 龟甲胶、鹿角胶、紫河车单独粉碎成细粉，备用。将其他药物用白酒 2000ml 浸泡 2 周，过滤去渣，纳入龟甲胶等粉末，搅拌混匀，10 天后即可饮用。

[用法] 口服。服前摇匀药酒，每次 15～20ml，每日 2 次。

[效用] 填精补髓，益气养血。用于慢性再生障碍性贫血，精血亏虚者。

[按语] 可加去核大枣 50g 以调味。原方为水煎剂，现改为酒剂。感染发热、出血者慎用。

### 11. 温肾益髓酒

[处方] 鹿角胶 15g，龟甲胶 15g，阿胶 15g，仙茅 30g，淫羊藿 30g，仙鹤草 30g，黄芪 30g，人参 20g，补骨脂 20g，肉苁蓉 20g，天冬 25g，枸杞子 30g，紫河车 15g，生地黄 45g，熟地黄 45g，虎杖 30g，鸡血藤 45g，当归 30g。

[制备] 先将鹿角胶、龟甲胶、阿胶、紫河车粉碎成细粉，备用。其他药物用白酒 2500ml 浸泡，2 周后过滤去渣，再将备用的鹿角胶等粉末纳入，并加冰糖屑或蜂蜜 50～100g，混匀，10 天后即可饮用。[陕西中医学院学报，1991，2：24.]

[用法] 口服。服前摇匀药酒，每次 20ml，每日 2 次。

[效用] 温肾益髓，补气生血。用于慢性再生障碍性贫血，偏肾阳亏虚者。

[按语] 方中阿胶、人参、紫河车、黄芪、枸杞子、仙茅有刺激造血系统增加红细胞和血红蛋白的作用；人参、虎杖、鸡血藤有增加白细胞的作用；鹿角胶、熟地黄、肉苁蓉、龟甲胶、天冬、仙鹤草有升高血小板的作用。原方为水煎剂，现改为酒剂。感染发热、出血者慎用。

### 12. 益气补血酒 （《中国当代名医验方大全》）

[处方] 太子参 60g，黄芪 90g，茯苓 60g，白术 30g，山药 30g，炙甘草

15g，制何首乌 30g，当归 30g，枸杞子 30g，阿胶 30g，五味子 30g，桑椹 30g，九香虫 15g。

[制备] 阿胶粉碎成细粉，备用。其他药用白酒 2500ml 浸泡 2 周，过滤取液，纳入阿胶粉，酌加冰糖屑 50～100g 调味，混匀，10 天即可饮用。

[用法] 口服。服前摇匀药酒，每次 15～20ml，每日 2 次。

[效用] 补肾益气，养血。用于慢性再生障碍性贫血，偏气血两虚者。

[按语] 方中重用黄芪、太子参，配伍诸多养血药，益气生血立法用意十分明显，符合阳生阴长的法则。感染发热、出血者慎用。

## 13. 参鹿酒 （《中国当代名医验方大全》）

[处方] 红参 12g，鹿角 30g，补骨脂 30g，白术 30g，生地黄 30g，陈皮 24g，炙甘草 24g，山茱萸 24g，棉花根 60g。

[制备] 上药用白酒 2000ml 浸泡 3 周，每隔 2 日将药酒容器振荡数次，3 周后过滤，酌加冰糖屑 50～100g 调味，即得。

[用法] 口服。每次 15～20ml，每日 2 次。

[效用] 温补脾肾。用于慢性再生障碍性贫血，属脾肾两虚、阴阳气血亏虚者。

[按语] 棉花根为锦葵科植物陆地棉或草棉等的根或根皮。原方为水煎剂，现改为酒剂。阴虚内热较著及感染发热、出血者忌用。

## （三）白细胞减少症

## 1. 鸡血藤酒 （《百病中医药酒疗法》）

[处方] 鸡血藤 250g。

[制备] 鸡血藤切成饮片，加水 1000ml，文火煎煮 2h，先过滤去渣，再将药液浓缩至 250ml，最后加高度白酒 1000ml，搅拌均匀，密闭静置。3 日后即可开封饮用。

[用法] 每日 2 次，每次空腹服 10～15ml。

[效用] 养血活血，舒筋活络。用于白细胞减少症。也可用于筋骨不舒疼痛、风寒湿痹以及妇女经水不调。

[按语] 商品鸡血藤的植物来源较为复杂，但以豆科植物密花豆的藤茎为正品。《本草纲目拾遗》载有鸡血藤胶，谓："乃藤汁也，似鸡血，每得一茎，可得汁数升，干者极似山羊血，取药少许投入滚汤中，有一线如鸡血走散者真。"近年临床研究发现，鸡血藤有提高白细胞、治疗白细胞减少症的作用，所以该药酒

也可以作为从事放射线工作或接受放射线治疗人员的保健药酒。方中再加红参、黄芪则效果更好。制作时可以先用白酒浸泡红参和黄芪，7日后再兑入鸡血藤药酒中，搅拌均匀即可。红参30g、黄芪50g，分别切薄片后浸酒。阴虚阳亢及有出血倾向者忌用。

## 2. 升白扶正酒（民间验方）

[处方] 红参15g，生黄芪50g，鸡血藤100g，制何首乌30g，木香10g。

[制备] 上药粉碎成粗粉，纱布袋装，扎口，用白酒1500ml浸泡。14日后取出药袋，压榨取液，与药酒混合，静置、过滤后即得。

[用法] 口服。每次20ml，每日2次。

[效用] 补气血，扶正升白。用于放疗中出现的白细胞减少症。

[按语] 本方重用鸡血藤，该药对因放疗引起的白细胞减少有明显的提升作用，配伍补气药红参、黄芪，补血药制何首乌，则效果更好。方中用少量木香行气，使全方补气而不滞气。阴虚阳亢及有出血倾向者忌用。

## 3. 复方黄芪升白酒

[处方] 黄芪120g，肉桂12g，升麻12g，制何首乌60g，鸡血藤60g，枸杞子30g。

[制备] 上述药物置陶瓷或玻璃容器中，用白酒2000ml浸泡，容器密封，每隔2日摇动振荡数次，2周后启封，过滤即得。[新中医，1988，10：29.]

[用法] 口服。每次20ml，每日2次。

[效用] 益气养血。用于白细胞减少症，属气血亏虚型。

[按语] 由于患者临床常见气虚乏力，易感染疾病，反映人体卫外功能降低的病理状态，因此治疗上大多采用补气实卫法，以提高机体自身卫外功能。方中重用黄芪即是此意。感冒发热时停服。阴虚阳亢及有出血倾向者忌用。原方为水煎剂，现改为酒剂，以方便服用。

## 4. 十全大补酒（《中医疑难病方药手册》）

[处方] 黄芪20g，党参20g，茯苓20g，丹参20g，枸杞子20g，制何首乌20g，川芎15g，白术15g，当归15g，熟地黄15g，甘草15g，阿胶15g，鸡血藤45g。

[制备] 阿胶粉碎成细粉，备用。将其他药用白酒1500ml浸泡2周，过滤去渣，纳入阿胶粉，混匀，10天后即成。

[用法] 口服。使用前先摇匀药酒，每次20ml，每日2次。

[效用] 补益气血。用于白细胞减少症。

[按语] 本方在《太平惠民和剂局方》十全大补汤基础上做了加减。主要增加了黄芪、鸡血藤、枸杞子、制何首乌、阿胶等益气养血药，减去了辛甘大热的肉桂，使全方温而不燥。本方为水煎剂，现改为酒剂。原作者报道用此方治疗因服用利福平引起白细胞减少症，其实也可用于其他原因所致的白细胞减少症。有出血倾向者慎用。

## 5. 参芪藤韦酒

[处方] 黄芪 75g，党参 75g，石韦 75g，鸡血藤 100g，大枣 35 枚。

[制备] 上述药物置陶瓷或玻璃容器中，用白酒 2000ml 浸泡，容器密封，每隔 2 日摇动振荡数次，2 周后启封，过滤即得。[湖北中医杂志，1981，6：45.]

[用法] 口服。每次 20ml，每日 2 次。连服 4 周。

[效用] 益气活血，升白。用于肿瘤病化、放疗后白细胞减少症。

[按语] 石韦有通淋利尿作用，是治疗热淋、石淋、小便淋沥涩痛的常用药物，但近年研究发现它还有良好的升白作用，临床用于多种原因引起的白细胞减少症，常配伍益气养血药同用。感冒发热时停服。阴虚阳亢及有出血倾向者忌用。

## 6. 复方龙枣酒

[处方] 仙鹤草 90g，小红枣 50g，赤小豆 50g，黄精 30g，山楂 30g，鸡血藤 30g，甘草 20g，补骨脂 20g，当归 20g。

[制备] 红枣去核，赤小豆粉碎，与诸药共置陶瓷或玻璃容器中，用白酒 2000ml 浸泡，容器密封，每隔 2 日摇动振荡数次，2 周后启封，过滤即得。[浙江中医学院学报，1981，6：16.]

[用法] 口服。每次 20ml，每日 2 次。每次饮服，可加适量红糖，溶化后服。

[效用] 温补气血。用于白细胞减少症。

[按语] 仙鹤草，又名脱力草，不仅有良好的止血作用，也有补虚功能。民间常用本品，配伍大枣治疗脱力劳伤、血虚衰弱。阴虚阳亢者慎用。

## 7. 复方鸡血藤升白酒

[处方] 鸡血藤 60g，太子参 60g，大枣 60g，黄芪 30g，枸杞子 30g，淫羊藿 20g，巴戟天 20g，红花 10g。

[制备] 将上述诸药共置陶瓷或玻璃容器中，用白酒 2000ml 浸泡，容器密封，每隔 2 日摇动振荡数次，2 周后启封，过滤即得。[湖南中医杂志，1986，6：26.]

[用法] 口服。每次 20ml，每日 2 次。

[效用] 益气活血，温阳补肾。用于白细胞减少症，而不伴有红细胞、血小板变化者。

[按语] 服药期忌食醋、蟹、虾、干咸鱼。鸡血藤，又名血风藤，为豆科植物密花豆和香花崖豆的藤茎。临床还有一种药材大血藤，又称红藤、五花血藤，为木通科植物大血藤的藤茎。二者是不同的药材，不可误用。

## 8. 补阳益气酒

[处方] 补骨脂 25g，肉苁蓉 25g，巴戟天 25g，桑寄生 25g，锁阳 25g，肉桂 15g，熟地黄 25g，枸杞子 25g，黄芪 75g，川芎 25g，鸡血藤 30g。

[制备] 将上述诸药共置陶瓷或玻璃容器中，用白酒 2500ml 浸泡，容器密封，每隔 2 日摇动振荡数次，2 周后启封，过滤即得。[陕西中医，1982，3：14.]

[用法] 口服。每次 20ml，每日 2 次。

[效用] 补肾助阳，益气养血。用于各种原因引起的白细胞减少症。

[按语] 白细胞减少症临床常见头昏、神疲乏力、倦怠懒言、食欲减退、腰膝酸软等，属中医"虚劳"病范畴，且以肺脾气虚、脾肾阳虚和气血两虚者多见，所以治疗上大多从调补气血、温补脾肾入手。如伴有感染发热，则按外感时病辨证治疗，这种病情大多不适宜用药酒治疗。阴虚阳亢及有出血倾向者忌用。

## 9. 固本养血酒

[处方] 黄芪 45g，淫羊藿 25g，补骨脂 25g，当归 25g，鸡血藤 90g，丹参 45g，虎杖 30g，大枣 10 枚。

[制备] 将上述诸药共置陶瓷或玻璃容器中，用白酒 2500ml 浸泡，容器密封，每隔 2 日摇动振荡数次，2 周后启封，过滤即得。[黑龙江中医杂志，1987，4：22.]

[用法] 口服。每次 20ml，每日 2 次。

[效用] 益气补肾，养血活血。用于各种原因所致白细胞减少症。

[按语] 当中性粒细胞绝对计数 $< 2.0 \times 10^9$/L 时被称为粒细胞减少，$< 0.5 \times 10^9$/L 时被称为粒细胞缺乏。前者病情轻，后者重。后者极易发生严重的难以控制的感染，不宜用本药酒。

## 10. 升白酒

[处方] 补骨脂 30g，淫羊藿 15g，紫河车粉 15g，女贞子 60g，山茱萸 15g，黄芪 30g，大枣 30g，当归 15g，丹参 15g，鸡血藤 60g，三七粉 9g，虎杖 30g。

[制备]将上述诸药共置陶瓷或玻璃容器中，用白酒2000ml浸泡，容器密封，每隔2日摇动振荡数次，2周后启封，过滤即得。[中医杂志，1988，1：32.]

[用法]口服。每次20ml，每日2次。

[效用]补肾填精，益气活血。用于各种原因所致白细胞减少症。

[按语]白细胞减少症系指外周血中白细胞计数持续低于4000/ml，本病临床表现与中医"虚劳"病相似。本方重在温补脾肾，益气填精，并佐以养血活血、滋补肾阴之品。原方为片剂，现改为酒剂。阴虚阳亢及有出血倾向者忌用。感冒发热时停服。

## 11. 黄芪藤枣酒（《中医疑难病方药手册》）

[处方]黄芪60g，鸡血藤120g，大枣120g，女贞子24g，黄精30g，丹参24g。

[制备]将上述诸药共置陶瓷或玻璃容器中，用低度白酒2500ml浸泡，容器密封，每隔2日摇动振荡数次，2周后启封，过滤即得。

[用法]口服。每次20ml，饭后温服，每日2次。

[效用]益气活血，补肾养阴。用于放射性白细胞减少症。

[按语]肿瘤病患者接受放疗后常出现白细胞减少，黄芪和鸡血藤是首选药物之一。阴虚阳亢及有出血倾向者忌用。

## 12. 二至地黄酒

[处方]女贞子45g，墨旱莲45g，熟地黄45g，山药45g，茯苓30g，山茱萸30g，泽泻30g，牡丹皮30g。

[制备]将上述诸药共置陶瓷或玻璃容器中，用低度白酒2000ml浸泡，容器密封，每隔2日摇动振荡数次，2周后启封，过滤即得。[陕西中医，1986，12：538.]

[用法]口服。每次20ml，每日2次。

[效用]滋阴补肾。用于各种原因所致白细胞减少症。

[按语]本方由二至丸与六味地黄丸二方合一组成，侧重于滋补肾阴，因此所治病症应该偏于肾阴不足者。

## 13. 黄芪鸡血藤升白酒（《中医疑难病方药手册》）

[处方]黄芪35g，鸡血藤50g，丹参50g，太子参30g，当归30g，泽泻20g，石韦30g，陈皮20g。

[制备]将上述诸药共置陶瓷或玻璃容器中，用白酒1500ml浸泡，容器密

封，每隔 2 日摇动振荡数次，2 周后启封，过滤即得。

[用法] 口服。每次 20ml，每日 2 次。

[效用] 益气活血。用于放射性白细胞减少症。

[按语] 感冒发热时停服。阴虚阳亢及有出血倾向者忌用。

## 14. 八角茴香升白酒

[处方] 八角茴香 25g。

[制备] 用白酒 750ml 浸泡 2 周后，即可饮用。[药学通报，1981，16（5）：31.]

[用法] 口服。每次 10～15ml，空腹服，每日 2 次。

[效用] 促进白细胞生长。用于因放疗、化疗或其他不明原因所致白细胞减少症。

[按语] 原方为八角茴香提取物制成胶囊服用，每次 3 粒（每粒含生药 150mg，总量为 450mg），每日 2 次。现改成酒剂。研究发现八角茴香中所含茴香脑成分有明显升高白细胞的作用。少数患者服后可能有口干、恶心、胃部不适等肠道反应，不需处理，可以自行消失。

## 15. 石韦大枣酒（《现代中药大辞典》）

[处方] 石韦 300g，大枣 100g。

[制备] 石韦切碎，大枣每枚剖成两半，用白酒 1000ml 浸泡 2 周，过滤取液，装瓶密封，备用。

[用法] 口服。每次 20～30ml，每日 2 次。连服 1 周为 1 个疗程。

[效用] 促进白细胞数上升。用于白细胞减少症。

# 六、风湿科

## （一）风湿性关节炎

## 1. 抗风湿酒（《中药制剂汇编》）

[处方] 制川乌 20g，制草乌 20g，五加皮 20g，麻黄 20g，木瓜 20g，乌梅

20g，红花 20g，甘草 20g。

[制备] 上药切碎，装入纱布袋中，扎口，浸于 60 度白酒 1000ml 中，密封，14 日后取出药袋，压榨取液，与药酒混合后，将药酒静置 24h，取上清液过滤备用。

[用法] 口服。每次 5～10ml，每日 3 次。

[效用] 舒筋活血，祛风除湿。用于风湿性关节炎。

[按语] 川乌、草乌祛风湿、散寒止痛力较强，但生用毒性大，必须炮制后入药。炮制后毒性减弱，但仍有毒，故应用时剂量不可过大。服用含有川乌、草乌的制剂不当，其不良反应主要表现为口舌、四肢发麻，烦躁不安，心慌心悸，心律不齐等。

## 2. 风湿骨痛酒 （《中药制剂汇编》）

[处方] 鸡血藤 90g，络石藤 90g，五加皮 30g，木瓜 60g，桑寄生 90g，海风藤 90g

[制备] 将上药切碎，用白酒 2000ml 浸泡，密封，1 个月后，过滤去渣，得药酒装瓶备用。

[用法] 口服。每次 15～30ml，每日 2 次。

[效用] 祛湿，舒筋，通络。用于风湿性关节炎及各种关节疼痛。

[按语] 络石藤、海风藤、鸡血藤诸藤类药，祛风通络作用较好；鸡血藤还有养血活血功效；五加皮、桑寄生补肝肾，强筋骨，祛风湿；木瓜祛风除湿，舒筋活络。全方总体作用平和，坚持服用，必有良效。

## 3. 二乌止痛酒

[处方] 制川乌、制草乌、桑枝、桂枝、忍冬藤、红花、乌梅、威灵仙、甘草各 12g。

[制备] 将上述药物用 39 度白酒 750ml 浸泡，密封容器，7 日后开封，过滤去渣，即得。[实用中西医结合杂志，1993，11 (6)：697.]

[用法] 口服。每次 10～25ml，每日 2 次，1 个月为 1 个疗程。

[效用] 温经散寒止痛，活血化瘀通络。用于风湿性关节炎。

[按语] 川乌、草乌中所含乌头碱，有较好的止痛作用，但其毒性大，故入药内服必须制用，且剂量不可随意加大，可以先从小剂量开始，以免中毒。高血压病及心动过速者忌用。

## 4. 六乌酒

[处方] 制川乌、制草乌、制何首乌、乌梢蛇、乌梅、乌药、甘草各 15g。

[制备] 上药共研粗末，用白酒（不能饮白酒者用黄酒代替）1500ml浸泡，7日后，去渣过滤，即得。[江西中医药，1993，24（6）：58.]

[用法] 口服。每次10～20ml，每日2次。

[效用] 温经散寒，养血祛风，通络止痛。用于风寒湿痹症。

[按语] 川乌、草乌有较好的止痛作用，但其毒性大，故入药内服必须制用，可以先从小剂量开始，以免中毒。高血压病、心动过速者忌用。

### 5. 痹必蠲酒

[处方] 生川乌30g，生草乌30g，马钱子15g，血竭2g，白花蛇1条，乌梅18g，紫草18g。

[制备] 上药用50度以上白酒500ml浸泡，7日后使用。[湖北中医杂志，1995，5：12.]

[用法] 外用。用棉签蘸药酒搽患部（关节处可多搽几遍），每日早晚各搽1次，7日为1个疗程，间隔2日后可以进行第2个疗程。

[效用] 搜风胜湿，疏通经络，活血散瘀。用于风湿痹症，关节疼痛。

[按语] 生川乌、生草乌、马钱子都是毒性较大的药物，但祛风湿、镇痛作用较好。古代或现代临床不少祛风湿止痛的配方中，大凡有川乌、草乌类药物，经常配伍乌梅同用，这一现象用传统的中医理论很难解释。这可能与加乌梅后改变溶剂pH值，有利于乌头中生物碱溶出率的增高有关，从而提高疗效。

### 6. 桃红酒

[处方] 桃仁20g，红花20g，赤芍20g，地龙20g，桂枝20g，川乌15g，草乌15g。

[制备] 诸药装纱布袋中，扎口，放入瓷坛中，用白酒1500ml浸泡，密封7～10日后，开封使用。[吉林中医药，1995，2：20.]

[用法] 口服。服前先搅拌酒液，初服剂量从5ml开始，渐次增大至15ml，不可过量。每日早、晚各1次。

[效用] 温经通络，搜风胜湿。用于痹症。

[按语] 注意，本处方中川乌、草乌均为生品，毒性大，但生品祛风湿、镇痛作用好，所以临床上仍有应用者。为了安全，初服剂量可以从5ml开始，严密观察有无不良反应，如舌麻、肢体麻木、心悸、心律不齐等，如无，剂量可逐渐加大至15ml。不可过量！

### 7. 冯了性药酒 （《江苏省药品标准》1977年）

[处方] 丁公藤4000g，当归500g，独活500g，羌活500g，防风500g，白芷

500g，桂枝 500g，麻黄 500g，川芎 400g。

[制备] 丁公藤切细，用黄酒 2500ml 浸泡，夏季 15 天，冬季 30 天。其余药物粉碎成粗末，用白酒 6000ml 浸泡 1 天后，用渗漉法以每分钟 5ml 的速度渗漉，收集漉液，与丁公藤浸液合并，搅匀，静置沉淀 7～10 天，滤取上清液，装瓶密封，置阴凉干燥处备用。

[用法] 口服。每次 15～30ml，每日 2 次。

[效用] 疏风化湿，活血通络。用于风湿骨痛、关节酸痛。

[按语] 丁公藤浸提物具有明显的消炎镇痛作用，故其制剂在临床上用于治疗风湿性关节炎、类风湿关节炎、肥大性腰椎炎、外伤性关节炎等，止痛效果显著，症状得到改善。丁公藤内含东莨菪素，有一定毒性，故应严格按照剂量服用。本药酒处方中有多种辛温解表药，有较强的发汗作用，故体虚多汗患者慎用。冯了性药酒上海、广东与江苏配方及制备方法稍有不同，但都是以大剂量丁公藤为主药，这一点是共同的。本药酒家庭制备可以直接用白酒浸泡，药物用量可以按比例减少。

## 8. 枫荷梨祛风湿酒 （《药剂学》）

[处方] 枫荷梨根 60g，川牛膝 12g，八角枫根 30g，钩藤 12g，大血藤 18g，金樱子根 18g，丹参 18g，桂枝 12g。

[制备] 枫荷梨根、八角枫根、金樱子根分别切片或刨片后，加水超过药面，煎煮两次，每次煮沸后 3～4h，过滤，浓缩成膏；其他药切片，用白酒 1000ml 热浸后，渍 30 天去渣，过滤，收集酒液；将上述浓缩膏与酒液混合；取红糖 60g，熔化制成糖浆，加入到酒液中，待溶解，放置澄清，纱布过滤，装瓶备用。

[用法] 口服。剂量从每次 5ml 开始，渐加至 10ml，不可过量，每日 2～3 次。

[效用] 祛风湿，通筋络，利关节。用于风湿性关节炎、跌仆损伤、半身不遂及扭挫伤。

[按语] 处方中八角枫根具有祛风通络、活血散瘀、消肿止痛的功效，药性比较猛烈，有毒，尤以细根毒性较大，其治疗量与中毒量非常接近，所以内服必须从小剂量开始，逐渐加大，以患者出现疲倦、软弱无力为度。连续用药 15 天以上，对肝脏有轻度影响。所以，一般 15 天为 1 个疗程，停药 1 周后开始第 2 个疗程，这样处理比较适宜。老、幼体弱者及心肺功能不良者慎用。

## 9. 三藤酒 （《民间验方》）

[处方] 络石藤 90g，海风藤 90g，鸡血藤 90g，桑寄生 90g，五加皮 30g，木瓜 60g。

[制备] 以上药物，切成薄片，置入净器中，入白酒 3000ml 浸泡，密封 14 天后，开封过滤，装瓶备用。

[用法] 口服。每次 30ml，每日 1～2 次，空腹温服。

[效用] 祛风除湿，舒筋通络，强筋健骨。用于风湿性关节炎、关节疼痛。

[按语] 大凡藤类药物大多有舒筋通络作用，本方在用藤类药物的同时，又配伍木瓜、桑寄生、五加皮祛风湿、补肝肾、强筋骨，寓标本同治之意。

## 10. 五加皮药酒 （《新编中成药》）

[处方] 五加皮 15g，当归 15g，牛膝 10g，肉桂 15g，防己 10g，白术（炒）10g，陈皮 10g，姜黄 10g，独活 7.5g，栀子 7.5g，白芷 5g。

[制备] 诸药研粗末，装纱布袋，扎口，用 50 度白酒 1500ml 浸泡，密封 14 天后，开封取出药袋，压榨取汁，与浸酒混合，过滤后加白糖 150g，溶化即成。

[用法] 口服。每次 10～15ml，每日 2～3 次，温服。

[效用] 祛风散寒，通经活络。用于风寒湿痹、周身骨节疼痛。

[按语] 五加皮药酒，《本草纲目》中早有记载，以五加皮配伍当归、牛膝等组方，但制备方法不同，先将五加皮加水煎煮，取煎汁和曲、糯米，再酿成酒，再把当归、牛膝等药浸酒中，煮数百沸，去渣，过滤后装瓶备用。现直接用酒浸泡，方法简便，效果一样。方中五加皮系五加科植物细柱五加的根皮，习称南五加皮。另有一种习称北五加皮，又名香加皮，为萝藦科植物杠柳的根皮，功能与五加皮相似，但有一定毒性，故制作药酒服用安全性不够，应避免混淆替代使用。

## 11. 抗风湿酒 （《中药制剂汇编》）

[处方] 大血藤 300g，制川乌 90g，制草乌 90g，红花 90g，乌梅 90g，金银花 150g，甘草 150g。

[制备] 上药研粗末，置净器中，用 5000ml 白酒浸泡，密封 7 天后，过滤去渣，滤出液装瓶备用。

[用法] 口服。每次 5～10ml，每日 2～3 次，7 天为 1 个疗程。

[效用] 祛风通络，舒筋活血。用于风湿性关节炎。

[按语] 大血藤有清热解毒、活血祛风通络的功能；制川乌、制草乌祛风除湿、逐寒止痛作用较好，但有毒，故配伍金银花、甘草以解毒。尽管如此，每次饮用仍不可过量，以免发生不良反应。

## 12. 老鹳草风湿骨痛酒 （《江苏省药品标准》）

[处方] 老鹳草 600g，丁公藤 300g，桑枝 150g，豨莶草 150g。

[制备] 以上 4 药加水适量，煎煮两次，第一次 2h，第二次 1h，合并药液，静置沉淀，过滤，浓缩。每 50ml 浓缩液加入白酒 80ml，每日充分搅拌 1 次，连续 3 天，静置，取上清液备用。沉淀物压榨，榨出液静置沉淀，滤过，滤液与上清液合并，滤过即得。

[用法] 口服。每次 15ml，每日 3 次。

[效用] 祛风湿，通经络。用于风湿骨痛、腰膝酸痛、四肢麻木、关节炎。

[按语] 丁公藤具有良好的祛风胜湿、舒筋活络、消肿止痛功效，但内含东莨菪素，有一定毒性，每次饮用不可过量。

## 13. 独活寄生酒 (《备急千金要方》)

[处方] 独活 30g，桑寄生 20g，秦艽 30g，防风 20g，细辛 12g，当归 50g，白芍 30g，川芎 20g，生地黄 50g，杜仲 50g，牛膝 30g，党参 30g，茯苓 40g，甘草 15g，肉桂 15g。

[制备] 上述药物研成粗末，装入纱布袋，扎口，置净器中，用白酒 2000ml 浸泡，密封 14 日后开启，取药袋，压榨取汁，与浸液合并，过滤后装瓶备用。

[用法] 口服。每次 15～30ml，每日 2～3 次。

[效用] 祛风湿，止痹痛，益肝肾，补气血。用于风寒湿痹，关节疼痛，屈伸不利，腰膝酸痛，肢体麻木，阴雨天加重。

[按语] 本方原为汤剂，现改为酒剂，借酒活血通络之性，行药势以速其功。本方配伍特点是以祛风寒湿药为主，辅以补肝肾、益气血之品，祛邪扶正兼顾。慢性关节炎、腰肌劳损、骨质增生症、风湿性坐骨神经痛等，凡属风湿，兼有肝肾、气血不足者，均可应用。

## 14. 复方穿山龙酒 (《中药制剂汇编》)

[处方] 穿山龙 150g，豨莶草 150g，威灵仙 120g，老鹳草 150g，苍术 30g。

[制备] 上药研粗末，用 45 度白酒 1000ml 浸泡 10～15 天，过滤，补充一些白酒，继续浸渍药渣 3～5 天，过滤，添加至 1000ml 即成。

[用法] 口服。每次 10～20ml，每日 3 次，空腹服。

[效用] 舒筋活络，祛风止痛。用于风湿病、关节疼痛。

[按语] 穿山龙，为薯蓣科植物穿龙薯蓣的根茎，又名穿地龙 (东北)、火藤根 (陕西)、竹根薯 (浙江)，所含薯蓣皂苷元有良好的抗炎作用。老鹳草，与豨莶草、威灵仙、苍术都是常用的抗风湿药物。

## 15. 石藤通络酒 (经验方)

[处方] 络石藤 30g，秦艽 20g，伸筋草 20g，路路通 20g。

[制备] 上药洗净，切碎，置净器中，用高粱白酒 300ml 浸泡，密封，5 天后开封，即可饮用。

　　[用法] 口服。每次 10～20ml，早、晚各 1 次。

　　[效用] 祛风，活血，通络。用于风湿性关节炎早期，关节肿胀疼痛，游走不定。

　　[按语] 络石藤为夹竹桃科植物络石的茎叶，味苦性凉，功能祛风通络、凉血消肿。《本草汇言》曰其：“主筋骨关节，风热肿强，不能动履”，并记载用络石藤配伍当归等药，浸酒服，以治疗本病。秦艽为龙胆科植物秦艽或小秦艽的根，功能祛风利湿、舒筋活络、清热除蒸。《神农本草经》曰其：“主寒热邪气，寒湿风痹，肢节痛”，有良好的抗炎作用。伸筋草，为石松科植物石松的带根全草，有祛风除湿、舒筋通络、活血消肿的功能，《本草拾遗》记载：“主久患风痹，脚膝疼痛。”路路通为金缕梅科植物枫香树的果实，有利气活血、祛风通络的功能。

### 16. 海风藤药酒 (《中药制剂汇编》)

　　[处方] 海风藤 125g，追地风 125g。

　　[制备] 将药洗净，捣碎，装纱布袋，扎口，置净器中，用 40～60 度白酒 1000ml 浸泡，密封 10 天后开启，去药袋，过滤，兑适量白酒，制成 1000ml 药酒，装瓶备用。

　　[用法] 口服。每次 10ml，每日 2 次，早晚空腹服。

　　[效用] 祛风利湿，通络止痛，宣肺利痰。用于风湿性关节炎，亦可用于支气管哮喘、支气管炎。

　　[按语] 海风藤，又名石南藤，为胡椒科植物风藤的藤茎，有祛风利湿、通络止痛的功能。《滇南本草》记载：“治风寒湿痹，伤筋，祛风，筋骨疼痛。”追地风，即地枫皮，又名钻地风，为木兰科植物地枫皮的干燥树皮，有小毒，具有祛风止痛功能。

### 17. 当归细辛酒 (《圣济总录》)

　　[处方] 当归 45g，防风 45g，细辛 45g，制附子 10g，麻黄 35g。

　　[制备] 上药捣碎，入纱布口袋中，扎口，入白酒 1500ml 中浸泡。将容器密封后置锅中隔水煮沸，20min 后熄火，自然冷却后将容器移至阴凉处存放。7 日后开取饮用。

　　[用法] 口服。每次 10～20ml，温饮，每日 1～2 次。

　　[效用] 活血祛风，散寒止痛。用于风寒湿痹、关节肢体疼痛。

　　[按语] 方中重用当归、防风养血、活血、祛风，配伍细辛、麻黄、制附子

温阳、散寒、止痛。

## 18. 海桐皮酒 (《医方类聚》)

[处方] 海桐皮 20g，五加皮 20g，独活 20g，防风 20g，牛膝 20g，杜仲 20g，枳壳 20g，生地黄 25g，白术 6g，薏苡仁 9g。

[制备] 上药粉碎成粗粉，纱布袋装，扎口，用白酒 1500ml 浸泡。春夏 7 日，秋冬 14 日即成。取出药袋，压榨取液，合并榨取液与药酒，静置，过滤，即得。

[用法] 口服。每次 20ml，每日 3 次，饭后服。

[效用] 祛风化湿，健腰壮骨。用于风湿痹痛，肢节疼痛，活动受限，或脚膝重着，举步艰难。

[按语] 海桐皮在治疗风湿性关节炎、类风湿关节炎、退行性膝关节炎、肩周炎、骨折后期关节功能障碍等疾病中，被广泛应用。常配伍其他祛风湿药和补肝肾药同用。大凡祛风湿药对胃都有一定刺激性，故溃疡病、慢性胃炎患者慎用或忌用。

## 19. 史国公酒 (《证治准绳》)

[处方] 独活 15g，川芎 10g，桑寄生 10g，牛膝 10g，木瓜 15g，蚕沙 10g，羌活 15g，玉竹 30g，鳖甲 (醋酥) 10g，白术 (麸炒) 10g，防风 10g，当归 15g，红花 10g，甘草 6g，续断 15g，鹿角胶 10g，红曲 15g。

[制备] 上述诸药打成粗粉，纱布袋装，扎口，用白酒 2000ml 浸泡。14 日后取出纱布袋，压榨取液。将榨得的药液与原药酒合并，静置，过滤，即得。

[用法] 口服。每次 10～20ml，每日 2～3 次，温服。

[效用] 祛风除湿，养血活络，止痛。用于风寒湿痹，关节疼痛，四肢麻木。

[按语] 方中独活、羌活、防风祛风除湿，木瓜舒筋活络，牛膝、续断、桑寄生舒筋健骨、强壮腰膝，川芎、当归、红花活血通络。同时重用玉竹以养阴生津，加强柔润息风作用。方中配伍少量鹿角胶、鳖甲之类血肉有情之品，滋补肝肾。全方补泻结合，标本兼治。本药酒对久病的风湿痹痛患者，以及年老体弱的风湿痹痛、周身不适、腰膝疼痛者均较为适宜。类风湿病，以及脑血管意外后遗症半身不遂、肢体麻木疼痛、腰肌劳损、末梢神经炎等，只要患者血压不高均可应用。

## 20. 木瓜酒 (江西民间方)

[处方] 木瓜 25g，玉竹 30g，栀子 10g，五加皮 15g，羌活 15g，独活 15g，当归 10g，陈皮 10g，秦艽 10g，川芎 10g，红花 10g，千年健 10g，川牛膝 15g，

桑寄生 15g，白糖 200g。

[制备] 上述诸药粉碎成粗末，纱布袋装，扎口，用白酒 2000ml 浸泡。14日后取出药袋，压榨取液，与药酒混合，加白糖，搅拌溶化，静置，过滤，即得。

[用法] 口服。每次 20ml，每日 2 次。

[效用] 祛风，除湿，活血。用于风湿痹痛，筋脉拘挛，四肢麻木，关节不利。

[按语] 木瓜为蔷薇科植物贴梗海棠的干燥近成熟果实，以安徽宣城产者品质最佳，名宣木瓜。木瓜有舒筋活络的功效，现代药理研究表明，木瓜具有抗炎、抗风湿、镇痛作用，为治疗风湿痹痛、筋脉拘挛的常用要药。《太平圣惠方》木瓜丸、《张氏医通》木瓜散、《普济本事方》木瓜煎等均以木瓜为主药治疗上述病症。现代临床上风湿性关节炎、类风湿关节炎、骨质增生、骨性膝关节炎、肩关节周围炎、坐骨神经痛等都可应用木瓜配伍他药治疗，应用较为广泛。木瓜酒同名不同处方者很多，本方选用处方系 1982 年《江西省药品标准》所载，但剂量作了调整。

## 21. 牛膝独活酒（《备急千金要方》）

[处方] 牛膝 45g，独活 25g，桑寄生 30g，杜仲 30g，秦艽 25g，当归 30g，人参 10g。

[制备] 上药粉碎成粗粉，纱布袋装，扎口，用白酒 1500ml 浸泡。1 个月后取出药袋，压榨药袋，取榨取液与药酒混合，静置，过滤，即得。

[用法] 口服。每次 10～20ml，每日 2 次。

[效用] 补肝肾，祛风湿，益气血。用于肝肾不足，风湿痹痛，腰腿疼痛，屈伸不利，或痹着不仁。

[按语] 风湿痹痛，关节屈伸不利，病在筋骨。按中医学理论，肾主骨、肝主筋。所以，筋骨病变常从补益肝肾论治。风湿客于经络，经气失于疏通，气血郁滞不畅，故风湿痹痛初期，治疗上常在祛风湿的同时，配伍行气活血药，但若痹痛日久，气血不足，筋脉失养，则需配伍益气养血和补肝肾药物。如本方重用牛膝、桑寄生、杜仲补肝肾、强筋骨，配伍独活、秦艽祛风湿，配伍当归、人参养血益气。全方标本同治，补泻结合，祛邪不伤正，扶正不恋邪。

## 22. 松叶酒（《太平圣惠方》）

[处方] 松叶（鲜）250g，独活 25g，麻黄 25g。

[制备] 松叶切细，余药粉碎，纱布袋装，扎口，用白酒 1500ml 浸泡。春夏7 日，秋冬 14 日。取出药袋后压榨取液，将榨得的药液与药酒混合，静置，过

滤，即得。

[用法] 温服。每次 20ml，每日 2～3 次。

[效用] 祛风胜湿，散寒止痛。用于风湿痹痛，关节屈伸不利，肢节疼痛，筋脉拘挛，腰背强直。

[按语] 松叶，又名松毛，为马尾松或油松的针叶。鲜品或干品均可用。本方用鲜品 250g 或干品 100g。松叶有祛风止痛的功效，配伍独活、麻黄则祛风湿、散寒止痛之力更强。高血压患者慎用。

## 23. 风痹药酒（《本草纲目拾遗》）

[处方] 白槿花、大红月季花、玫瑰花各 15g，闹羊花 7.5g，风茄花 3 朵，龙眼肉、枣肉各 15g。

[制备] 上药粉碎，纱布袋装，扎口，先以绍兴黄酒 2000ml 浸泡 7 日，再隔水煮沸半小时。冷却后取出药袋，压榨取液，合并榨取液与药酒，静置，过滤，即得。

[用法] 口服。每次 20～30ml，每日 2 次。服后取汗，避风邪。不可超剂量服用。

[效用] 祛风除痹，养血通络。用于风痹疼痛游走，行动不便。

[按语] 闹羊花为杜鹃花科植物羊踯躅的花，有大毒，成人治疗剂量每次 0.3～0.6g，有较好的祛风止痛作用。本药酒每次饮 20～30ml，所含闹羊花总量在治疗剂量低值安全范围内，切忌超剂量服用。本药酒应在医师指导下服用。体虚者忌用。

## 24. 养血愈风酒（经验方）

[处方] 天麻 20g，当归 15g，生地黄 15g，熟地黄 15g，玉竹 20g，羌活 15g，牛膝 15g，独活 15g，杜仲 15g，草薢 10g，玄参 10g，肉桂 5g。

[制备] 上药粉碎成粗粉，纱布袋装，扎口，用白酒 2000ml 浸泡。14 日后取出药袋，压榨取液。将榨得的药液与药酒混合，静置，过滤，即得。

[用法] 口服。每次 10～20ml，每日 2 次。

[效用] 养血祛风，舒筋活络。用于筋脉拘挛，四肢麻木，腰膝酸痛，风湿痹症。

[按语]《用药法象》指出天麻的临床应用有 4 个方面，其中之一即"诸风麻痹不仁"。《开宝本草》载其"主诸风湿痹，四肢拘挛"。本方中天麻通经活络为主药，配伍当归、地黄养血祛风，配伍羌活、独活祛风湿，用牛膝、杜仲补肝肾、强腰膝，选草薢利湿浊、祛风湿，将玉竹、玄参与肉桂配伍，一阴一阳，使本方温而不燥。

## 25. 蚕沙酒 （《寿世青编》）

[处方] 蚕沙 250g。

[制备] 蚕沙炒微黄，纱布袋装，扎口，用白酒 1000ml 浸泡。7 日后取出药袋，过滤，即得。

[用法] 口服。每次 10～20ml，每日 2 次。

[效用] 祛风湿，舒筋活络。用于风湿痹痛，肢节酸痛，腰膝冷痛。

[按语] 蚕沙别名蚕矢，为家蚕的粪便。蚕沙有良好的抗炎作用，在风湿性关节炎、类风湿关节炎、老年骨关节痛、腰腿疼痛等疾病的治疗中被广泛使用。蚕沙尚有活血作用。《内经拾遗方论》所载蚕沙酒，也仅用蚕沙一味药，用于妇女月经久闭。

## （二）类风湿关节炎

### 1. 长宁风湿酒

[处方] 当归 120g，土茯苓 90g，生地黄 60g，防风 60g，威灵仙 90g，防己 60g，红花 60g，木瓜 30g，蝮蛇 500g，眼镜蛇 500g，赤链蛇 500g。均用活蛇。

[制备] 先将活蛇分别置净器内，用 60 度白酒各 1000ml 浸泡，21 天后沥出，等量混合为三蛇酒。其他药物用 60 度高粱酒 1500ml 浸泡 21 天，然后过滤，得药酒。其药渣加适量水煎煮，滤去药渣，得煎汁。将三蛇酒、药酒、煎汁三者等量混合即成，装瓶密封备用。

[用法] 口服。每次 10～15ml，每日 3 次。[新医药学杂志，1973，5：23.]

[效用] 祛风湿，通经络，除痹止痛。用于类风湿关节炎及其他性质的关节炎。

[按语] 蝮蛇、眼镜蛇、赤链蛇等，其体内的蛇毒，具有良好的抗炎、镇痛、活血通络作用，为治疗顽痹久痹之要药。再配伍当归、威灵仙等祛风湿、养血活血药物，祛风湿、通络除痹、止痛的功能更好。

### 2. 类风湿药酒

[处方] 羌活 10g，独活 10g，续断 10g，草乌 10g，细辛 10g，川芎 6g，红花 6g，乳香 6g，没药 6g，鹿角胶 3g。

[制备] 以上药材加适量甜叶菊，粉碎成粗粉，加白酒 1000ml，密封浸泡 2 周，过滤即得，装瓶备用。[中国中西医结合外科杂志，1998，10：287.]

[用法] 口服。每次 10ml，每日 3 次，1 个月为 1 个疗程。

[效用] 祛风除湿，补养肝肾，通络止痛。用于类风湿关节炎。

[按语] 制作中添加甜叶菊，起到调酒味作用，若无，可加适量白糖。

### 3. 七叶莲酒（广西民间验方）

[处方] 七叶莲 200g。

[制备] 上药用 55 度白酒 1000ml，浸泡 1 周后即可饮用。

[用法] 口服。每次 20～25ml，每日 2 次，3 个月为 1 个疗程。

[效用] 祛风除湿，活血止痛。用于类风湿关节炎。

[按语] 七叶莲，又名汉桃叶，为五加科植物广西鹅掌柴的带叶茎枝，为广西民间药。本品有较好的祛风止痛、活血舒筋作用。

### 4. 昆明山海棠酒

[处方] 昆明山海棠干根 200g。

[制备] 上药洗净切碎，用 45～60 度白酒 1000ml 浸泡，密封 1 周后，即可饮用。[中草药通讯，1978，12（9）：27.]

[用法] 口服。每次 10～20ml，每日 3 次，饭后服。

[效用] 祛风通络，活血化瘀。用于类风湿关节炎。

[按语] 昆明山海棠的醇提取物有明显的抗炎作用，其水提取物具有较强的免疫抑制效应，尤其对迟发型超敏反应的抑制作用较强。但本品有一定毒性，内服过量可能引起中毒。所以，一般每次内服剂量控制在 10～20ml，最大剂量不要超过 30ml。部分患者饮用本药酒后，可能出现胃痛、心悸、面部色素沉着等不良反应，减量或停用药酒后可消失。服药同时忌饮茶。体弱者慎用。

### 5. 风湿灵药酒

[处方] 羌活 20g，独活 25g，人参 6g，制川乌 6g，木瓜 20g，牛膝 25g，西红花 6g，杜仲 25g，桑寄生 20g，黄芪 30g，白术 10g。

[制备] 上药研粗末，装入纱布袋中，扎口，放瓷坛中，用 2000ml 高粱酒浸泡，密封 7 天，开坛即可饮用。[时珍国医国药，2000，11（8）：738.]

[用法] 口服。每次 15ml，每日 3 次，30 日为 1 个疗程。

[效用] 祛风化湿，壮骨通络。用于类风湿关节炎。

[按语] 西红花，即藏红花，又名番红花，比较名贵稀少，若无，可用一般红花替代，功效相似。

### 6. 祛风逐痹酒

[处方] Ⅰ号：黄芪 20g，当归 10g，制附子 10g，威灵仙 10g，羌活 10g，独

活 10g，豨莶草 10g，姜黄 10g，木瓜 15g，生川乌 10g，生草乌 10g，白芷 20g，白花蛇 5 条，全蝎 30g，蜈蚣 10 条，土鳖虫 30g，桃仁 20g，红花 15g，狗脊 10g，制乳香 10g，制没药 10g，干姜 10g，防风 10g，防己 10g，秦艽 10g，雷公藤 20g。Ⅱ号：黄芪 20g，当归 10g，威灵仙 10g，豨莶草 10g，姜黄 10g，木瓜 15g，白花蛇 5 条，全蝎 30g，蜈蚣 10 条，土鳖虫 30g，桃仁 20g，红花 15g，狗脊 10g，制没药 10g，制乳香 10g，防风 10g，防己 10g，秦艽 10g，雷公藤 20g，桑枝 30g，土茯苓 30g，黄柏 20g，牡丹皮 20g，钩藤 20g。

[制备] 上药分别用曲酒 2500ml 浸泡 1 周，即可饮用。[江苏中医，2000，11：28.]

[用法] 口服。风寒湿痹型用Ⅰ号药酒；风湿热痹型用Ⅱ号药酒。每次 20ml，每日 2 次，15 日为 1 个疗程。一般服 2～4 个疗程。服药期如有口舌麻木，则停服 1 周后续用。

[效用] Ⅰ号：祛风除湿，温经散寒，逐痹通络。Ⅱ号：祛风除湿，清热解毒，逐痹通络。用于类风湿关节炎。

[按语] 方中白花蛇系金钱白花蛇，又名小白花蛇，有祛风、通络、止痉功效。雷公藤，又名莽草，其提取物具有明显的抗炎和免疫抑制作用，临床上用于类风湿关节炎、狼疮性肾炎、红斑狼疮等自身免疫性疾病，有较好的效果。但雷公藤毒性较大，所以，不能为了追求"速效"任意加大服用剂量。雷公藤入药部分是其根的木质部，严禁嫩叶、芽尖入药。Ⅰ号方适用于风寒湿痹型，临床以关节疼痛、凉而不肿为特点；Ⅱ号方适用于风湿热痹型，临床以关节红肿热痛为特点。有心、肝、肾器质性病变及白细胞减少者慎服。剂量不可任意加大。

## 7. 化瘀逐痹酒

[处方] 威灵仙 40g，制川乌 30g，虎杖 30g，乳香 20g，没药 20g，土鳖虫 20g，青木香 20g，片姜黄 20g，骨碎补 20g，川蜈蚣（大）3 条。

[制备] 上药打碎装入瓶中，用白酒 2000ml 浸泡，密封，每日摇荡一次，10 日后服用。[安徽中医临床杂志，1994，6（2）：2.]

[用法] 口服。每次 20ml，每日 3 次。服一料为 1 个疗程，可服 2～3 个疗程。

[效用] 祛风除湿，活血通络。用于类风湿关节炎、风湿性关节炎、肌炎、肌筋膜炎、骨质退行性变等。

[按语] 有报道用本方治疗风湿性关节炎、类风湿关节炎、腰臀肌筋膜炎、肩周炎、腰肌纤维炎、颈椎骨质增生、腰椎间盘突出等都有良好效果。方中配伍土鳖虫、蜈蚣等虫类药，有"搜风剔邪"的功能，常在治疗顽痹中应用。

#### 8. 复方忍冬藤酒

[**处方**] 忍冬藤 200g, 鸡血藤 70g, 路路通 70g, 川牛膝 90g, 延胡索 50g, 木瓜 50g, 当归 50g, 红花 50g, 丹参 80g, 桃仁 35g, 黄芪 80g, 白术 90g, 枳壳 25g。

[**制备**] 将上述药物研成粗末, 加白酒 10000ml, 密闭浸泡 30 日, 滤去上清液, 药渣压榨后, 合并滤液, 加甜菊苷调味, 静置 7 日, 滤过即得。[中成药, 1997, 19 (8): 47.]

[**用法**] 口服。每次 20~30ml, 每日 2 次。

[**效用**] 解毒化瘀, 祛风除湿, 舒筋通络。用于类风湿关节炎、风湿性关节炎、肩周炎、骨质增生、软组织损伤。

[**按语**] 忍冬藤, 即金银花藤, 有良好的抗炎、抗菌作用。关节红肿疼痛的风湿热痹证, 尤其适宜应用本品。路路通为枫香树的果实, 有祛风通络的作用。类风湿关节炎和风湿性关节炎, 病程日久, 必伤及气血; 风湿入络, 痹阻经脉, 日久也必然导致气滞血瘀, 故方中配伍大量养血活血、益气之品, 如鸡血藤、当归、丹参、川牛膝、红花、桃仁、黄芪等。木瓜、白术祛风湿, 延胡索止痛, 枳壳行气。

#### 9. 蕲蛇药酒 (《中药制剂汇编》)

[**处方**] 蕲蛇 12g, 羌活 6g, 红花 9g, 防风 3g, 天麻 6g, 五加皮 6g, 当归 6g, 秦艽 6g。

[**制备**] 将上药粉碎成粗粉, 加白糖 100g, 用白酒 1000ml 浸泡, 密封, 夏季 5 日, 冬季 10 日, 然后开封, 过滤, 澄清液装瓶备用。

[**用法**] 口服。每次 30ml, 每日 2 次。

[**效用**] 祛湿通络, 活血止痛。用于类风湿关节炎、风湿性关节炎。

#### 10. 复方炙草乌药酒 (《中药制剂汇编》)

[**处方**] 炙草乌 100g, 威灵仙 200g, 穿山龙 300g。

[**制备**] 取生草乌加 10 倍水加热煮沸, 3~4h 后拣大者用刀切开, 以内无白心、舌尝不麻为度, 将水闷干, 取此炙草乌压碎与威灵仙、穿山龙粗末混合, 用 40% 乙醇适量, 采用渗漉法提取进行收集, 最初的渗漉液 850ml, 另器保存, 继续渗漉, 收集渗漉液约 2000ml, 过滤, 用低温蒸发成软膏状, 加入最初收集的渗漉液 850ml, 加 70% 乙醇使成 1000ml 即可。

[**用法**] 口服。每次 10ml 左右, 每日早、中、晚 3 次。

[**效用**] 祛风除湿, 舒筋活络。用于类风湿关节炎、风湿性关节炎。

[按语] 家庭自己制作，方法可以简化。草乌用药店炮制过的制草乌即可，不用渗漉法，改用白酒直接冷浸。将上药用 50～60 度白酒 1500ml 浸泡，密封容器 2 周，过滤去渣，静置 24h，再过滤 1 次，即得，装瓶备用。草乌祛风湿、止痛力较强，但生草乌毒性大，入药内服必须炮制。穿山龙，又称穿地龙（东北）、火藤根（陕西）、竹根薯（浙江），与威灵仙配伍，有较好的祛风湿、通经络、止痹痛的功效。

## 11. 蚂蚁酒

[处方] 大黑蚂蚁 60g。

[制备] 将蚂蚁用开水煮后焙干，再用白酒 500ml 浸泡 14 日后即可服用。[上海中医药杂志，1989，3：34.]

[用法] 口服。每次 15～30ml，每日早晚各 1 次。

[效用] 祛风止痛，通经活络，补肾壮骨。用于类风湿关节炎、风湿性关节炎、末梢神经炎。

[按语] 蚂蚁入药记载始见于明代《彝医书》，《本草纲目》载有其酒剂。蚂蚁古代又称"玄驹"。蚂蚁体内含有蚁酸、蛋白质、多种必需氨基酸、微量元素等成分。现代药理研究表明，蚂蚁有良好的抗炎、镇静、护肝、免疫调节、延缓衰老等作用。服用蚁酒，安全可靠，有报道只有极少数人服后出现过敏性皮炎，经用少量抗过敏制剂后皮疹即迅速消失。

# 七、神经科

## (一) 头痛/偏头痛

### 1. 川芎浸酒 (《本草纲目》)

[处方] 川芎 30g。

[制备] 用白酒 500ml 浸泡川芎，每天轻轻摇动容器 1 次，7 天后过滤去渣，加入白糖 100g，搅匀备用。

[用法] 口服。每次 15～20ml，每日 1～2 次。

[效用] 活血，祛风，止痛。用于神经性头痛、脑动脉硬化引起的头痛、外

感头痛。

[按语] 川芎中含有生物碱川芎嗪，对血液和心血管系统有多方面的药理活性，并能通过血脑屏障，故对缺血性脑血管疾病有效。

## 2. 川芎祛风止痛酒 （《太平惠民和剂局方》）

[处方] 川芎 15g，荆芥 12g，白芷 6g，羌活 6g，甘草 6g，细辛 3g，防风 4.5g，薄荷 12g。

[制备] 上述饮片打成粗末，用 45～52 度白酒 500ml 浸泡，浸泡期间，每日将浸泡容器摇动数次。1 周后，将药液过滤，去渣备用。

[用法] 口服。每次 15～20ml，早、晚各 1 次。

[效用] 祛风止痛。用于偏正头痛。凡感冒头痛、偏头痛、血管神经性头痛、慢性鼻炎引起的头痛，风邪为患者都可应用。

[按语] 本方原名川芎茶调散，为散剂，用茶水调服，临床常用水煎作汤剂应用，现改为酒剂，故易名。本方川芎为主药，本品辛温升散，能"上行头目"，祛风止痛，前人有"头痛不离川芎"之说。酒有行血活血功效，古人云"治风先治血，血行风自灭"。本方改为酒剂，意在增强活血祛风功能，提高疗效。高血压引起的头痛慎用。

## 3. 桃红四物酒 （《医宗金鉴》）

[处方] 熟地黄 24g，当归 18g，白芍 18g，川芎 12g，桃仁 18g，红花 12g。

[制备] 上述饮片，用 45～52 度白酒 1000ml 浸泡，1 周后过滤，去渣备用。

[用法] 口服。每次 15～20ml，早、晚各 1 次。

[效用] 养血活血，化瘀止痛。用于瘀血头痛。各种慢性头痛、偏头痛，属血瘀者都适用。

[按语] 原方为桃红四物汤，治疗头痛的中成药正天丸即以本方为基础加味组成。实验研究表明，本方中多数活血药物均具有抑制血小板聚集的作用，可降低血浆中 5-羟色胺含量，从而防止偏头痛的发生。妇女月经量多者慎用；脾胃虚弱者慎用。

## 4. 乔氏加味川芎酒

[处方] 川芎 30g，石韦 20g，菊花 10g，僵蚕 15g，柴胡 10g，钩藤 20g，夜交藤 18g，白芷 10g。

[制备] 上述饮片，用 45～52 度白酒 1000ml，浸泡 1 周，过滤去渣，即得。[中西医结合杂志，1990，10 (4)：235.]

[用法] 口服。每次 15～20ml，早、晚各 1 次，饭后服。

[效用] 活血祛风，解痉止痛。用于偏头痛。

[按语] 乔氏以《东医宝鉴》川芎散加味组成本方。原方为水煎剂，曾报道治疗偏头痛有效。现改为酒剂，活血祛风止痛作用更好。月经量多者或脾胃虚弱者慎用。

### 5. 复方蔓荆子酒 (《药酒验方选》)

[处方] 蔓荆子 120g，菊花 60g，川芎 40g，防风 60g。

[制备] 上述五味药共捣碎，用黄酒 1000ml 密封浸泡 7 天后，去滓备用。

[用法] 口服。每次 15～20ml，每日 3 次。

[效用] 疏散风热，活血祛风。用于外感风热头痛、偏头痛。

[按语] 蔓荆子为马鞭草科植物蔓荆的成熟果实，具有疏散风热、清利头目的功效，是治疗风热感冒、头痛头风的常用药物。本方以蔓荆子为主，配伍菊花、川芎、防风，以增强疏风止痛之力。鉴于酒性温热，故高热咽痛者忌用酒剂，以免加重病情。

### 6. 菊花枸杞子酒 (《食物中药与便方》)

[处方] 杭菊花 60g，枸杞子 60g。

[制备] 上两药加绍兴黄酒 500ml，浸泡 10～20 日，去渣过滤，再加蜂蜜适量即得。

[用法] 口服。每日早晚各服 30～50ml。

[效用] 平肝明目，补肾益阴。用于久患头风头痛、眩晕。

[按语] 市售菊花有白菊花和黄菊花之分，两者功效相同，但一般认为白菊花长于养肝明目，黄菊花长于疏散风热。

### 7. 天舒药酒 (《宣明论方》)

[处方] 川芎 50g，天麻 50g。

[制备] 川芎、天麻洗净切成薄片，用白酒 750ml 浸泡，密封容器，每两日将容器振荡 1 次，14 日后即可开封饮用。

[用法] 口服。每日早、中、晚各服 15ml。

[效用] 行气活血，平肝潜阳。用于血瘀所致血管神经性头痛。

[按语] 本方即大川芎丸，出自《宣明论方》，经江苏康缘药业股份有限公司研制开发，即为中成药"天舒胶囊"。现改为酒剂。方中川芎乃血中气药，长于行气活血、祛风止痛；天麻乃平肝潜阳、息风止痉要药。两药配伍，无论外风或内风引起的头痛不适，均可治疗。若头痛呈痉挛性阵发性发作，可加钩藤 25g 于酒中，效果会更好。妇女月经过多者忌用。

### 8. 川芎白芷酒（《中国中医秘方大全》）

[处方] 川芎 30g，白芷 30g，羌活 24g，赤芍 30g，延胡索 20g，三七 12g。

[制备] 三七粉碎。将上述药物置陶瓷或玻璃容器中，倒入米酒 1000ml 中浸泡，密封容器瓶口。期间每隔两日将药酒容器振荡数次，2 周后过滤即得。

[用法] 口服。每日早晚各服 15ml。

[效用] 祛风活血，通络止痛。用于血管神经性头痛。

[按语] 川芎辛温走窜，具有活血行气，祛风止痛功能，为治疗多种头痛疾病的主药。配伍白芷、羌活，增强祛风止痛之力；配伍延胡索、赤芍、三七，增强活血行气止痛之功。高血压头痛忌用。

### 9. 贝氏偏头痛药酒（《中国中医秘方大全》）

[处方] 川芎 36g，白芷 15g，白芥子 10g，白芍 15g，香附 10g，郁李仁 20g，柴胡 15g，甘草 6g。

[制备] 将上述药物置陶瓷或玻璃容器中，倒入白酒 500ml 浸泡，密封容器瓶口。期间每隔两日将药酒容器振荡数次，2 周后过滤，即得。

[用法] 口服。每次 10~20ml，每日 2 次。5 天为 1 个疗程。

[效用] 活血行气。用于偏头痛。

[按语] 方中重用川芎行气活血止痛，为治头痛要药；柴胡、香附、白芥子理气涤痰、散结和解；白芍、郁李仁、甘草柔润缓急。初次剂量宜小，一次用10ml，如无不适而效不显著，可逐渐加大至一次 20ml。

### 10. 陈氏偏头痛药酒（《中国中医秘方大全》）

[处方] 天麻 24g，当归 24g，白菊花 24g，白芷 24g，川芎 24g，丹参 24g，红花 20g，桃仁 12g，生地黄 20g，茯苓 24g，白芍 24g，蔓荆子 24g。

[制备] 将上述药物置陶瓷或玻璃容器中，倒入白酒 1000ml 浸泡，密封容器瓶口。期间每隔两日将药酒容器振荡数次，2 周后过滤，即得。

[用法] 口服。每次 15ml，每日 2 次。

[效用] 活血化瘀，祛风止痛。用于偏头痛。

## （二）三叉神经痛

### 1. 川芎止痛药酒（山西民间验方）

[处方] 川芎 30g，荆芥 20g，防风 20g，全蝎 20g，荜茇 12g，蜈蚣 2 条，天

麻 10g, 细辛 6g。

[制备] 将上述药物粉碎成粗粉, 用纱布袋装, 扎口, 置陶瓷或玻璃容器中, 倒入白酒 1000ml 浸泡, 密封容器瓶口。期间每隔两日将药酒容器振荡数次, 2 周后取出药袋, 压榨取液, 与药酒混合, 过滤, 即得。

[用法] 口服。每次 15～20ml, 每日 2 次。

[效用] 活血祛风, 温经通络。用于三叉神经痛。

[按语] 三叉神经痛为骤然发生的剧烈疼痛, 严格限于三叉神经感觉支配区内, 严重者可伴有同侧面部肌肉的反射性抽搐。每次发生仅数秒至 1～2min 即骤然停止, 1 日数次或 1min 数次, 发作呈周期性, 持续数周。病程初期发作较少, 间隔期较长, 随病程进展, 缓解期越益缩短。本方用川芎、细辛、荜茇重在祛风温经止痛; 全蝎、蜈蚣、天麻息内风, 防风、荆芥祛外风, 配伍合用旨在祛风止痉。

## 2. 邓氏止痛药酒 (安徽民间验方)

[处方] 川芎 30g, 当归 10g, 桃仁 10g, 赤芍 10g, 白芍 10g, 白芷 10g, 钩藤 12g, 全蝎 10g, 蜈蚣 3 条, 制乳香 10g, 制没药 10g, 地龙 10g。

[制备] 蜈蚣、地龙切碎或粉碎, 与其他药一起置陶瓷或玻璃容器中, 用白酒 1000ml 浸泡, 2 周后过滤, 即得。

[用法] 口服。每次 15～20ml, 每日 2 次。10 天为 1 个疗程。

[效用] 祛风止痛, 活血通络。用于三叉神经痛。

[按语] 本方在活血化瘀药中配伍全蝎、蜈蚣、地龙、钩藤等息风止痉药, 可以降低血管阻力, 起到活血通络效果。中医认为大凡实证疼痛, 多因不通则痛, 所以治疗上多用诸药。

## 3. 马氏止痛药酒 (《中国中医秘方大全》)

[处方] 蔓荆子 18g, 僵蚕 18g, 荆芥 18g, 延胡索 24g, 钩藤 24g, 生石决明 60g, 白芷 9g, 陈皮 9g, 全蝎 6g。

[制备] 上述药物粉碎成粗粉, 纱布袋装, 扎口, 用白酒 750ml 浸泡, 期间每隔两天将容器内药酒摇晃振荡数次, 2 周后取出药袋, 压榨取液, 与药酒混合, 过滤即得。

[用法] 口服。每次 15～20ml, 每日 2 次。

[效用] 解表散寒, 祛风通络。用于三叉神经痛。

[按语] 据报道本方用于病程短者效果较佳。

## 4. 方氏止痛药酒 (《中国中医秘方大全》)

[处方] 川芎 24g, 桃仁 24g, 红花 24g, 蔓荆子 24g, 菊花 36g, 地龙 36g,

白芍 36g，细辛 18g。

[制备] 将上述药物置陶瓷或玻璃容器中，倒入白酒 1000ml 浸泡，密封容器瓶口。期间每隔两日将药酒容器振荡数次，2 周后过滤，即得。

[用法] 口服。每次 15~20ml，每日 2 次。

[效用] 活血祛风止痛。用于三叉神经痛。

[按语] 疼痛，中医学认为有虚实两种，虚者大多因"不荣则痛"，治疗上以补为主；实者大多因"不通则痛"，治疗上多以祛邪为主。所谓邪者，多半指风、寒、痰、瘀等邪气客于经脉，导致不通则痛。用药祛邪后，邪去则络脉畅通，"通则不痛"。三叉神经痛实证居多，所以治疗大多以活血通络、祛风止痛为主。川芎、细辛、白芷、蔓荆子是祛风止痛或温经止痛的首选药物。鉴于本病有面部肌肉反射性抽搐表现，所以常配伍全蝎、蜈蚣、钩藤、僵蚕息风止痉药物同用；再配伍地龙、桃仁、红花、当归、没药、乳香、赤芍等活血化瘀通络药物。

### 5. 蔓荆子药酒

[处方] 蔓荆子 60g。

[制备] 将蔓荆子炒至焦黄，研为粗末，用白酒 500ml 浸泡 3~7 天（夏季 3 天，冬季 7 天），过滤去渣，药酒装瓶备用。[中医杂志，2000，41 (12)：712.]

[用法] 口服。每次 30ml 药酒，兑入凉开水 20ml 服，每日 2 次。7 天为 1 个疗程。

[效用] 祛风止痛。用于三叉神经痛。

[按语] 蔓荆子果实提取物具有松弛血管和镇痛作用。

## （三）坐骨神经痛

### 1. 乌蛇灵仙酒

[处方] 乌梢蛇 10g，威灵仙 15g，独活 15g，千年健 15g，红花 15g，土鳖虫 5g，川芎 10g，当归 15g，鸡血藤 15g，黄芪 15g，细辛 5g。

[制备] 将上药装瓷坛或玻璃瓶中，用黄酒 750ml 浸泡，封闭瓶口，7 日后开始服用，随饮随添加酒。[辽宁中医杂志，1989，6：33.]

[用法] 口服。每次 10ml，每日 2 次，饮 1kg 酒为 1 个疗程。

[效用] 祛风除湿，通经活络，活血止痛。用于坐骨神经痛。

[按语] 有学者报道用此方共治疗坐骨神经痛 32 例，效果较好。

### 2. 四虫雪莲酒

[处方] 白花蛇一条，全蝎 15g，雪莲花 15g，地龙 20g，黑蚂蚁 20g，威灵

仙 20g，制乳香 12g，制没药 12g，当归 12g，制川乌 10g，制草乌 10g，川牛膝 10g，红参 10g。

[制备] 上述药物置陶瓷罐或玻璃瓶内，用白酒 1000ml 浸泡，罐口密封，浸泡 7 日后启用。[四川中医，1995，3：31.]

[用法] 口服。每次 10～15ml，每日 3 次。服 2 周为 1 个疗程。

[效用] 祛风通络，散寒止痛，补肝益肾。用于坐骨神经痛。

[按语] 雪莲花产于云南、四川、青海等地，具有温肾壮阳、活血通络、调经止血的功能。本品醇提取物具有良好的抗炎镇痛作用，《新疆中草药手册》记载本品单独浸酒治疗风湿性关节炎。

### 3. 舒心镇痛酒

[处方] 秦艽、羌活、当归、伸筋草、制南星、薏苡仁各 15g，桂枝、全蝎各 10g，木瓜、川牛膝各 20g，海马 2 条，蜈蚣 4 条。

[制备] 将上药入盆中冷水浸湿，滤干水分后置入瓦罐，加粮食白酒 1500ml，罐面口上用白纸覆盖，然后用细沙包压在纸上面，将药罐移至文火上煎熬，见纸边冒汗（蒸汽露珠），随即端去药罐，冷却后滤去药渣，取液服用。[新中医，1996，1：29.]

[用法] 口服。每次 20～30ml，每日早、晚各 1 次。15 日为 1 个疗程。

[效用] 祛风通络，活血止痛。用于坐骨神经痛。

[按语] 海马为海洋药用动物，功能调气活血、温肾壮阳。《中国药用海洋生物》、《食物中药与便方》都记载用本品单独浸酒或焙研末，用酒送服，治疗腰腿痛、跌仆损伤。本品醇提取物有性激素样作用。

### 4. 海马千年健酒

[处方] 海马、千年健、地龙、当归、川芎、参三七、自然铜、桑螵蛸、紫草、骨碎补、伸筋草、海风藤各 10g，鸡血藤 30g，五加皮、生姜各 90g，制川乌、制草乌各 8g。

[制备] 上药用 60 度白酒 2500ml 浸泡 1 周，即成。[浙江中医杂志，1988，23（8）：372.]

[用法] 口服。每次 15ml，每日 2 次。

[效用] 疏风化湿，通经活络，散寒止痛。用于坐骨神经痛。

### 5. 蠲痹酒

[处方] 鹿筋 150g，鹿衔草 100g，地龙 60g，川牛膝 50g，杜仲 50g，枸杞子 50g，蜂蜜适量。

[制备] 上药除蜂蜜外，共研粗末，和匀，装入布袋扎紧，倒入白酒

1000ml，加蜂蜜约50g，搅匀，共入密闭容器中浸泡。20日后，取出药袋，压榨取汁，与浸液混合，过滤，滤液在低温（1～10℃）下静置沉淀5日，取上清液，装瓶密封，置阴凉处，备用。［实用中西医结合杂志，1993，6（5）：312.］

　　［用法］口服。每次10～20ml，温服，每日3次，7日为1个疗程。

　　［效用］祛风除湿，强筋健骨，活血通络，散瘀止痛。用于坐骨神经痛。

　　［按语］据报道用此药酒治疗坐骨神经痛患者375例，结果较为满意。

## 6. 乌头止痛酒

　　［处方］制川乌10g，制草乌10g，麻黄10g，甘草10g，白芍15g，牛膝15g，当归15g，木瓜15g，五加皮15g，细辛3g。

　　［制备］上述药物置陶瓷或玻璃容器中，用白酒750ml浸泡，每隔2日将药酒摇动振荡数次，2周后过滤，即得。［湖北中医杂志，1983，2：44.］

　　［用法］口服。每次15ml，每日2～3次。

　　［效用］祛风湿，温经止痛。用于腰腿疼痛，反复发作，发作时病侧下肢不能行走，动则疼痛加剧。

　　［按语］本方制川乌、制草乌配伍麻黄、细辛，温经祛寒止痛力强，适用于寒湿偏重的腰腿疼痛较重的患者。川乌、草乌有毒，必须炮制后入药，且不可超量饮用，以免中毒。如用后出现口舌、四肢发麻，或严重恶心呕吐，或心慌心悸、心律失常，应立即停用，并口服生蜂蜜2匙，并配合绿豆甘草汤频服（绿豆120g，甘草30g，水煎）。严重者应到医院就诊。

## 7. 乌头地龙酒

　　［处方］制川乌20g，制草乌20g，红花15g，地龙50g，寻骨风20g，伸筋草20g，生黄芪60g，全当归60g，五加皮60g。

　　［制备］上述药物用米酒1500ml浸泡7天，即可饮用。［中医药研究，1996，2：17.］

　　［用法］口服。每次10～15ml，每日早晚各1次。服完为1个疗程，一般可连续服1～2个疗程。

　　［效用］温经通络，搜风利湿。用于坐骨神经痛。

　　［按语］坐骨神经痛，属中医痹症范畴。中医认为风寒湿三气杂至，合而为痹。故治疗上常从祛风利湿、温经散寒入手，方中配伍地龙旨在通络，配伍黄芪旨在扶正益气，配伍五加皮、当归，旨在补肝肾、强腰膝、养血活血。川乌、草乌有毒，宜从小剂量开始，不宜过量。

## 8. 坐骨神经痛药酒

　　［处方］小茴香6g，木香6g，陈皮10g，延胡索（醋制）12g，穿山甲（炮）

5g，川牛膝 5g，独活 5g，甘草 3g。

[制备]上述药物研粗末，用 500ml 白酒浸泡 1 周，过滤即得。[国医论坛，1997，12（5）：37.]

[用法]口服。每次 10～20ml，每日 2～3 次。饭前服。

[效用]活血化瘀，通络柔筋，祛痹止痛。用于坐骨神经痛日久痛缓，或巩固疗效用。

[按语]延胡索醋制可以提高止痛有效成分的溶出率，提高止痛效果。穿山甲必须用沙子炒成甲珠用。

### 9. 三乌通络止痛酒

[处方]制川乌 9g，制草乌 9g，乌梢蛇 9g，全蝎 6g，蜈蚣 2 条，地龙 9g，炙麻黄 9g，桂枝 12g，细辛 6g，当归 15g，独活 15g，炙黄芪 20g，川牛膝 10g，木瓜 20g，白芍 30g，甘草 6g。

[制备]上述药物饮片用白酒 1500ml 浸泡，2 周后即可过滤去渣，药酒装瓶密封，备用。[实用中医内科杂志，2006，20（5）：491.]

[用法]口服。每次 15～20ml，每日 2 次。

[效用]祛寒湿，通经络，止痛。用于坐骨神经痛。

[按语]处方中有川乌、草乌有毒，必须炮制后入药，严格控制剂量。

### 10. 五藤追风酒

[处方]大血藤 30g，石南藤 30g，络石藤 30g，海风藤 30g，鸡血藤 30g，木瓜 15g，秦艽 15g。

[制备]上述药物切成小段或饮片，用 1000ml 白酒浸泡 2 周，过滤去渣，将药酒装瓶密闭，备用。[四川中医，2005，23（2）：54.]

[用法]口服。每次 20～30ml，每日 2 次。

[效用]祛风除湿，活血通络。用于坐骨神经痛。

[按语]方名为编者所加，原方为水煎剂，现改为酒剂，治疗更方便。方中藤类中药大多具有祛风湿、通经络、活血等功效，采用酒剂，更利于活血通络。

## ∾ （四）面神经麻痹 ∾

### 1. 全蝎酒（《杨氏家藏酒》牵正散）

[处方]白附子 30g，僵蚕 30g，全蝎 30g。

[制备]上药研碎，用白酒 500ml 浸泡，封口，3 日后开启，过滤去渣饮用。

［用法］口服。每次 10ml，不拘时，常令有酒力。

［效用］祛风通络，化痰止痉。用于风中经络，口眼㖞斜。

［按语］本方原为散剂，现改为酒剂。本药酒仅适宜于周围性面神经麻痹（俗称面瘫）。其服法原书载"不拘时，常令有酒力"，可能不好掌握，可以每日 3～4 次为宜。临床患者出现口眼㖞斜，有属脑中风（脑出血、脑梗死）后遗症，有属面神经炎引起的面神经麻痹，前者常伴有肢体偏瘫，后者仅局限于面部患侧。本方主要适用于面神经麻痹。脑出血、脑梗死引起的口眼㖞斜不宜用。

## 2. 红花肉桂酒

［处方］红花、肉桂各 10g。

［制备］用白酒 500ml 浸泡上述药物 24h。[上海针灸杂志，1999，3：26.]

［用法］配合针灸外用。方法：针刺采用透刺法。阳白透鱼腰，攒竹透睛明，丝竹空透太阳，地仓透颊车，迎香透四白。用棉签蘸药酒涂擦患侧面部，干后再涂一遍，每日 3 次。10 次为 1 个疗程，疗程间隔 3 日。

［效用］温经活血。用于周围性面神经麻痹。

［按语］有学者报道用此法治疗顽固性面瘫 124 例效果较好。

## 3. 桂防酒

［处方］桂枝、川芎各 30g，防风、当归、白芍、香附、路路通各 50g，薄荷梗 20g。

［制备］上药加 60 度白酒 1000ml，浸泡 2 周。[山西中医，1998，3：29.]

［用法］外用。配合针灸。方法：取阳白、颧髎、地仓和太阳、下关、颊车两组穴位，交替使用。针刺得气后出针，在针刺穴位处放上自制药罐，用针筒抽出罐内空气，使其形成负压，再经罐内注入药液 3ml，每次 30min，每 2 日 1 次，10 次为 1 个疗程。

［效用］祛风活血。用于周围性面神经麻痹。

［按语］有学者报道用此法治疗周围性面神经麻痹 51 例效果较好。

## 4. 牵正散加桂枝药酒

［处方］白附子、全蝎、僵蚕各 30g，桂枝 50g。

［制备］将上药用 60 度白酒 250ml 浸泡，瓶装密封，3 日后即可使用。[中国民间疗法，1998，6：55.]

［用法］外用。方法：将药酒涂于患侧，并按摩穴位风池、翳风、牵正、地仓、承浆、迎香、攒竹、鱼腰等。每日 1～2 次，每穴按 1min。

[效用] 温经通络，化痰息风。用于周围性面神经麻痹。

[按语] 有学者报道用此方治疗周围性面神经麻痹 30 例效果满意。

## 5. 玉屏风牵正药酒

[处方] 黄芪 90g，白术 30g，防风 30g，制白附子 15g，僵蚕 15g，全蝎 15g。

[制备] 将上述药物置陶瓷或玻璃容器中，用白酒 1000ml 浸泡，每隔 2 日将药酒摇动振荡数次，2 周后过滤，即得。[河南中医，2003，23（1）：35.]

[用法] 口服。每次 15～20ml，每日 2 次。配合颞骨茎乳突孔附近热敷，或给予红外线照射。

[效用] 益气化痰，祛风通络。用于周围性面神经麻痹。

[按语] 原方为散剂温水送服，现改为酒剂内服。治疗期间注意避风。

## 6. 复方牵正药酒

[处方] 制白附子 15g，僵蚕 15g，蜈蚣 5 条，夏枯草 45g，葛根 25g，川芎 15g，羌活 15g，赤芍 25g，地龙 25g，白芷 10g。

[制备] 将上述药物置陶瓷或玻璃容器中，用白酒 1000ml 浸泡，每隔 2 日将药酒摇动振荡数次，2 周后过滤，即得。[现代中西医结合杂志，2002，11（6）：492.]

[用法] 口服。每次 15～20ml，每日 2 次。配合针灸治疗。

[效用] 化痰止痉，活血通经。用于面神经炎所致面瘫。

[按语] 面神经炎常见耳后乳突部压痛，该部位属少阳经循行部位，故方中用夏枯草清肝胆之热。如果乳突部压痛消失，可以去夏枯草，加黄芪 45g。原方为水煎剂，现改为酒剂，服用更方便。

## 7. 葛根麻黄酒

[处方] 葛根 60g，麻黄 20g，桂枝 40g，白芍 40g，甘草 20g，大枣 10 枚，生姜 10g。

[制备] 将上述药物置陶瓷或玻璃容器中，用白酒 750ml 浸泡，每隔 2 日将药酒摇动振荡数次，2 周后过滤，即得。[陕西中医，2002，23（2）：117.]

[用法] 口服。每次 15～20ml，每日 2 次。6 天为 1 个疗程。

[效用] 解表和营。用于面神经炎所致面瘫。

[按语] 本方实为《伤寒论》的葛根汤。葛根、桂枝均有扩张脑部血管、改善血供的作用，有利于面部炎症的消退。原方为水煎剂，现改为酒剂，服用更方便。

## 8. 黄芪地龙酒

[**处方**] 黄芪60g，当归20g，赤芍20g，川芎20g，桃仁20g，红花20g，地龙20g。

[**制备**] 将上述药物置陶瓷或玻璃容器中，用白酒1000ml浸泡，每隔2日将药酒摇动振荡数次，2周后过滤，即得。[四川中医，2000，18（7）：29.]

[**用法**] 口服。每次15～20ml，每日2次。

[**效用**] 益气活血，化瘀通络。用于面神经炎所致面瘫。

[**按语**] 本方即清代王清任《医林改错》中的补阳还五汤。本方现代临床常用治脑卒中后遗症，这里用治周围性面神经炎引起的面瘫也有效。本方大剂量黄芪补气，与诸活血化瘀药配伍同用是其最大特点。在急性期颜面因炎症局部可能有水肿，所以方中增加泽兰20g、益母草30g，效果可能会更好。

## ～ （五）失 眠 ～

### 1. 安神枣酒（民间方）

[**处方**] 大枣500g，酸枣仁250g。

[**制备**] 酸枣仁打碎，用纱布袋装，扎口。将大枣和酸枣仁药袋放容器中，用白酒1500ml浸泡2周，取出药袋，压榨取液，与药酒混合，即成。

[**用法**] 口服。每晚饮用15ml，并食用2～3颗酒枣。

[**效用**] 养心安神。用于失眠，心悸，多梦，体虚自汗。

[**按语**] 大枣中所含柚皮素、糖苷类物质和酸枣仁所含总皂苷均有良好的中枢抑制、镇静作用。

### 2. 黄连阿胶酒

[**处方**] 黄连15g，黄芩15g，阿胶15g，白芍20g，五味子15g，炒酸枣仁15g，夜交藤20g，龙齿30g，珍珠母30g。

[**制备**] 阿胶粉碎成细末，备用。先将其他药置陶瓷或玻璃容器中，用1000ml白酒浸泡，2周后过滤，再纳入阿胶细粉，小火加温30min，密封贮存7天，即得。[四川中医，1999，17（5）：31.]

[**用法**] 口服。每次15ml，每日早晚各1次。每次同时食用鸡子黄1枚。

[**效用**] 滋阴泻火，宁心安神。用于顽固性失眠，伴心烦、多梦、健忘。

[**按语**] 本方为《伤寒论》黄连阿胶汤加味，适用于肾水不足，心火偏亢，心肾不交之失眠症。方中黄连、黄芩清心除烦；阿胶、鸡子黄滋补肾阴；白芍敛

阴补心血；酸枣仁、五味子、夜交藤、珍珠母和龙齿宁心安神。

### 3. 活血眠通酒（《中国中医秘方大全》）

[**处方**] 三棱 10g，莪术 10g，柴胡 10g，炙甘草 10g，白芍 10g，白术 10g，酸枣仁 12g，当归 15g，丹参 15g，茯苓 18g，夜交藤 24g，珍珠母 30g。

[**制备**] 将诸药置陶瓷或玻璃容器中，用 1000ml 米酒浸泡，每隔 2 日将药酒振荡摇动数次，2 周后过滤，即得。

[**用法**] 口服。每次 15～20ml，每日 2 次，早晚各 1 次。

[**效用**] 活血化瘀，舒肝宁心。用于顽固性失眠。

[**按语**] 心神不宁每与瘀血内阻有一定关系，本方以活血行气、宁心安神为法，标本兼顾，气血同治。

### 4. 逐瘀宁心酒

[**处方**] 当归 15g，生地黄 15g，桃仁 15g，赤芍 15g，红花 15g，枳壳 15g，柴胡 15g，甘草 15g，桔梗 15g，川芎 15g，牛膝 15g，珍珠母 15g，夜交藤 20g，酸枣仁 20g。

[**制备**] 将诸药置陶瓷或玻璃容器中，用 1000ml 米酒浸泡，每隔 2 日将药酒振荡摇动数次，2 周后过滤，即得。[辽宁中医学院学报，2002，4 (2)：118.]

[**用法**] 口服。每次 15～20ml，每日 2 次。

[**效用**] 活血化瘀，宁心安神。用于失眠。

[**按语**] 本方乃《医林改错》血府逐瘀汤基础上加诸安神药组成。中医认为心主血、藏神，如心脉瘀阻，血不养心，则神不内守，出现失眠，故采用活血化瘀法。本方原为水煎剂，现改为酒剂。

### 5. 酸枣仁酒（《金匮要略》）

[**处方**] 酸枣仁 60g，茯神 60g，知母 30g，川芎 12g，炙甘草 12g。

[**制备**] 上述诸药粉碎，装纱布袋内，扎口，用米酒 1000ml 浸泡，加热煮沸，转小火煎煮 20min，待冷却后，封闭容器，置阴凉处，2 周后启封，取出药袋，压榨取液，与药酒混合，过滤，即得。

[**用法**] 口服。每日晚上临睡前半小时服，每次 30ml。

[**效用**] 养心安神。用于失眠。

[**按语**] 茯神，即抱松枝根而生的茯苓，其宁心安神作用更好。

### 6. 复方酸枣仁酒（民间经验方）

[**处方**] 酸枣仁 300g，醋制延胡索 60g。

[制备] 将上述药物粉碎成粗末，装入纱布口袋，扎口。用白酒 1000ml 浸泡，隔日将药酒振荡摇动数次，2 周后取出药袋，压榨取液，与药酒混合，过滤即得。

[用法] 口服。每晚临睡前饮 15～20ml。

[效用] 镇静安神。用于失眠。

[按语] 重庆中药厂生产的"复方酸枣仁胶囊"配方即是本方，现改为酒剂。方中酸枣仁养心安神为主药，延胡索的功效主要是活血行气止痛，但尚有良好的镇静作用，与酸枣仁配伍，可以增强其安神作用。延胡索入药必须先醋制。

### 7. 枣仁安神酒（民间经验方）

[处方] 酸枣仁 150g，丹参 100g，五味子 50g。

[制备] 上述诸药碾碎，用米酒 1000ml 浸泡，2 周后过滤，即得。

[用法] 口服。每晚临睡前饮 20～30ml。

[效用] 养心安神。用于健忘、失眠、神经衰弱、更年期综合征。

[按语] 中成药"枣仁安神颗粒"配方即是本方，现改为酒剂。方中酸枣仁、丹参、五味子都有良好的安神作用。

### 8. 复方夜交藤酒（江西民间方）

[处方] 夜交藤 30g，合欢皮 30g，桑椹 30g，徐长卿 30g，丹参 15g，五味子 10g，甘草 10g。

[制备] 将上述药物用白酒 1000ml 浸泡，2 周后过滤，即得。

[用法] 口服。每次 15～20ml，早晚各 1 次。

[效用] 养血安神。用于失眠。

[按语] 夜交藤即首乌藤，有养血安神作用。

### 9. 百合九味酒（《中国中医秘方大全》）

[处方] 百合 24g，麦冬 24g，党参 24g，琥珀粉 6g，龙齿 60g，五味子 6g，浮小麦 60g，炙甘草 12g，大枣 10 枚。

[制备] 龙齿煅过，粉碎。将上述诸药用米酒 1000ml 浸泡，2 周后过滤，即得。

[用法] 口服。每次 20ml，每日早晚各 1 次。

[效用] 养心宁神，安脏润燥。用于虚烦不寐，兼有阳亢的失眠症。

[按语] 血糖不高者可酌加蜂蜜或白糖，调味服用。

## 10. 滋阴补心酒（《摄生秘剖》）

[处方] 丹参 24g，当归 24g，石菖蒲 24g，党参 24g，茯苓 24g，五味子 15g，麦冬 24g，天冬 24g，地黄 36g，玄参 24g，制远志 20g，酸枣仁 60g，桔梗 20g，甘草 15g。

[制备] 上述诸药置陶瓷或玻璃容器中，用白酒 2000ml 浸泡，每隔 2 日将药酒振动摇晃数次，2 周后过滤，即得。

[用法] 口服。每次 15～20ml，早晚各 1 次。

[效用] 滋阴养血，补心安神。用于心阴不足，心悸健忘，失眠多梦。

[按语] 本方出自《摄生秘剖》天王补心丹，原方有朱砂，有毒，现删去，且改丹剂为酒剂服用。血糖不高者，药酒中可酌加蜂蜜或白糖调味服用。

## 11. 安神养心酒（民间方）

[处方] 莲子 40g，百合 20g，大枣 60g，五加皮 20g，龙眼肉 20g，枸杞子 40g，桑椹 20g，酸枣仁 20g，五味子 40g，合欢皮 20g。

[制备] 上述药物用白酒 1500ml 浸泡，密封 2 周后，过滤即得。

[用法] 口服。每晚饮用 20ml。

[效用] 养心安神，解郁。用于心烦失眠。

[按语] 莲子可以不必去心，莲心有清心除烦作用。

# 八、妇科

## （一）月经不调

## 1. 当归酒（《本草纲目》）

[处方] 当归 250g。

[制备] 将当归捣成粗末，用纱布袋盛之，置于净器中，倒入黄酒 1000ml 浸泡，封口，5 日后启封，药袋压榨取液，过滤去渣备用。

[用法] 口服。每次 20～30ml，早、晚各 1 次。

[效用] 补血调经，活血止痛，润燥滑肠。用于妇女月经不调、经行腹痛、

腰痛便秘、产后瘀滞腹痛。

[按语] 当归既能补血，又能活血，为妇科调经要药，常用于血虚或血虚兼有瘀滞的月经不调、痛经等症。当归同时含有兴奋和抑制子宫平滑肌的成分，抑制成分主要为挥发油及阿魏酸，兴奋成分为水溶性或醇溶性的非挥发性物质，故当归对子宫的作用取决于子宫的功能状态而呈双相调节；当归中还含有脂溶性物质如维生素 E 等。所以，当归调经，用酒剂比水煎剂更好，因为调经止痛的有效物质在酒剂中的溶出率比水煎剂中高，当归制成酒剂，借酒力行药势，益彰其效。湿盛中满、大便溏泄者慎用。

## 2. 月季调经酒（民间验方）

[处方] 月季花 30g，当归 40g，丹参 40g。

[制备] 上药切碎，与黄酒 1000ml 共置于容器中，密封浸泡 1 周，过滤取汁，入冰糖 50g，搅匀溶化即成。

[用法] 口服。每次 15～30ml，每日 2～3 次。

[效用] 活血化瘀，调经止痛。用于血瘀型月经不调、痛经、闭经等。症见月经量少，夹有血块，经色紫暗，经来小腹疼痛，舌紫暗，或有瘀斑，脉涩。

[按语] 月季花，又名月月红、月月开，为蔷薇科植物月季的花，具有活血调经功能，对月经不调、经行不畅、经期拘挛性腹痛有良好的治疗效果。我国陕甘宁、安徽地区民间常配伍益母草同用。

## 3. 地榆酒（《百病中医药酒治疗》）

[处方] 地榆 60g，甜酒适量。

[制备] 将地榆研成细末，用甜酒煎煮，备用。

[用法] 口服。每次 6g 地榆末，每日 2 次。

[效用] 凉血止血。用于月经过多，或过期不止，经色深红或紫红，质地黏稠有块，腰腹胀痛，心烦口渴，面红唇干，小便短赤，舌质红，苔黄，脉滑数。

[按语] 地榆具有凉血止血、解毒、敛疮的功能。传统习惯认为，生地黄榆清热解毒力胜，故常用于痢疾、疮痈；地榆炒成炭，收敛之性更佳，常用于出血病症。现代研究认为，地榆止血有效成分主要是所含的鞣质，故本处方用生地黄榆而不用炒炭也是可以的。

## 4. 红花山楂酒（《百病饮食法》）

[处方] 红花 30g，山楂 60g。

[制备] 将上药用白酒 500ml 浸泡 7 天后，备用。

[用法] 口服。每次 15～30ml，视酒量大小，不醉为度，每日 2 次。

[效用] 活血调经。用于经来量少，紫黑有块，小腹胀痛、拒按，血块排出后疼痛减轻，舌边可见紫暗瘀点，脉沉涩。

[按语] 山楂，为药食两用之品，不仅具有消食健胃的功效，还有活血化瘀的功能。《方脉正宗》记载一味山楂煎水服治疗血滞腹痛。月经过多者忌用。

## 5. 当归肉桂酒 (《陕甘宁青中草药选》)

[处方] 当归 30g，肉桂 6g。

[制备] 上药用甜酒 500ml 浸泡，密封 1 周后启封饮用。

[用法] 口服。每次 30～50ml，每日 1～3 次。

[效用] 活血调经，散寒止痛。用于妇女血寒月经不调、痛经。症见月经错后，小腹冷痛，经色紫暗或有血块，手足不温，舌色紫暗，脉迟涩等。

[按语] 月经先期量多属血热者忌用。当归可分归头、归身、归尾三个部位入药，前人有归头止血、归身补血、归尾活血之说。现在药店多数不分合而用之，称全当归。调经一般用全当归为好。

## 6. 调经酒 (《奇方类编》)

[处方] 当归 12g，川芎 12g，白芍 9g，熟地黄 18g，牡丹皮 9g，醋香附 18g，延胡索 9g，吴茱萸 12g，小茴香 6g，茯苓 9g，陈皮 9g，砂仁 9g。

[制备] 上药放瓦罐中，倒入烧酒 1500ml、黄酒 1000ml，共煮至沸，离火放凉备用。

[用法] 口服。每次 15～30ml，温服。每日 2 次。

[效用] 养血活血，疏肝理气，温经散寒，健脾开胃。用于血寒肝郁瘀滞型月经不调、痛经。症见月经错后或前后不定期，经色暗淡、紫暗或有血块，量少，经前、经期或经后小腹或腰部酸痛、胀痛或冷痛，兼见食欲不振、腹胀等。

[按语] 月经先期量多者慎用。本方为四物汤加味而成。香附疏肝理气，乃调经常用药物，吴茱萸、小茴香为温经散寒而设，延胡索活血行气止痛。故本处方既可用于月经不调，也可用于痛经。

## 7. 大佛酒 (《百病饮食自疗》)

[处方] 大佛手 45g，砂仁 30g，大山楂 50g。

[制备] 将上药洗净，晾干，砂仁碾碎，置净器中，用 1000ml 黄酒或米酒浸泡 1 周，即可饮用。

[用法] 口服。每次 15～30ml，早、晚各 1 次。

[效用] 疏肝理气，活血调经。用于肝郁气滞所致月经期延后，量少色暗有

块，小腹及胸胁乳房胀闷不舒，时有叹息，精神忧虑等。

　　[按语]中医理论称肝主疏泄，藏血；而脾为后天之本，主统血。妇女月经正常与否与肝、脾上述功能是否正常密切相关。故中医认为，妇女调经以理气为先，疏肝解郁为主，和脾胃为要。方中大佛手，即佛手，具有疏肝解郁、理气和中功能；砂仁侧重化湿行气，理脾胃气滞；山楂消食化积，行气散瘀。本方体现了上述调经的基本原则。

## 8. 芍药黄芪酒（《验方新编》）

　　[处方]白芍 100g，黄芪 100g，生地黄 100g，炒艾叶 30g。

　　[制备]将上药捣碎成粗末，用纱布袋盛之，置于净器中，用黄酒 2000ml 浸泡，封口，3 日后开启，去药袋，过滤去渣即可饮用。

　　[用法]口服。每次 20～30ml，饭前温服，每日 3 次。

　　[效用]益气固摄，养血调经。用于妇女月经过多，赤白带下。

　　[按语]黄芪补气升阳、固摄经血，生地黄滋阴养血，白芍养血敛阴、柔肝止痛，炒艾叶温经止血、止带。故本方宜用于气血不足，经血失于固摄所致的月经过多、赤白带下。

## 9. 桑椹红花酒（经验方）

　　[处方]桑椹 50g，红花 10g，鸡血藤 24g。

　　[制备]鸡血藤研成粗末，与其他药一同用纱布袋盛之，扎口，先以白酒 250ml 密封浸泡 7 天，加黄酒 500ml，再密闭浸泡 7 天。取出药袋，压榨取液，将榨取液与原药酒合并，过滤后装瓶备用。

　　[用法]口服。每次 20～25ml，每日 2 次。

　　[效用]养血活血，调经通络，祛风除痹。用于妇女月经不调，痛经，闭经；老人血不养筋，风湿痹痛，手足萎弱。

　　[按语]桑椹又名桑果、桑实，《本草拾遗》称其能"利五脏关节，通血气"，《随息居饮食谱》记载其能"滋肝肾，充血液"，为滋阴补血佳品。红花，又名红蓝花，为妇科要药，《本草汇言》有"破血、行血、和血、调血"的记载。鸡血藤，为豆科植物密花豆、香花崖豆藤的藤茎，具有养血活血、舒筋活通络的功能，据《本草纲目拾遗》记载可治"妇人经水不调，赤白带下"，也可治"老人气血虚弱，手足麻木、瘫痪"。

## 10. 雪莲酒（《本草纲目拾遗》）

　　[处方]雪莲 60g。

　　[制备]将雪莲切碎，用纱布袋盛装，置净器中，用白酒 500ml 浸泡，封口。

7 日后启封，过滤去渣，装瓶备用。

　　[用法] 口服。每次 10～20ml，每日早、晚空腹温服。

　　[效用] 补肾壮阳，活血通络，调经止血。用于妇女月经不调，小腹冷痛，经闭，痛经，崩漏带下；风湿性关节炎疼痛。

　　[按语] 雪莲，为菊科植物绵头雪莲花、水母雪莲花、新疆雪莲花、西藏雪莲花的带花全草。该花的形态和产地，《本草纲目拾遗》中有这样的记载："雪莲花产伊犁西北及金川等处大寒之地，积雪春夏不散，雪中有草，类荷花，独茎亭亭，雪间可爱，较荷花略细，其瓣薄而狭长，可三四寸，绝似笔头。"本品具有温肾壮阳、活血通络、调经止血的功效，有良好的抗炎镇痛作用。由于本品可终止妊娠，故孕妇忌服。有报道过量服用新疆雪莲花、水母雪莲花，致大汗淋漓，故剂量不可任意加大，以防发生不良反应。

## 11. 益母草酒（民间验方）

　　[处方] 益母草 300g，红糖 100g。

　　[制备] 益母草置净器中，用白酒 1000ml 浸泡，密封，每日将容器振荡 1 次，14 日后启封，过滤去渣，滤液中放红糖，搅匀，溶化后即得。

　　[用法] 口服。每次 15ml，每日早、晚各 1 次。1 个月为 1 个疗程。

　　[效用] 活血调经。用于妇女经闭。

　　[按语] 妇女经闭原因较多，有因脾虚后天失养，有因血虚所致，本药酒适用于血瘀经闭。益母草具有调经活血、祛瘀生新功能。

## 12. 玫瑰花酒（《青岛中草药手册》）

　　[处方] 玫瑰花 200g。

　　[制备] 将玫瑰花用 2000ml 黄酒浸泡 3 天，过滤取液，酌加适量红糖，混匀即成，装瓶密封备用。

　　[用法] 口服。每次 50ml，每日 2 次。

　　[效用] 行气解郁，活血调经。用于月经不调。

　　[按语] 原方为水煎冲黄酒服，每次 9g，现改为酒剂。

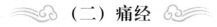

## （二）痛经

## 1. 归芪酒（《中国食疗学》）

　　[处方] 当归 150g，黄芪 150g，大枣 100g。

　　[制备] 当归、黄芪洗净，切片，加大枣置纱布袋中，投入盛酒容器内，用

白酒 1000ml 浸泡，加盖密封，14 天后即可饮用。

[用法] 口服。每次 10ml，每日 3 次，7 天为 1 个疗程，行经前 5 天开始服用。每料酒可用 3 个疗程。

[效用] 益气活血，化瘀止痛。用于经行腹痛、气虚经闭。

[按语] 本方即《内外伤辨惑论》中当归补血汤加大枣。原当归补血汤中黄芪用量 5 倍于当归，旨在补益阳气，达到阳生阴长而补血的目的。本方黄芪与当归用量持平，意在加强活血调经，以益气活血，达到通则不痛的目的，故可用于经行腹痛、气虚经闭。

### 2. 当归延胡酒（《儒门事亲》）

[处方] 当归 50g，延胡索 25g，制没药 15g，红花 15g。

[制备] 以上四味药，共捣为粗末，用纱布袋盛放，置于净器中，入白酒 1000ml 浸泡，封口。7 天后开启，去掉药袋，过滤去渣，备用。

[用法] 口服。每次 10～15ml，每日 2 次，早、晚空腹服用。

[效用] 活血调经，行瘀止痛。用于月经欲来腹中疼痛。

[按语] 本方对妇女因气滞血瘀引起的痛经及血滞经闭、产后瘀阻腹痛、跌仆损伤所致血瘀疼痛，均有较好的疗效。

### 3. 红蓝花酒（《金匮要略》）

[处方] 红蓝花 100g。

[制备] 将红蓝花（红花）置瓷罐内，用黄酒 1000ml 浸泡，加盖，置锅中，隔水煮至水沸 5min 即止，待自然凉后，取出瓷罐，移放常温下，密封浸泡 1 周后，启封即可饮用。

[用法] 口服。每次 25ml，每日早、晚各 1 次，于经前 1 周开始服药，连服 7 天为 1 个疗程，每一月经周期只服 1 个疗程，连用 3 个疗程。

[效用] 活血化瘀，通经止痛。用于痛经。

[按语]《金匮要略》红蓝花酒即以红蓝花一味药制成酒剂，治疗妇女腹中血气刺痛等病症。红蓝花，即红花，为菊科植物红花的花，又名草红花。有学者报道用渗漉法制备此酒，治疗痛经 110 例，疗效满意。

### 4. 刘寄奴酒（经验方）

[处方] 刘寄奴、甘草各 75g。

[制备] 上药共研成粗末，白酒适量，备用。随用随制备。

[用法] 口服。每次取药末 10g，先用清水 2 小杯，入药煎至 1 小杯，再入酒 1 小杯，再煎至 1 小杯，去渣，饭前温服，每日 1～2 次。从经前 5 天开始服，

连服 5 天。

[效用] 破血通经，散瘀止痛。用于痛经、血滞经闭、产后瘀滞腹痛及跌打损伤、血瘀肿痛。

[按语] 刘寄奴，为菊科植物奇蒿的全草，商品称"南刘寄奴"，具有活血通经、消积、止痛的功能。脾虚泄泻者慎用。

## 5. 当归红花酒

[处方] 当归 15g，红花 10g。

[制备] 将当归、红花两药粉碎成粗粉，用 55 度白酒少许湿润 48h，然后装渗漉桶，用白酒 250ml 进行渗漉，渗漉液用砂滤棒抽滤，分装即得。[黑龙江中医药，2000，5：49.]

[用法] 口服。每次 10ml，重症患者 15～20ml，每日 3 次。于月经来潮前 4 日开始服用，月经来潮后继续服用 3 日，7 日为 1 个疗程，连服 3 个月经周期。

[效用] 活血止痛，养血调经。用于痛经。

[按语] 有学者报道用此药酒治疗痛经 200 例，效果满意。家庭制备可以用白酒 300ml 直接浸泡，2 周后过滤去渣即成。

## 6. 山楂止痛酒

[处方] 山楂（切片晒干，去核）100g。

[制备] 用 60 度白酒 300ml 浸泡山楂，密封 21 日后，备用。[辽宁中医杂志，1980，6：47.]

[用法] 口服。每次 10～20ml，每日 2 次。

[效用] 健脾，活血。用于妇女痛经，身体疼痛。

[按语] 有学者报道连服 1～2 个月经周期，治疗功能性痛经 105 例，效果良好，其中以血瘀型、虚寒型痛经疗效为佳。

## 7. 红花当归酒

[处方] 红花 10g，益母草 60g，当归 10g，川芎 5g，黑胡椒 7 粒。

[制备] 以上诸药用白酒 500ml 浸泡 48h 后，即可饮用。[成都中医学院学报，1990，13（4）：37.]

[用法] 口服。每次服 20ml，每日早、晚各 1 次。于月经来潮前 4 天开始服用，连服 7 天为 1 个疗程。

[效用] 活血祛瘀，通经止痛。用于痛经。

[按语] 作者用此方治疗痛经患者 284 例，大多服完 1 个疗程即见效。

## 8. 少腹逐瘀酒（《医林改错》）

[处方] 当归 24g，川芎 24g，赤芍 24g，生蒲黄 24g，五灵脂 20g，延胡索（醋制）15g，肉桂 10g，制没药 10g，制乳香 10g，小茴香 10g，干姜 10g。

[制备] 上述药物碾碎置陶瓷或玻璃容器内，用白酒 1000ml 浸泡，2 周后过滤，即得。

[用法] 口服。每次 15ml，每日 2 次。于月经来潮前 4 日开始服用，月经来潮后继续服用 3 日，7 日为 1 个疗程。不效，可于下次月经来潮前 4 天开始第 2 个疗程。

[效用] 活血化瘀，温经止痛。用于痛经。

[按语] 原方为汤剂，现改为酒剂。

## 9. 痛经灵药酒

[处方] 醋制延胡索 25g，炒小茴香 15g，炒土鳖虫 15g，乌药 15g，细辛 10g。

[制备] 上述药物碾碎置陶瓷或玻璃容器内，用白酒 500ml 浸泡，2 周后过滤，即得。[中国中西医结合杂志，1992，11：671.]

[用法] 口服。每次 15ml，每日 2 次。于经前 2 周开始服用，连服 10 天为 1 个疗程。

[效用] 行气活血，温经散寒。用于原发性痛经。

[按语] 原方制成片剂，现改为酒剂。报道治疗原发性痛经 80 例，效果满意。原发性痛经又名功能性痛经，指生殖器官无明显器质性病变的月经期疼痛，多见于未婚或未孕妇女。

## 10. 宣郁通经酒

[处方] 柴胡 10g，郁金 10g，栀子 10g，牡丹皮 10g，黄芩 10g，延胡索 10g，白芍 10g，制香附 15g，白芥子 6g，甘草 6g。

[制备] 上述药物碾碎置陶瓷或玻璃容器内，用白酒 750ml 浸泡，2 周后过滤，即得。[陕西中医，1993，6：271.]

[用法] 口服。每次 15ml，每日 2 次。于经前 5 天开始服用，连服 7 天。见效后，继续服用 3 个月经周期。

[效用] 疏肝理气，宣郁通经。用于痛经，属肝郁型。

[按语] 情志不调，肝郁气滞，容易影响月经的正常来潮，导致气滞经血不能畅通，不通则痛。所以，一方面进行药物治疗，另一方面精神上要调畅，始能提高疗效。

## 11. 泽兰调经止痛酒

[处方] 泽兰21g，续断21g，醋炒延胡索15g，当归15g，制香附18g，赤芍18g，柏子仁18g，红花5g，牛膝5g。

[制备] 上述药物碾碎置陶瓷或玻璃容器内，用白酒1000ml浸泡，2周后过滤，即得。[陕西中医，1988，12：541.]

[用法] 口服。每次15ml，每日2次。于经前5天开始服用，连服7天。见效后，继续服用3个月经周期。

[效用] 补肾调经，化瘀止痛。用于痛经。

[按语] 原方为水煎剂，报道用此方治疗120例，效果满意。现改为酒剂。

## 12. 加味桃红四物酒

[处方] 桃仁18g，红花15g，地黄15g，白芍21g，当归15g，川芎15g，五灵脂15g，生蒲黄18g。

[制备] 上述药物碾碎置陶瓷或玻璃容器内，用白酒750ml浸泡，2周后过滤，即得。[江西中医药，1991，3：47.]

[用法] 口服。每次15ml，每日2次。于经前5天开始服用，连服20天为1个疗程。

[效用] 养血活血，化瘀止痛。用于膜样痛经。

[按语] 膜样痛经者大多于月经来潮第3～4天时疼痛最剧，待膜状块物排出后疼痛缓解。中医称瘀滞性痛经，治疗侧重在化瘀止痛。本方由《医宗金鉴》桃仁四物汤和《苏沈良方》失笑散两方组成，后者化瘀止痛力强，在妇科痛经、产后腹痛中常被选用。作者原报道为水煎剂，现改为酒剂应用。

## ～⊱ （三）产后腹痛 ⊰～

### 1. 缩宫逐瘀酒（民间验方）

[处方] 当归20g，川芎20g，桃仁15g，炮姜10g，益母草40g，枳壳40g，刘寄奴20g，山楂40g，重楼30g，甘草10g。

[制备] 上述药物用白酒1000ml浸泡，14天后即成，过滤去渣，装瓶备用。

[用法] 口服。每次15～20ml，每日2次。

[效用] 行气活血，缩宫逐瘀。用于产后留瘀，宫缩恢复不良，腹痛，恶露不绝。

[按语] 重楼，为百合科植物华重楼或云南重楼等的根茎，又名蚤休、七叶

一枝花，具有清热解毒、缩宫止血功能，为方中主药。曾有学者报道，用本品流浸膏制成的"宫血宁"胶囊用于正常产褥期，观察发现能促进子宫复旧，减少产褥出血，缩宫作用较益母草强。方中益母草、山楂、枳壳用量较大，也是缩宫逐瘀的重要药物。但本方对宫腔残留组织有粘连者疗效不佳。

## 2. 生化复元酒（民间验方）

[处方] 党参20g，黄芪30g，当归30g，川芎20g，桃仁20g，炮姜10g，生甘草6g，生蒲黄、炒蒲黄各20g，五灵脂20g，益母草40g。

[制备] 上药用白酒1000ml浸泡14天后即成，过滤除渣，装瓶备用。

[用法] 口服。每次15～20ml，每日2～3次。

[效用] 祛瘀生新，补气摄血。用于产后气血不足，腹痛，恶露不绝。

[按语] 蒲黄配伍五灵脂，即《太平惠民和剂局方》失笑散，对各种瘀滞引起的疼痛有较好疗效。

## 3. 山楂桂圆红糖酒（民间验方）

[处方] 山楂250g，龙眼肉（桂圆肉）250g，大枣30g。

[制备] 上述药物用米酒2000ml浸泡21日，加红糖80g，待溶化，即成。

[用法] 口服。每次1小杯（30～40ml），每日2次。

[效用] 消食散瘀，补益心脾。用于食积不化，脘腹痞胀，产妇恶露不尽，小腹疼痛。

[按语] 山楂既能消积化滞，又能活血散瘀；龙眼肉、大枣补益心脾，养血安神；红糖，又名赤砂糖，味甘性温，能补中缓急、和血行瘀，民间常用于妇女产褥期。高血糖者忌用。

## 4. 归羽酒（《圣济总录》）

[处方] 当归40g，鬼箭羽30g。

[制备] 将上药打碎成粗粒状，装纱布袋，放酒坛中，倒入米酒1000ml，文火煮数百沸，候凉，密封3日，去袋取用。

[用法] 口服。每次15～20ml，每日早、晚各1次。

[效用] 补血和血，祛瘀止痛。用于妇女产后血晕欲绝，败血不散，脐腹疼痛。

[按语] 妇女产后，胞宫内瘀血如浊液留滞不下，或虽下甚少，有欲止之势，为产后血晕欲绝之症。本药酒中当归补血和血，鬼箭羽破血祛瘀，药借酒势，其效益彰。鬼箭羽，为卫矛科植物卫矛的具翅状物的枝条或翅状附属物。《新修本

草》："疗妇人血气，大效。"《日华子本草》记载其能治疗"产后血绞肚痛。"

## ～⊱ （四）产后缺乳 ⊰～

### 1. 涌泉酒（《验方新编》）

[处方] 王不留行 10g，穿山甲（炮黄）5g，天花粉 10g，当归 7g，甘草 10g，麦冬 8g。

[制备] 将上药研细末，装瓶备用。

[用法] 每次取药末 6～7g，用黄酒 125ml 煎药，煎取半量汁液，俟温服之。每日 2 次。

[效用] 通经下乳。用于产后乳汁不通。

[按语] 服药期间配合做乳房局部热敷和按摩。王不留行、穿山甲均为通经下乳要药。古人云："穿山甲、王不留，妇人服了乳长流。"天花粉、麦冬、当归、甘草充养津血，以为生乳之源。本剂对产后乳汁不通者用之效果较好，且可预防乳痈疾患的发生。

### 2. 鸡蛋红糖甜酒（云贵川地区民间方）

[处方] 鸡蛋 1 枚，红糖 30g，酒酿 1 小碗。

[制备] 酒酿加水适量，锅内煮沸，鸡蛋打碎入锅内搅成蛋花状，离火，加红糖调匀，即成。

[用法] 口服。上述鸡蛋红糖甜酒趁热一次服完，每日 2～3 次。

[效用] 健脾养血，活血通乳。用于乳房胀痛，乳汁排出不畅或乳房不胀，乳汁甚少或全无等。

[按语] 治疗期间可配合乳房局部按摩、热敷。本方适用于单纯型缺乳及络阻乳汁排泄不畅。

### 3. 通乳酒（民间验方）

[处方] 党参 20g，当归 15g，穿山甲 15g，王不留行 25g，漏芦 20g，通草 15g，路路通 15g，麦冬 10g，木通 10g。

[制备] 上药用米酒 1000ml 浸泡 7 天，即可饮用。

[用法] 口服。每次 20ml，每日 2～3 次。

[效用] 益气养血，通经下乳。用于产后气血虚弱，乳汁不足。

[按语] 可配合乳房局部热敷、按摩。若证属肝郁气滞者，方中可配伍香附 10g、柴胡 10g、青皮 10g。

## 4. 催乳散酒

[处方] 土鳖虫 30g。

[制备] 土鳖虫洗净，晾干，焙，碾成细末，备用。[实用中西医结合杂志，1990，(6)：361.]

[用法] 口服。每次土鳖虫粉末 3g、维生素 E100mg，用啤酒 100ml 送服，1日 3 次。

[效用] 催乳。用于产后缺乳症。

[按语] 可配合乳房局部热敷、按摩。土鳖虫焙过，目的是去腥味，也便于碾粉。

## 5. 复方催乳酒

[处方] 黄芪 10g，当归 10g，川芎 10g，穿山甲（沙炒）10g，王不留行 10g，漏芦 10g，路路通 10g，柴胡 6g，通草 6g。

[制备] 上述药物碾碎，用米酒 1000ml 浸泡，2 周后过滤，即得。[北京中医杂志，1989，5：25.]

[用法] 口服。每次 20ml，每日 3 次。

[效用] 补益气血，疏肝通乳。用于产后缺乳症。

[按语] 可配合乳房局部热敷、按摩。原方为水煎剂，现改为酒剂。

## 6. 下乳酒

[处方] 党参 15g，当归 12g，白术 10g，茯苓 10g，桔梗 10g，穿山甲（沙炒）10g，王不留行 10g，路路通 10g，木通 6g，通草 6g。

[制备] 上述药物碾碎，用米酒 1000ml 浸泡，2 周后过滤，即得。[中医杂志，1984，2：132.]

[用法] 口服。每次 20ml，每日 3 次。

[效用] 益气养血，通乳。用于产后缺乳症。

[按语] 木通品种较混乱，应使用木通科木通，或三叶木通，或白木通，忌用马兜铃科关木通，因为后者有毒。原方为水煎剂，现改为酒剂。

## （五）子宫脱垂

## 1. 黄芪升阳酒（民间验方）

[处方] 黄芪 120g，益母草 50g，枳壳 50g，升麻 50g。

[制备] 将上药研粗末，装入纱布口袋，用白酒 1500ml 浸泡，密封，每日将浸泡容器摇动 1 次，14 天后启封，过滤去渣，装瓶备用。

[用法] 口服。每次 15ml，每日早、晚各 1 次。1 个月为 1 个疗程。

[效用] 益气升提，收敛固脱。用于妇女子宫脱垂。

[按语] 益母草活血调经，对子宫有明显的收缩作用。黄芪、升麻、枳壳配伍同用，有益气升阳固脱作用。

### 2. 升陷固脱酒（民间验方）

[处方] 柴胡 30g，升麻 30g，党参 120g，黄芪 120g，桔梗 40g，知母 30g。

[制备] 上药用白酒 1500ml 浸泡，密封，14 日后启封，备用。

[用法] 口服。每次 10～15ml，每日 3 次。1 个月为 1 个疗程。

[效用] 升阳举陷，养阴清热。用于妇女子宫脱垂。

[按语] 知母质润，味苦、甘，性寒，有滋阴清热的功能，在益气升阳诸药中配伍该药，适用于气虚内脏下垂兼有阴虚证候表现。

### 3. 枳壳升提酒

[处方] 枳壳 75g，茺蔚子 75g。

[制备] 上述药物用米酒 1000ml 浸泡，2 周后过滤，酌加白糖适量，混匀，调味，即得。[中西医结合杂志，1984，4：238.]

[用法] 口服。每次 20ml，每日 2 次。1 个月为 1 个疗程。

[效用] 升阳举陷。用于子宫脱垂。

[按语] 枳壳有行气宽中作用，且对轻度子宫脱垂有升提固托作用，一般配伍升麻、黄芪同用，但本方配伍茺蔚子也收到同样效果。

### 4. 益气补肾固脱酒（《中国中医秘方大全》）

[处方] 党参 15g，炒白术 15g，生黄芪 15g，黄精 15g，炙龟甲 15g，大枣 15g，枳壳 20g，巴戟天 20g，当归 10g，升麻 10g，益母草 30g。

[制备] 上述药物碾碎，用白酒 1500ml 浸泡，2 周后过滤，即得。

[用法] 口服。每次 15～20ml，每日 2 次。

[效用] 益气补肾，升提固脱。用于子宫脱垂。

[按语] 本方在益气升阳药中配伍巴戟天、炙龟板补肾药，适用于子宫脱垂伴有腰膝痠软等肾虚表现者。

### 5. 升麻牡蛎酒（《中国中医秘方大全》）

[处方] 升麻 90g，牡蛎 180g。

［制备］牡蛎碾碎。上述药物用白酒 1000ml 浸泡，2 周后过滤，即得。

［用法］口服。每次 15ml，每次 2 次。1 个月为 1 个疗程。

［效用］升阳举陷，收敛固涩。用于子宫脱垂。

［按语］方中升麻升阳举陷，牡蛎收敛固涩。

## 6. 提宫酒（上海民间方）

［处方］人参 9g，熟地黄 12g，金樱子 12g，山药 12g，白芍 9g，牡蛎 15g，白芷 5g，五味子 5g，白术 9g，柴胡 5g，山茱萸 9g，大枣 9g，升麻 6g，海螵蛸 12g。

［制备］上述药物碾碎，用白酒 1000ml 浸泡，2 周后过滤，即得。

［用法］口服。每次 15ml，每日 2 次。

［效用］补脾益肾，固脱升提。用于子宫脱垂。

［按语］原方制作成丸剂服用，现改为酒剂。

# （六）子宫肌瘤

## 1. 桂枝茯苓酒（《金匮要略》）

［处方］桂枝 30g，茯苓 30g，牡丹皮 30g，桃仁 30g，赤芍 30g。

［制备］上药用白酒 1000ml 浸泡 14 日后，即可饮用。

［用法］口服。每次 15ml，每日 3 次。3 个月为 1 个疗程。

［效用］活血散结，破瘀消癥。用于子宫肌瘤。

［按语］原方为丸剂，现改为酒剂。子宫肌瘤，在中医学中属"癥瘕""积聚"范畴，其临床多表现为月经先期、经量过多、经期延长，或不规则的子宫出血。多发生于中年及中年以上妇女。中医认为，本病与气滞、血瘀及痰湿的病理因素有关，先圣张仲景所制订的桂枝茯苓丸主要针对血瘀、痰湿立方，方中桂枝温通经脉而行瘀滞；桃仁、赤芍、牡丹皮活血化瘀，散血消癥；茯苓健脾利水，消痰渗湿，以助消癥之力。本方祛瘀之力甚为缓和，药物用量也不大，符合中医治疗癥积，宜渐消缓散，不用峻攻猛破的原则。中成药"桂枝茯苓丸"即为本方。本药酒行经期停用。

## 2. 化瘀破癥酒

［处方］海藻 45g，丹参 30g，瓜蒌 30g，橘核 20g，牛膝 20g，山楂 20g，赤芍 15g，蒲黄 15g，五灵脂 15g，三棱 10g，莪术 10g，延胡索 10g，血竭 10g，连翘 10g，穿山甲珠 10g，桂枝 10g，半夏 10g，浙贝母 10g，香附 10g，青皮 10g。

[制备]将上述药物碾成粗粉，用白酒 2000ml 浸泡，2 个月后过滤，即得。[贵阳中医学院学报，1993，1：25.]

[用法]口服。每次 15～20ml，每日 2 次。20 天为 1 个疗程。

[效用]活血化瘀，软坚散结。用于子宫肌瘤。

[按语]原方为水煎剂，现改为酒剂。病程 3 年以上者，方中三棱、莪术剂量加人至各 20g。

### 3.地黄通经酒

[处方]熟地黄 30g，水蛭 18g，虻虫 9g，桃仁 24g，丹参 45g，穿山甲（沙炒）21g，香附 21g。

[制备]将上述药物碾成粗粉，用白酒 1000ml 浸泡，2 个月后过滤，即得。[浙江中医杂志，1993，7：305.]

[用法]口服。每次 15ml，每日 2 次。连服 20 天为 1 个疗程。

[效用]行气活血，化瘀破癥。用于子宫肌瘤。

[按语]原方为水煎剂，现改为酒剂。伴有气虚者方中可加黄芪 60g；月经淋漓者加三七 12g。

### 4.软坚散结酒

[处方]海藻 60g，昆布 60g，海浮石 60g，生牡蛎 60g，山慈菇 30g，夏枯草 30g。

[制备]将海浮石、生牡蛎粉碎成粗粉，诸药加入米酒 1500ml 先浸泡 20min，加热煮沸转小火再煮 15min 左右，熄火，待凉后兑入高度白酒 500ml，继续浸泡，2 周后过滤，即得。[中医杂志，1992，5：301.]

[用法]口服。每次 15～20ml，每日 2 次。20 天为 1 个疗程，一般需要 3 个疗程。

[效用]化痰软坚，消肿散结。用于子宫肌瘤。

[按语]原方为水煎剂，现改为酒剂。腹部长新生物包块，中医治疗不外化瘀消癥和化痰软坚两种方法。大凡质地坚硬者侧重化瘀消癥；大凡质地稍软者侧重软坚化痰。本方适用于后者。

### 5.桂苓消瘤酒

[处方]桂枝 24g，茯苓 30g，牡丹皮 20g，桃仁 20g，赤芍 24g，鳖甲（炙）24g，穿山甲（沙炒）20g。

[制备]将上述药物碾成粗末，用白酒 1000ml 浸泡，期间每隔 2 日将药酒摇动振荡数次，2 周后过滤，即得。[北京中医杂志，1989，6：30.]

[用法] 口服。每次 15～20ml，每日 2 次。

[效用] 化瘀软坚，缓消癥块。用于子宫肌瘤。

[按语] 本方为桂枝茯苓丸加鳖甲、穿山甲组成，强化化瘀软坚作用。

# （七）乳腺增生

## 1. 乳腺增生酒

[处方] 柴胡 20，当归 24g，玄参 24g，浙贝母 24g，白术 24g，茯苓 30g，生牡蛎 30g，鹿角霜 30g，薄荷 12g，甘草 12g。

[制备] 牡蛎、浙贝母碾成粗末，将上述药物置陶瓷或玻璃容器中，用白酒 1500ml 浸泡，2 周后过滤，即得。[湖北中医杂志，1990，5：27.]

[用法] 口服。每次 15～20ml，每日 2 次。30 天为 1 个疗程。

[效用] 疏肝解郁，软坚散结。用于乳腺增生症。

[按语] 原方水煎服，现改为酒剂。乳腺增生又称乳腺小叶增生，属中医"乳癖"范畴，是妇女常见病之一，多发生于 25～40 岁。中医认为本病大多因肝胃不和，或冲任不调所致，故常从疏肝理气、活血化瘀或化痰散结入手，选用相应药物进行治疗，常能收到较好的效果。

## 2. 鹿甲酒

[处方] 鹿角片 30g，穿山甲（沙炒）30g，王不留行 50g，三棱 50g，莪术 50g。

[制备] 上述药物碾成粗末，装纱布口袋内，扎口，用白酒 1000ml 浸泡，2 周后过滤，即得。[浙江中医学院学报，1992，16（6）：13.]

[用法] 口服。每次 15～20ml，每日 2 次。连服 3 个月。

[效用] 温阳补肾，化瘀散结。用于乳腺小叶增生。

[按语] 原方制成散剂服，现改成酒剂用。现代研究发现鹿角提取物可抑制血中催乳素升高，对己烯雌酚所致乳腺增生有一定的治疗作用。故复方中常配伍此药。

## 3. 消癖酒

[处方] 丹参 20g，穿山甲 20g，延胡索 20g，海蛤粉 20g，月季花 15g，青皮 15g，佛手片 15g，姜黄 15g，香附 15g，露蜂房 15g，猫爪草 15g，生牡蛎 50g。

[制备] 先将穿山甲、生牡蛎碾碎成粗末，诸药置陶瓷或玻璃容器中，用白酒 1500ml 浸泡，2 周后过滤，即得。[江西中医药，1992，6：57.]

[用法] 口服。每次 15～20ml，每日 2 次。

[效用] 行气止痛，活血软坚。用于乳腺增生症。

[按语] 肿块较硬者药酒中另加石见穿 20g，三棱 20g，莪术 20g。猫爪草，为毛茛科植物猫爪草的块根，功能散结、解毒、消肿。

### 4. 乳癖消散酒

[处方] 天冬 60g，浙贝母 12g，生牡蛎 30g，白芥子 10g，僵蚕 10g，露蜂房 10g，昆布 15g，海藻 15g，荔枝核 12g，橘核 12g，鹿角片 12g，三棱 10g，莪术 10g，生麦芽 30g。

[制备] 上述药物碾碎成粗末，用白酒 1500ml 浸泡 2 周，过滤即得。[中医杂志，1992，33 (8)：470.]

[用法] 口服。每次 15～20ml，每日 2 次。

[效用] 软坚散结。用于乳腺增生症。

[按语] 天冬即天门冬，其所含天冬多糖具有抑瘤作用。单味应用也可以。天冬 200g，加黄酒 1000ml 加热煮沸，转小火再煎煮 15min，自然凉却，2 天后即可饮用，每日 2 次，每次 50ml。

### 5. 柴胡疏肝酒

[处方] 柴胡 24g，黄芩 18g，桂枝 18g，天花粉 30g，生牡蛎 40g，生麦芽 30g，莪术 18g，白芷 18g，鹿角霜 24g，干姜 6g。

[制备] 上述药物粉碎成粗末，用白酒 1000ml 浸泡 2 周，过滤去渣即成。[中国实验方剂学杂志，2008，14 (5)：43.]

[用法] 口服。每次 20～25ml，每日 2 次。4 周为 1 个疗程。

[效用] 疏肝理气，活血软坚。用于乳腺增生症。

[按语] 原方为水煎剂，现改为酒剂，药物剂量作了相应调整。

## ～ （八）更年期综合征 ～

### 1. 调理冲任酒（《中医方剂临床手册》）

[处方] 仙茅、淫羊藿、当归、巴戟天各 15g，知母、黄柏各 10g。

[制备] 诸药研成粗末，纱布袋装，扎口，用黄酒 1000ml 先浸泡 30min，后用小火加热 30min，待凉后密封，14 日后取出药袋，压榨取液，将压榨液与药酒合并，过滤后装瓶，备用。

[用法] 口服。每次 20ml，每日 2 次。

［效用］温肾阳，清相火，调冲任。用于妇女更年期综合征，月经不调，头晕耳鸣，腰膝酸软，肢体乏力；也可用于更年期高血压、更年期精神病属阴阳俱虚、精血不足而虚火上炎者。

［按语］此方为上海中医药大学附属龙华医院老中医经验方。原方为煎剂，现改为酒剂。方中仙茅、淫羊藿、巴戟天温补肾阳；黄柏、知母滋肾阴，清相火；当归养血、调冲任。由于方中以仙茅和仙灵脾（即淫羊藿）为主药，故原方名为"二仙汤"。本方动物实验和临床研究表明，对更年期高血压病具有较好的降压效果。不仅对女性，对男性更年期综合征（高血压、头痛、潮热、精神抑郁、失眠等）亦有效。

## 2. 更年乐药酒（江苏民间方）

［处方］淫羊藿 15g，制何首乌 10g，熟地黄 10g，夜交藤 10g，核桃仁 10g，续断 10g，桑椹 10g，补骨脂 10g，当归 10g，白芍 10g，人参 10g，菟丝子 10g，牛膝 10g，鹿茸 5g，车前子 10g，知母 10g，生牡蛎 20g，黄柏 10g，甘草 5g。

［制备］诸药打碎成粗末，纱布袋装，扎口，置净器中，加白酒 1500ml 浸泡，密闭容器，14 日后开封，取出药袋，压榨取液，与原药酒合并，过滤后装瓶备用。

［用法］口服。每次 15～20ml，每日 2 次。

［效用］补益肝肾，宁心安神。用于更年期肝肾亏虚，阴阳失调所致耳鸣健忘、腰膝酸软、自汗盗汗、失眠多梦、五心烦热、情绪不稳定等。

［按语］妇女绝经前后称为更年期，这一时期由于卵巢功能衰退，雌激素分泌减少，导致自主神经系统功能紊乱而出现一系列症状。其中，以情绪不稳定、失眠多梦、五心烦热、耳鸣健忘、自汗盗汗最为常见。中医学认为这类病症多因肾阴不足，心火、肝阳偏旺或肾阴肾阳两虚所致，本药酒具有补益肝肾、宁心安神的功效，故对妇女更年期此类病症有一定的保健和辅助治疗作用。痰热内盛者忌用。

## 3. 护骨补酒（民间验方）

［处方］杜仲 20g，巴戟天 20g，淫羊藿 20g，覆盆子 20g，紫河车 20g，熟地黄 20g，山茱萸 15g，枸杞子 15g，炙龟甲 15g。

［制备］上药粉碎成粗粉，纱布袋装，扎口，用白酒 1000ml、黄酒 500ml 混合后浸泡上药。14 日后取出药袋，压榨取液，与浸酒混合，静置，过滤，即得。

［用法］口服。每次 20ml，每日 2 次。

［效用］补肝肾，填精髓，强筋骨。用于妇女绝经后骨质疏松。

［按语］妇女绝经后，黄体萎缩，雌激素分泌减少，影响机体对钙的利用，

导致骨密度下降、骨质疏松，临床主要表现为骨节酸痛，不耐劳累和负重，易骨折。中医学认为，肾藏精，肾主骨，妇女绝经期，肾精亏损，必累及骨而致病变发生。故从补肾入手，应用"血肉有情之品"紫河车，本品内含蛋白质、性激素、免疫增强物质、酶等，自古以来都作为强壮剂，用于抗衰老、延年益寿。淫羊藿内含植物雌激素样成分，能增强机体对钙的摄取和利用，改善骨密度。高血压患者慎用。

# 九、男科

## （一）不育

### 1. 助育衍宗酒

［处方］鲜狗鞭 2 具，紫河车粉 50g，淫羊藿 100g，枸杞子 100g，丹参 100g。

［加减］肾阴虚型加女贞子、黄柏；肾阳虚型加肉桂、巴戟天；气虚血弱型加黄芪、何首乌；湿热下注型加苦参、龙胆；肝经郁热型加栀子、柴胡。

［制备］将上药共置容器中，用 50 度以上的白酒 2500ml 浸泡，密封 20 日后即可饮用。［河南中医，1991，4：41.］

［用法］口服。每次 20～25ml，每日 3 次，30 日为 1 个疗程。

［效用］补肾益精，滋阴养肝，活血通络。用于精液异常、不育症。

［按语］有报道用该药酒治疗无精子症、精液稀少症、精液不液化症、精子畸形、死精子过多症均有一定疗效。由于处方中有鲜狗鞭，因此必须用 50 度以上高度白酒浸泡，否则药酒不易保存。

### 2. 三子酒

［处方］菟丝子 200g，枸杞子 150g，女贞子 150g，路路通 100g。

［制备］上药加 38～50 度米酒 2000ml，置于密封的容器中浸泡 50 日后即可饮用。［河南中医，2000，20（5）：59.］

［用法］口服。每日早、中饭前服 20ml，晚上临睡前服 30ml。60 日为 1 个疗程。

[**效用**] 补肾益精。用于男性不育。

[**按语**] 方中菟丝子、枸杞子、女贞子补肾益精，路路通又名枫实，为枫香树的果实，有利气活血、祛风通络的功能。第 1 个疗程 60 天内忌行房事。

## 3. 雄蚕蛾酒（经验方）

[**处方**] 雄蚕蛾 100 只，白酒适量。

[**制备**] 选活雄蚕蛾，置热锅上焙干，研末。

[**用法**] 每日早、晚空腹时用白酒冲服雄蚕蛾末 3 只，连服半个月以上。

[**效用**] 壮阳益精。用于肾虚阳痿、早泄、滑精，以及男性不育症、精液量少、精子成活少等。

[**按语**] 雄蚕蛾，味咸，性温。《千金食治》载："主益精气，强男子阳道，交接不倦，甚治泄精。"雄蚕蛾中含有雄激素，故阴虚阳亢者忌用。

## 4. 五子衍宗酒（《摄生众妙方》）

[**处方**] 枸杞子 50g，菟丝子（酒蒸）50g，覆盆子 25g，五味子 5g，车前子（炒）15g。

[**制备**] 诸药粉碎成粗粉，纱布袋装，扎口，用白酒 1000ml 浸泡。14 日后取出药袋，压榨取液。将榨得的药液与药酒混合，静置，过滤，即得。

[**用法**] 每次 15～20ml，每日 2 次。早晚空腹服用。

[**效用**] 填精益髓，补肾固精。用于肾虚精少，阳痿早泄，精液清冷不育，腰膝酸软，尿后余沥不尽；妇女不孕等。

[**按语**] 本方原为丸剂，现改为酒剂。《摄生众妙方》称："男服此药填精补髓，疏利肾气……世称古今第一种子方。"方中重用枸杞子、菟丝子补肾益精；用覆盆子、五味子固肾涩精；用车前子利小便，泄湿热。若滑精者，方中去车前子，加石莲子 25g。

## ❦ （二）前列腺增生症 ❧

### 1. 启癃酒

[**处方**] 菟丝子 30g，王不留行 30g，山茱萸 15g，炮甲珠 15g，枸杞子 15g，仙茅 15g，冬葵子 15g，肉桂 4g，沉香 5g。

[**制备**] 炮甲珠、肉桂研细，其他药打碎，用白酒 1500ml 浸泡 3 周，过滤后即可饮用。[新中医，1995，11：15.]

[**用法**] 口服。每次 15～20ml，每日 2 次。

[效用]益肾活血，行气利水。用于前列腺增生症。

[按语]前列腺增生症为老年男性病，发病率随年龄增长而逐渐增加，主要病理变化为前列腺良性增生，造成下尿道梗阻，而引起排尿困难及尿潴留等。本病属中医学"癃闭"范畴。癃者小便点滴而出，闭者小便闭阻，点滴不出。本病肾虚或气虚为本，瘀血、水浊阻塞为标，治疗大多从补肾（或补气）、化瘀、利水浊三个方面入手。方中菟丝子、枸杞子、仙茅、肉桂、山茱萸温补肾阳，王不留行、炮甲珠（穿山甲炮制品）活血化瘀，沉香、冬葵子行气利水。原方为水煎剂，现改为酒剂。泌尿系感染有明显尿频、尿急、尿痛甚至发热者，忌用。

## 2. 消坚通窍酒

[处方]黄芪50g，海蛤壳25g，炮甲珠25g，皂角刺10g，川牛膝10g，海藻15g，王不留行15g，木通9g，马鞭草30g，水蛭6g。

[制备]上述诸药粉碎成粗末，用白酒2000ml浸泡3周，过滤后即得。[实用中医药杂志，1994，5：12.]

[用法]口服。每次15ml，每日2次。

[效用]益气活血，软坚通窍。用于前列腺增生症。

[按语]本方重用黄芪益气固本，炮甲珠、川牛膝、皂角刺、王不留行、水蛭活血化瘀，海蛤壳、海藻软坚散结，木通、马鞭草利水渗湿。原方为水煎剂，现改为酒剂。泌尿系感染有明显尿频、尿急、尿痛甚至发热者，忌用。

## 3. 三黄桂甲酒

[处方]生黄芪100g，生大黄30g，生地黄50g，肉桂12g，穿山甲20g。

[制备]穿山甲经沙炒炮制成甲珠，与肉桂一起研成细粉，其他药切成薄片。用白酒1500ml浸泡3周，过滤后即得。[新中医，1993，3：26.]

[用法]口服。每次15～20ml，每日2次。

[效用]益气活血，滋阴清热。用于前列腺增生症。

[按语]原方为水煎剂，现改为酒剂。穿山甲为脊椎动物鲮鲤科穿山甲的鳞片，入药前均需先沙炒炮制成甲珠用，有良好的活血化瘀、通经下乳、排脓消痈功能，与肉桂配伍，常用于前列腺增生症的治疗。泌尿系感染有明显尿频、尿急、尿痛甚至发热者，忌用。

## 4. 老人癃闭酒（山东民间经验方）

[处方]党参24g，黄芪30g，茯苓12g，莲子18g，白果9g，萆薢12g，车前子15g，王不留行12g，吴茱萸5g，肉桂6g，甘草9g。

[制备]上述诸药用白酒1500ml浸泡3周，过滤即得。

［用法］口服。每次 10～15ml，每日 2 次。

［效用］益气健脾，温肾助阳。用于老年前列腺增生症。

［按语］合并泌尿系感染者，临床可见尿频、尿急、茎中疼痛，这种情况下不宜使用酒剂，因为酒精会加重病情。

## 5. 贝母苦参酒（《中国中医秘方大全》）

［处方］贝母 50g，苦参 50g，党参 50g。

［制备］上述药物粉碎成粗末，用白酒 1000ml 浸泡 3 周，过滤即得。

［用法］口服。每次 15～20ml，每日 2 次。

［效用］化痰软坚，益气通尿。用于前列腺增生症排尿困难者。

［按语］贝母有川贝母、浙贝母之分，本方用浙贝母即可，价格低廉，但散结消肿作用较好。本药酒较苦，服用时可酌加食糖或蜂糖调味。泌尿系统感染伴发热者慎用。

## 6. 解癃酒

［处方］黄芪 30g，刘寄奴 30g，桃仁 15g，山茱萸 10g，蝼蛄 15g，沉香 10g，山药 15g，熟地黄 15g，石韦 25g，甘草梢 15g。

［制备］将上述药物粉碎成粗末，用白酒 1000ml 浸泡 3 周，过滤即得。［四川中医，1995，11：23.］

［用法］口服。每次 15ml，每日 2 次。

［效用］补肾益气，活血化瘀，行气利水。用于前列腺增生症。

［按语］刘寄奴为菊科植物奇蒿的全草，有活血通经、消积止痛功能；蝼蛄为蝼蛄科昆虫蝼蛄及华北蝼蛄的干燥全体，《本草纲目》谓其："能利大小便，通石淋。"临床上常将两者配伍用于排尿困难者。原方为水煎剂，现改为酒剂。有尿频、尿急、尿痛伴发热者，忌用。

## 7. 补肾活血酒

［处方］怀牛膝 20g，知母 20g，炮山甲 20g，赤芍 20g，桃仁 20g，莪术 20g，山茱萸 20g，肉桂 6g，蒲公英 45g，石韦 45g，路路通 45g，皂刺 15g，生地黄 15g。

［制备］将肉桂、炮山甲粉碎成细末，与其他药一起用白酒 2500ml 浸泡 3 周，过滤即得。［辽宁中医杂志，1996，3：118.］

［用法］口服。每次 15～20ml，每日 2 次。

［效用］清热解毒，活血化瘀，益肾利湿。用于前列腺增生症。

［按语］路路通，又名枫实，为金缕梅科植物枫香的成熟果实，有利水

通络作用。原方为水煎剂，现改为酒剂。尿频、尿急、尿痛伴发热者，忌用。

# 十、骨伤科

## （一）颈椎病

### 1. 颈椎病药酒 Ⅰ （民间验方）

[处方] 熟地黄15g，丹参10g，桑枝10g，生麦芽10g，当归尾10g，鹿衔草15g，骨碎补15g，肉苁蓉10g，生蒲黄20g，鸡血藤20g，蛇蜕6g。

[制备] 上药用白酒1500ml浸泡14日后，过滤去渣，即可饮用。

[用法] 口服。每次15～30ml，每日2～3次。

[效用] 补肝益肾，养血通经，祛风止痛。用于颈椎病。

[按语] 根据具体病情，处方可以稍作调整使用，如疼痛重者加延胡索15g，患肢活动障碍加伸筋草25g。

### 2. 颈椎病药酒 Ⅱ （民间验方）

[处方] 续断25g，骨碎补20g，鸡血藤20g，威灵仙20g，川牛膝15g，鹿角霜15g，泽兰叶15g，当归10g，葛根10g。

[制备] 上药粉碎成粗粉，纱布袋装，扎口，用白酒1500ml浸泡。14日后取出药袋，压榨取液。将榨得的药液与药酒混合，静置，过滤后即得。

[用法] 口服。每次20ml，每日2次。

[效用] 补肝肾，强筋骨，舒筋活血。用于颈椎病。

[按语] 颈椎病又称颈肩综合征，是由于颈椎及其周围的软组织，如椎间盘、后纵韧带、黄韧带、脊髓鞘膜等发生病变，导致颈神经根、颈脊髓、椎动脉及交感神经受到压迫或刺激，引起颈项、肩臂疼痛等症状。本病好发于40岁以上的成年人。中医一般都从补肝肾、强筋骨、活血舒筋入手治疗。本方应用续断、骨碎补、川牛膝补益肝肾、强筋骨，用鸡血藤、当归、泽兰叶养血活血，用威灵仙祛风湿，用葛根解肌止痛。鹿角霜为鹿角熬制鹿角胶后的残渣，本方配伍此药有温补督脉、强筋骨的作用。

### 3. 芍药葛根木瓜酒（民间验方）

[处方] 白芍 60g，葛根 30g，木瓜 30g，鸡血藤 24g，桑枝 18g，桂枝 18g，炙甘草 12g。

[制备] 上药洗净晾干，用白酒 1500ml 浸泡，密封容器，7 日后开启饮用。

[用法] 口服。每次 15～30ml，每日 2 次。

[效用] 活血舒筋，解肌止痛。用于颈椎病。

[按语] 本方实由《伤寒论》葛根桂枝汤变通而来，原方为太阳病项背强痛而设，而颈椎病颈项强痛，活动受限，或头晕，或手麻，与此症极为类似，故将此方变通后治疗颈椎病，临床曾有报道对改善颈椎病症状有较好疗效。

### 4. 白花蛇酒

[处方] 小白花蛇 1 条（约 10g），羌活、独活、威灵仙、鸡血藤各 20g，当归、川芎、白芍、桂枝各 10g。

[制备] 将上药用白酒 1500ml 浸泡，7 日后即可服用。 [山东中医杂志，1996，12：568.]

[用法] 口服。每次 30ml，每日 2 次。

[效用] 祛风胜湿，活血化瘀。用于颈椎病。

[按语] 小白花蛇，即金钱白花蛇，为眼镜蛇科动物银环蛇的幼蛇干燥体，有祛风通络、止痉、攻毒功能。威灵仙有祛风湿、通经络、止痹痛功能，现代临床以此药为主治疗关节炎、骨质增生、足跟痛等时有报道，有一定疗效。

### 5. 茄皮鹿角酒（民间验方）

[处方] 茄根 120g，鹿角霜 60g。

[制备] 上药用烧酒 500ml 浸泡 10 日，去渣过滤，加红砂糖适量。

[用法] 口服。每次 20～30ml，每日 2 次。

[效用] 祛风通络，补肾温阳。用于颈椎病。

[按语] 茄根，即茄科植物茄的根，有祛风通络化痰功能，《本草蒙筌》、《浙江药用植物志》都有茄根浸酒治疗关节炎和脚膝屈伸不利的记载。

### 6. 鹿丹酒（民间验方）

[处方] 鹿衔草、丹参、熟地黄、当归、白芍、川芎、薏苡仁、威灵仙各 30g。

[制备] 将上药用白酒 2000ml 浸泡，10 日后即可饮用。

[用法] 口服。每次 15～30ml，每日 2 次。

[效用] 补肾通络，养血柔筋。用于颈椎病。

[按语] 方中鹿衔草、熟地黄补肝肾；丹参、当归、川芎、白芍养血活血；薏苡仁、威灵仙祛风湿，通经络。本方能改善骨化周围组织的血运状况，消除局部刺激所致的水肿和炎性反应，从而使症状得到改善。

## 7. 龟甲酒

[处方] 龟甲、黄芪各 30g，肉桂 10g，当归 40g，生地黄、茯神、熟地黄、党参、白术、麦冬、五味子、山茱萸、枸杞子、川芎、防风各 15g，羌活 12g。

[制备] 以上各药研为粗末，放入纱布袋中，用 44～60 度白酒浸泡，酒以淹没纱布袋为宜，封闭 15 日后即可饮用，饮完再用酒浸泡。［内蒙古中医药，1999，2：11.］

[用法] 口服。每次 20ml，每日早晚各 1 次，1 个月为 1 个疗程。

[效用] 益气健脾，补肾活血。用于颈椎病。

[按语] 有学者报道用本药酒治疗颈椎病 45 例，效果良好。

## 8. 益气活血散风酒（民间验方）

[处方] 黄芪、党参、丹参、川芎、白芍、生地黄、桃仁、红花、地龙、香附、葛根、穿山甲、土鳖虫、威灵仙各 15g。

[制备] 上药用白酒 1500ml 浸泡 14 日后，过滤去渣即得。

[用法] 口服。每次 15～30ml，每日早晚各 1 次。

[效用] 益气活血，祛风通络。用于神经根型颈椎病。

[按语] 方中丹参、川芎、桃仁、红花配伍穿山甲、地龙、土鳖虫，破瘀、活血通络功能较强，黄芪、党参益气，白芍、生地黄滋阴血以柔筋，威灵仙祛风湿，香附行气，葛根解肌止痛。本方可促使椎间孔周围关节囊滑膜充血水肿消退，减轻对神经根、脊髓的压迫，从而获得较满意的疗效。

## 9. 羌活防风酒（经验方）

[处方] 羌活 30g，防风 30g，姜黄 20g，当归 15g，赤芍 20g，黄芪 20g，炙甘草 10g。

[制备] 上药粉碎成粗粉，纱布袋装，扎口，用白酒 1500ml 浸泡。14 日后取出药袋，压榨取液。将榨得的药液与药酒混合，静置，过滤，即得。

[用法] 口服。每次 20ml，每日 2～3 次。

[效用] 祛风胜湿，益气活血。用于颈椎病，也用于颈项、肩臂疼痛，肢麻不适或头昏目眩等。

[按语] 方中羌活、防风祛风胜湿，姜黄、当归、赤芍活血止痛，黄芪、炙

甘草益气。颈椎病的治疗和保健方法很多，有的从补肾入手，有的从祛风湿、益气活血着眼。

## 10. 芍药木瓜酒

[处方] 白芍 18g，木瓜 18g，威灵仙 12g，葛根 12g，鸡血藤 12g，川芎 9g，丹参 12g，熟地黄 10g，甘草 6g。

[制备] 上述药物用 500ml 白酒浸泡，2 周后过滤去渣，药酒装瓶密闭，备用。[中医正骨，2008，20（2）：9.]

[用法] 口服。每次 20ml，每日 2 次。2 周为 1 个疗程。

[效用] 舒筋活络，祛风除湿。用于神经根型颈椎病。

[按语] 神经根型颈椎病其临床症状以颈肩背部疼痛、上肢及手指的放射性疼痛、麻木、无力为主。服药治疗期间可配合颈肩背部按摩推拿。

## ﹋ （二）肩周炎 ﹋

## 1. 漏肩风药酒

[处方] 当归 15g，枸杞子 15g，制何首乌 15g，杜仲 15g，山茱萸 15g，制草乌 9g，全蝎 6g，蜈蚣 2 条，自然铜 6g，土鳖虫 9g，片姜黄 6g，红花 5g。

[加减] 气虚者加黄芪 30g；阴虚者加生地黄 30g。

[制备] 上药用清水喷湿，放锅内隔水蒸 10min，待药冷，装入大口瓶内，用白酒 2000ml 浸泡，用绵纸封口，每 2 日摇动 1 次，10 日后即可饮用。[上海中医药杂志，1990，5：41.]

[用法] 口服。每次 10～30ml，每日 1～2 次。

[效用] 养血祛风，活血通络，散寒止痛。用于漏肩风。

[按语] 漏肩风，即肩关节周围炎。从小剂量开始，逐步加大，不宜过量。

## 2. 秦艽木瓜酒

[处方] 秦艽 10g，木瓜 20g，全蝎 2g，制川乌、制草乌各 10g，红花 8g，郁金 10g，羌活 10g，川芎 10g，透骨草 30g，鸡血藤 30g。

[制备] 以上药物浸入 60 度白酒 1500ml 中，半个月后即可服用。[江苏中医，1990，9：23.]

[用法] 口服。每次 15～20ml，晚上服。

[效用] 祛风除湿，活血通络。用于肩周炎。

[按语] 方中使用川乌、草乌逐寒止痛力强，但毒性大，注意不可过量。如

出现口舌麻木，应减量或停服。糖尿病、痛风症、血脂代谢紊乱症、高血压、冠心病及慢性心功能不全患者忌用。

### 3. 两乌愈风酒

[处方] 制川乌9g，制草乌9g，秦艽30g，木瓜30g，熟地黄30g，鸡血藤30g，当归30g，威灵仙30g，菝葜30g，骨碎补20g，蜈蚣20g，延胡索20g，全蝎20g，五加皮20g，桑枝20g，羌活18g，独活18g，防己25g，细辛6g，丹参40g，木香10g，白芷10g，桂枝10g，丝瓜络10g，大枣60g。

[制备] 将上述药物先用冷水拌湿，然后把药物装入瓷瓶中，倒入黄酒2250ml，箬壳封口，在锅中蒸至600ml为度，备用。[浙江中医杂志，1991，1：17.]

[用法] 口服。每次10ml，每日3次。

[效用] 温经养血，祛风除湿，蠲痹止痛。用于肩周炎。

[按语] 方中川乌、草乌有毒，虽剂量小，且经蒸煮，毒性已减弱，但服用时仍不能过量。

### 4. 水蛭酒

[处方] 水蛭60g。

[制备] 水蛭切片，置瓷器或瓶中，用黄酒500ml浸泡，封口，1周后开启使用。[江西中医药，1993，24（6）：57.]

[用法] 口服。每次5～10ml，每日3次，20日为1个疗程，可连用1～3个疗程。

[效用] 祛风，活血，通络。用于肩关节周围炎。

[按语] 肩周炎，往往因肩关节周围炎症，引起组织粘连而产生疼痛和运动障碍，从中医角度看，局部有"瘀血"存在，故用具有破血通经、逐瘀消癥功能的水蛭治疗。水蛭为水蛭科动物蚂蟥、柳叶蚂蟥、水蛭的全体，味咸、苦，性平，有小毒，具有抗血小板凝集、抗血栓形成以及影响血液流变学等药理作用。妇女经期和凝血功能障碍患者忌服。

### 5. 蠲痹解凝药酒

[处方] 黄芪20g，葛根20g，山茱萸10g，伸筋草10g，桂枝10g，姜黄10g，田三七5g，当归12g，防风12g，秦艽15g，甘草6g。

[制备] 上药捣碎，置净器中，用黄酒500ml加热煮沸，移阴凉处静置片刻，密封容器，7日后开启，过滤去药渣，滤液中加适量黄酒至500ml，装瓶即成。[陕西中医，1988，12：546.]

[用法] 口服。每次 30ml，每日 2 次。

[效用] 益气活血，祛风除湿。用于肩周炎。

[按语] 原方用法为水煎加黄酒少许温服，现改为酒剂，借助酒的温通之性，更利于药性的发挥。若痛甚，方中可加制川乌、制草乌各 10g，每次服用剂量为 20ml。

## 6. 乳香没药酒

[处方] 乳香、没药、血竭、自然铜、土鳖虫各 100g，防风、栀子各 100g，川椒 50g，细辛 30g，红花 100g，冰片 30g，透骨草 100g。

[制备] 先将乳香、没药、血竭碎为小块，将栀子捣碎，再混同其他药放入广口玻璃瓶中，加入 75％乙醇 2500ml，封口，1 周后备用。[中医外治杂志，1999，6：25.]

[用法] 以周林频谱治疗仪对准压痛明显处，距皮肤 30～40cm（以患者能忍受热度为宜），然后将药酒摇匀，倒入弯盘内（随倒随用，以防挥发），用其浸透棉球，均匀地涂在肩峰及冈上窝外侧，10min 涂 1 次，每日治疗 1 次，10 日为 1 个疗程。

[效用] 温经活血，祛风止痛。用于肩痛弧综合征。

[按语] 肩痛弧综合征即以肩关节疼痛、肩关节活动功能障碍等为主要临床表现的病症。处方中重用乳香、没药、血竭、土鳖虫、红花、冰片、透骨草等大量活血止痛药，再配伍细辛、川椒、防风祛风散寒，再配合理疗，以解凝止痛为目的。

## 7. 桂枝活络酒 (《临床方剂手册》)

[处方] 桂枝 15g，赤芍 15g，白芍 30g，丹参 30g，当归 12g，制乳香 10g，制没药 10g，炮山甲 10g，蜈蚣 2 条，秦艽 20g，甘草 3g。

[加减] 肿痛难眠者加川芎、白芷。

[制备] 上药研粗末，用白酒 1000ml 浸泡 7 日，过滤取清液，装瓶备用。

[用法] 口服。每次 10～20ml，每日 2 次。

[效用] 散寒通络，化瘀止痛。用于寒凝血瘀型肩痹。

[按语] 本方原为水煎服，现改为酒剂，药性借助酒势更好地通经活络。

## 8. 解凝酒 (《痹症论》)

[处方] 葛根 30g，制川乌 10g，制草乌 10g，黄芪 15g，桂枝 20g，川芎 12g，海风藤 15g，地风皮 15g，路路通 12g，何首乌 15g，三七 3g，炮甲珠 10g，蜈蚣 3 条。

[制备] 上述药物研粗末，置一瓷器或玻璃瓶中，加白酒 500ml 浸泡，7 日后过滤即得。

[用法] 口服。每次 15ml，每日 2～3 次。

[效用] 祛风逐寒，通络止痛。用于寒凝型肩痹。

[按语] 葛根有解热、缓解肌肉痉挛的作用，葛根总黄酮能使脑血流量增加和血管阻力下降，为治疗肩颈部疼痛的良药。川乌、草乌有较强的镇痛作用。

## 9. 葛薏术附酒 （《中国中医秘方大全》）

[处方] 葛根 12g，麻黄 10g，桂枝 10g，白芍 10g，白术 10g，薏苡仁 20g，制附片 10g，炙甘草 6g，生姜 3g、大枣 10g。

[制备] 上述药物用白酒 1000ml 浸泡，7 日后即能饮用。

[用法] 口服。每次 15～30ml，每日 2 次。

[效用] 祛风除湿，温经通络。用于风寒湿型肩痹，寒邪偏重者。

[按语] 原方为水煎剂，现改为酒剂，以利用酒能行血通络之性，更好地发挥药效。唯方中有麻黄，有升压作用，故高血压患者慎用。

## 10. 五藤酒 （《当代名医精华·痹症专辑》）

[处方] 伸筋草 30g，天仙藤 30g，鸡血藤 15g，石南藤 15g，络石藤 15g。

[制备] 上药切细，用黄酒 1500ml 浸泡，7 日后即可饮用。

[用法] 口服。每次 30ml，每日 2 次。

[效用] 祛风活血，清热利湿，舒筋通络。用于风湿夹热型肩痹。症见肩痛伴有口干、舌红、脉数。

[按语] 伸筋草为石松科植物石松的带根全草，《生草药性备要》："浸酒饮，舒筋活络"。天仙藤为马兜铃科植物马兜铃的茎叶，有行气活血、化湿止痛功能。鸡血藤为豆科植物密花豆、香花崖豆藤的藤茎，有养血活血、舒筋通络的功能。石南藤为胡椒科植物石南藤的带叶茎枝，有祛风通络止痛的功能，《本草纲目》记载南藤酒，即用本品煎汁，同曲米酿酒饮，治痹痛。络石藤为夹竹桃科植物络石的茎叶，味苦性凉，有祛风通络、凉血消肿功能，尤适用于风湿热痹。所以，本药酒适用于风湿夹热型肩痹。原方为水煎剂，现改为酒剂。

## 11. 羌活胜湿止痛酒

[处方] 羌活 20g，秦艽 20g，木瓜 20g，防风 20g，海风藤 60g，五加皮 30g，续断 30g，细辛 6g。

[制备] 上药饮片用白酒 1000ml 浸泡 3 周后，去渣过滤，药酒装瓶密闭，备用。[浙江中医杂志，2008，43 (5)：280.]

[用法] 口服。每次 20～30ml，每日 2 次。

[效用] 祛风胜湿，通络止痛。用于肩周炎。

[按语] 原方为水煎剂，现改为酒剂，药物剂量按原比例作了相应调整。药酒内服的同时可以配合外用。每次先按摩患肩 20min，后搽药酒再反复揉摩，每日 1～2 次。

## （三）腰椎病

### 1. 补肾壮腰酒（江苏民间验方）

[处方] 川续断 20g，独活 20g，狗脊 20g，枸杞子 24g，桑寄生 20g，当归 24g，杜仲 20g，鸡血藤 24g，川牛膝 20g，熟地黄 24g，甘草 10g。

[制备] 上述药物置陶瓷或玻璃容器中，用白酒 1500ml 浸泡，每隔 2 日将药酒摇动振荡数次，2 周后过滤，即得。

[用法] 口服。每次 15～20ml，每日 2 次。

[效用] 祛风湿，补肝肾，强腰膝。用于腰椎间盘突出症，腰及一侧或两侧下肢疼痛、酸楚绵绵，休息则轻，劳累则加重。

[按语] 腰椎间盘突出症是腰椎病中常见的病症，临床以腰痛反复发作为主要症状，多表现为一侧腰部疼痛并向下肢放射，病侧肢有感觉障碍。中医认为本病多因外伤、劳损，筋脉失养，风寒湿邪流注经络，气血凝滞所致。故常用补肝肾、强腰膝、祛风湿、活血通络等方药治疗。

### 2. 麻黄温经酒

[处方] 麻黄 12g，桂枝 12g，红花 10g，白芷 10g，沙参 12g，桃仁 15g，赤芍 15g，秦艽 15g，汉防己 15g，制草乌 10g，制川乌 10g。

[制备] 上述药物置陶瓷或玻璃容器中，用白酒 1000ml 浸泡，2 周后过滤，即得。[中国医学文摘，1985，9（3）：156.]

[用法] 口服。每次 10～15ml，每日 2 次。

[效用] 温经止痛。用于腰椎间盘突出症及腰椎椎管狭窄症、坐骨神经痛。

[按语] 草乌、川乌是祛风湿、通经止痛的良药，但因有毒，剂量不可任意加大，以免发生中毒不良反应。原方为水煎剂，现改为酒剂。

### 3. 活血舒筋酒

[处方] 桂枝 15g，赤芍 15g，丹参 15g，延胡索 10g，当归 10g，鸡血藤 15g，伸筋草 15g，刘寄奴 15g，续断 15g，桑寄生 15g，王不留行 15g，制川乌

6g，制草乌 6g。

[制备] 上述药物置陶瓷或玻璃容器中，用白酒 1000ml 浸泡，2 周后过滤去渣，即得。[山东中医杂志，1987，2：41.]

[用法] 口服。每次 15ml，每日 2 次。

[效用] 温经通络，活血止痛。用于腰椎间盘突出症经牵引或手法复位治疗后仍有遗留的神经压迫症。

[按语] 原方为水煎剂，现改为酒剂。方中川乌、草乌有毒，不可饮用过量。

### 4. 复方威灵仙酒

[处方] 威灵仙 30g，独活 12g，木瓜 12g，川牛膝 15g，穿山甲 6g，何首乌 30g，黄芪 30g，白术 30g，乌药 12g，茜草 12g，延胡索 12g，蜈蚣 2 条，土鳖虫 10g，甘草 10g。

[制备] 上述药物饮片用白酒 1500ml 浸泡，2 周后过滤去渣，即得。[现代中西医结合杂志，2008，17（4）：569.]

[用法] 口服。每次 20～30ml，每日 2 次。

[效用] 祛风胜湿，益气活血，通络止痛。用于腰椎间盘突出症。

[按语] 腰椎间盘突出症的临床表现以腰痛为主，或疼痛放射至下肢。祛风湿，活血通络为本病治疗原则，如病久有肾虚的临床表现，方中可酌加补肾药如杜仲、桑寄生、续断等。

### 5. 复方徐长卿酒

[处方] 徐长卿 20g，蜈蚣 4 条，细辛 12g，牛膝 20g，荆芥 12g，甘草 12g。

[制备] 上药用白酒 500ml 浸泡 2 周，过滤即得。[黑龙江中医药，2004，1：14.]

[用法] 口服。每次 20ml，每日 2 次。15 天为 1 个疗程。

[效用] 祛风化湿，通络止痛。用于腰椎间盘突出症。

[按语] 腰椎间盘突出症患者一定要睡硬板床，不要弯腰提重物，不要久坐，尽量减轻腰部受力情况和避免用力姿势不当。

### 6. 乌头马钱子酒

[处方] 生川乌 10g，生草乌 10g，制马钱子 15g，木瓜 30g，桃仁 30g，红花 30g。

[制备] 上药饮片用 60 度白酒 500ml 浸泡，1 个月后去渣过滤，瓶贮密封备用。[国医论坛，2000，15（3）：35.]

[用法] 取 20cm×20cm 大小、1cm 厚的脱脂药棉蘸药酒，以不溢出药酒为

度，直接敷于疼痛的局部皮肤上，上覆软塑料薄膜以隔离，然后用绷带固定 3h，每日换药 1 次，1 周为 1 个疗程。

[效用]逐寒祛湿，理气活血，温经止痛。用于腰腿痛，属风寒湿痹。

[按语]本方止痛作用好，但方中生川乌、生草乌、马钱子均有大毒，只能外用，严禁内服。马钱子苦寒，有良好的通络止痛功效，常用于风湿顽痹。跌扑损伤所致的疼痛病症。

### 7. 二乌乳没药酒

[处方]生草乌、生川乌、制乳香、制没药、自然铜（煅）、生栀子各 100g，川椒 50g，细辛 30g，冰片 10g。

[制备]上述中药粉碎成粗末，用 75％乙醇或 60 度白酒 2500ml 浸泡，2 周后过滤去渣，置瓶内密封贮存，备用。[中国民间疗法，1998，2：33.]

[用法]外用。先在患处用频谱仪照射 10min 后，再将药酒均匀涂抹患处，继续照射 40min，每日 1 次，1 周为 1 个疗程。

[效用]温经活血止痛。用于腰痛。

[按语]本药酒中生草乌、生川乌有毒，忌内服。用药前频谱仪照射目的是为了让腰部皮肤发热，搽药酒后再用频谱仪照射可以促进药酒透皮吸收，更好发挥药效。

### 8. 仙丹酒

[处方]威灵仙 30g，苏木 15g，乌梢蛇 30g，丹参 30g，秦艽 15g，补骨脂 18g，木瓜 30g，牛膝 15g，川椒 18g，乳香 15g，没药 15g，透骨草 30g，羌活 10g，五加皮 10g，冰片 10g，全蝎 5g，川续断 12g。

[制备]将上药共研粗末，用高粱酒 2000ml 浸泡 5 日后即可灸用。[吉林中医药，1995，3：21.]

[用法]外用。每次先将酒液涂擦于皮肤上，再拔火罐，留罐 20min，每日 1 次，7 次为 1 个疗程。

[效用]祛风除湿，温经通络，补肾止痛。用于慢性腰肌劳损性腰痛。

[按语]用本药酒外擦疼痛腰腿皮肤前，先局部按摩，或用热毛巾做热敷，然后擦药，拔火罐，这样效果可能更好。

### 9. 独活当归酒（《圣济总录》）

[处方]独活 30g，杜仲 30g，当归 30g，川芎 30g，熟地黄 30g，丹参 30g。

[制备]上药切细，用白酒 1000ml 浸泡，密封，近火煨，一夜后候冷，过滤去渣，装瓶备用。

［用法］口服。每次 15～30ml，每日 2～3 次，温饮。

［效用］祛风湿，壮筋骨，舒关节，和血止痛。用于风湿性腰腿疼痛。

［按语］原书记载用法为："不拘时随量饮之。"使酒气不断，助药势行散，以续得其功。但考虑酒对人体健康而言，是把双刃剑，过度饮用必然对健康有害，应该有度，更何况是药酒。故用法中改为每日 30～90ml，分 2～3 次服。

## 10. 巴戟天酒 （《太平圣惠方》）

［处方］巴戟天 10g，羌活 10g，石斛 10g，生姜 10g，当归 15g，牛膝 15g，川椒 2.5g。

［制备］上药研粗末，白纱布口袋盛之，入白酒 750ml 中浸泡，密封。7 日后开启，过滤装瓶备用。

［用法］每次于饭前空腹服 10ml，每日 3 次。

［效用］补肝肾，祛风湿。用于风湿腰痛，行立不便。

［按语］巴戟天温肾助阳，配伍牛膝补肝肾、强腰膝，配伍当归养血和血，配伍羌活祛风湿。另外方中配伍石斛养阴，以防方中药物温燥太过，损伤阴液；配伍少量川椒、生姜去胃寒、调酒味。

## 11. 风湿腰痛药酒 （《新编中成药》）

［处方］威灵仙 50g，槲寄生 50g，穿山龙 50g，防己 50g，独活 50g，茜草 50g，羌活 50g，马钱子（制）10g，麻黄 10g。

［制备］上药研粗末，纱布袋装，扎口，用白酒 2500ml 浸泡，2 周后去药袋，过滤即得，加白糖 20g 调味，装瓶备用。

［用法］口服。每次 10～15ml，宜从小剂量开始，逐步增加，一日 2～3 次，温服。如服药后出现咀嚼肌及颈部肌抽筋感、咽下困难等，应减量或停药。

［效用］祛风除湿，通络止痛。用于腰腿疼痛，肢体麻木，手足拘挛，关节疼痛。

［按语］马钱子，又名番木鳖，内含番木鳖碱（士的宁）、马钱子碱等生物碱，毒性较大，入药一般都用其炮制品，毒性经高温炮制后减弱。马钱子功能散血热、通经络、消肿、止痛。

## 12. 杜仲独活酒 （《外台秘要》）

［处方］杜仲 24g，独活、当归、川芎、干地黄各 12g，丹参 15g。

［制备］上药六味切细，用绢袋盛，上清酒二斗渍之五宿。现代制备方法：上药研粗末，用纱布袋盛，扎口，放净器中，予白酒 1000ml 浸泡 5 日，即成。

［用法］口服。每次 15～30ml，每日 2 次。

[效用] 补肾健腰，祛风活血。用于腰痹连脚痛。

[按语] 杜仲，为杜仲科落叶乔木植物杜仲的树皮，是治肝肾不足之腰膝酸痛的常用药，《神农本草经》谓其："主腰脊痛，益精气，坚筋骨。"

### 13. 杜仲石南酒（《太平圣惠方》）

[处方] 杜仲 24g，石南藤 9g，羌活 9g，防风 6g，附子（炮裂，去皮脐）9g，牛膝 9g。

[制备] 上药细锉，用生绢袋盛，用好酒三斛，于瓷瓶中浸七日后开取。现代制备方法：上药研粗末，用纱布袋装，用白酒 500ml 浸泡 7 日，过滤即得。

[用法] 口服。每次 20ml，每日 3 次。

[效用] 补肾壮骨，祛风除湿。用于腰腿疼痛。

[按语] 牛膝有两种，一为川牛膝，二为怀牛膝，两者功效基本相同，但前者活血作用较好，后者兼有补肾强筋骨作用，临床可以根据患者具体情况选用。生附子有毒，所以入药用制附片。

### 14. 健腰蠲痹酒

[处方] 穿山甲 10g，泽兰叶 10g，千年健 10g，当归 30g，生地黄、熟地黄各 30g，赤芍 15g，党参 15g，茯苓 20g，鸡血藤 20g，生甘草 15g，杜仲 30g，怀牛膝 30g，川续断 30g，肉苁蓉 10g，枸杞子 25g，巴戟天 15g，菟丝子 15g，骨碎补 30g，落得打 15g，黄芪 20g，乳香、没药各 10g，桂枝 10g，土鳖虫 5g，桑寄生 30g，木瓜 25g，桑枝 10g，淫羊藿 15g。

[制备] 上药加入 60 度以上烧酒 3000ml，浸 20 日后，滤取药酒置盛器内密封备用。另药渣中再加 60 度白酒 2500ml，继续浸泡，待头次药酒服完，再按第一次制法滤出服用。一般每剂药浸酒 2 次，即可弃之。[浙江中医学院学报，1992，16（2）：24.]

[用法] 口服。每次 15～25ml，每日 2 次。服完两剂为 1 个疗程。

[效用] 益肾填精，壮腰健腿，温经通痹。用于腰腿痛。

[按语] 浙江地区所称"落得打"，即接骨草（《履巉岩本草》），为忍冬科植物接骨草的茎叶及根。功能活血止痛，祛风除湿。常用于风湿痹痛，跌打损伤。

### 15. 狗脊豨莶酒

[处方] 狗脊 30g，豨莶草 30g，地骨皮 24g，当归 16g，炒白芍 24g，淫羊藿 24g，广地龙 20g，怀牛膝 20g，青藤根 24g，炒延胡索 24g，小茴香 16g，炙甘草 12g。

[**制备**] 上述药物饮片用 1500ml 白酒浸泡，密封容器，2 周后过滤去渣，即得。[中医正骨，2005，17（5）：32.]

[**用法**] 口服。每次 20～30ml，每日 2 次。

[**效用**] 祛风湿，强腰脊，通络止痛。用于腰椎间盘突出症。

[**按语**] 狗脊具有祛风湿、强腰脊功效，为风湿痹痛、腰脊强痛常用药物之一。青藤根即防己科植物木防己的根，祛风湿止痛作用较好。但要注意目前药市上常将马兜铃科植物广防己当作木防己使用，广防己含马兜铃酸，对肾功能有损伤作用，不能混同使用。

## ∽∾ （四）骨质增生症 ∾∽

### 1. 芍药木瓜灵仙酒（经验方）

[**处方**] 白芍 60g，木瓜 30g，威灵仙 30g，当归 30g，五加皮 15g，甘草 15g。

[**制备**] 上药用白酒 1000ml 浸泡 7 日，即可应用。

[**用法**] 口服。每次 15～30ml，每日早、晚各 1 次。

[**效用**] 舒筋活血，祛风止痛。用于骨质增生症。

[**按语**] 骨质增生症多见于中老年人，乃骨质退行性变，形成刺状或唇样骨质增生，骨刺对软组织产生机械性刺激，致软组织损伤、肿胀、局部疼痛为主要表现。骨质增生部位在颈椎者，可加羌活 10g；在腰椎者，加川续断 20g；在跟骨者，加牛膝 10g。本方重用白芍，因为白芍有缓急止痛功能，配伍木瓜、威灵仙、五加皮、当归祛风舒筋活血之品，抗炎、消肿、止痛作用较好。

### 2. 化骨健步酒

[**处方**] 川牛膝、炒杜仲、红花、威灵仙、醋炒延胡索、当归尾、玄参各 30g，炮山甲 15g。

[**制备**] 上药共碾为碎块，纱布包好，用烧酒 1500ml 浸泡 1 周（冬季 2 周），过滤后装瓶备用。[新中医，1991，2：19.]

[**用法**] 口服。每次一小盅（约 20ml），每日 2 次。

[**效用**] 消瘀通络，软坚化骨。用于颈椎、腰椎、跟骨和关节骨刺引起的疼痛。

[**按语**] 治疗骨质增生常用威灵仙，该药具有祛风湿、通经络、止痹痛的功能。临床曾多次报道，用威灵仙提取物制成的注射液穴位注射治疗增生性脊柱炎；将威灵仙捣碎，醋调敷足跟治疗跟骨骨刺疼痛，获得较好效果。

### 3. 骨增酒

[处方] 威灵仙、透骨草、杜仲、怀牛膝、穿山甲、丹参、白芥子各30g。

[加减] 腰骶椎骨质增生加淫羊藿30g，颈椎骨质增生加葛根30g，跟骨骨质增生加木瓜30g。

[制备] 上述药物共研粗末，置瓷罐或玻璃瓶中，用50度以上白酒2000ml浸泡，密封容器半个月（冬季20天），启封，过滤，装瓶备用。[四川中医，1991，2：43.]

[用法] 口服。每次15～20ml，每日3次。25～30日为1个疗程，间隔3～5日，进行第2个疗程，可连续服用3个疗程。

[效用] 补肝肾，通经络，行气血，濡筋骨。用于骨质增生症。

[按语] 据报道用此方治疗100例骨质增生，效果较好。

### 4. 强骨灵酒

[处方] 熟地黄、骨碎补各30g，淫羊藿、肉苁蓉、鹿衔草、鸡血藤、莱菔子、延胡索各20g。

[制备] 将上药切碎，置净器中，加1500ml白酒，密闭浸渍，每日搅拌1～2次，1周后每周搅拌1次，共浸渍30天后，取上清液，药渣压榨取汁，与上清液合并，加适量白糖，密封14日以上，过滤装瓶备用。[安徽中医临床杂志，1998，4：214.]

[用法] 口服。每次20ml，每日2次。15日为1个疗程，可连续服用2～4个疗程。

[效用] 补肾壮骨，活血止痛。用于增生性膝关节痛。

[按语] 骨质增生症，属中医"骨痹""骨痛"范畴。中医认为本病发生多由于气血不足，肝肾亏虚，风寒湿邪侵入骨节或跌仆闪挫，损伤骨骼，导致气血瘀滞，不通则痛。所以，治疗可以从补气血、补肝肾、祛风湿、活血通络几个方面入手。本方侧重补肾壮骨、活血止痛的治疗方法。据临床报道，用此方治疗膝关节骨质增生疼痛患者120例，经4个疗程后，疼痛大多缓解。

### 5. 增生风湿药酒

[处方] 白花蛇、肉桂、川乌、钩藤、千年健、甘草、炮姜、木香、钻地风各10g，丁香、葛根、羌活、独活各8g。

[制备] 上药装入纱袋，放入坛子，加白酒1500ml、红糖100g，以小火炖至余药液500ml即可。[中国民间疗法，1999，1：44.]

[用法] 口服。每日服两酒盅（30～40ml），分3次服。轻者服2周，重者服

1个月。

[效用] 祛风胜湿。用于骨质增生及风湿性关节炎。

[按语] 本方制备用小火炖药酒有一定特色，药液浓缩，而且方中川乌经用此法处理，毒性大减，用药安全性增加。但这一制备法在制备过程中必然降低药酒乙醇浓度，因此，药液贮存时间不能太长

## 6. 抗骨刺酒

[处方] 伸筋草、透骨草、杜仲、桑寄生、赤芍、海带、落得打各15g，追地风、千年健、防己、秦艽、茯苓、黄芪、党参、白术、陈皮、佛手、牛膝、红花、川芎、当归各9g，枸杞子6g，细辛、甘草各3g。

[制备] 上药加白酒1750ml浸泡2周，去渣留汁饮用。[上海中医药杂志，1989，9：24.]

[用法] 口服。每次服10ml，每日3次。饮完1000ml为1个疗程。

[效用] 益肾健脾，活血行气，祛风湿。用于骨质增生症。

[按语] 有报道以此药酒治疗骨质增生症31例，均有效，平均服药2个半月。

## 7. 复方威灵仙药酒

[处方] 威灵仙30g，淫羊藿30g，五加皮30g，狗脊30g，防风15g，骨碎补15g，五味子10g，白芍20g，土鳖虫10g，地黄15g，枸杞子15g，紫石英20g。

[制备] 上药用白酒1500ml浸泡，密封1个月后开启饮用。[中国中医药信息杂志，1999，6（3）：40.]

[用法] 口服。每次30ml，每日2～3次，3个月为1个疗程。

[效用] 祛风除湿，补益肝肾，活血止痛。用于骨质增生症。

[按语] 淫羊藿具有补肾助阳、祛风除湿、强筋健骨功能。药理研究发现，淫羊藿对骨质疏松症、骨质退行性变等都有良好效果。有报道以本药酒治疗骨质增生患者185例，结果疗效令人满意。

## 8. 补肾化瘀酒（《中国中医秘方大全》）

[处方] 熟地黄30g，鸡血藤30g，白芍15g，牛膝15g，黄芪15g，肉苁蓉20g，杜仲12g，当归12g，淫羊藿9g，红花9g，金毛狗脊9g，木香3g。

[制备] 上药用白酒1000ml浸泡，7日后即可饮用。

[用法] 口服。每次20ml，每日2次。

[效用] 补益肝肾，活血化瘀，软坚止痛。用于跟骨、颈椎、腰椎及膝关节骨质增生症。

[按语] 原方为水煎剂，现改为酒剂，以方便长期服用。

## 9. 活络通痹酒

[处方] 独活、续断、制川乌、制草乌、熟地黄各15g，桑寄生、丹参、黄芪各30g，细辛5g，牛膝、地龙、乌药、炙甘草各10g，土鳖虫6g。

[制备] 上药用白酒1500ml浸泡7日，即可饮用。 [新中医，1985，10：35.]

[用法] 口服。每次10～15ml，每日2次。

[效用] 祛风除湿，通络止痛。用于腰椎骨质增生症。

[按语] 原方为水煎剂，现改为酒剂。方中有川乌、草乌，虽经炮制，毒性减弱，但仍然有毒，应用中如发现舌麻肢麻，应减量或暂时停用。

## 10. 抗骨质增生药酒 （《中成药手册》）

[处方] 骨碎补30g，淫羊藿30g，鸡血藤30g，肉苁蓉20g，狗脊20g，女贞子20g，熟地黄20g，牛膝20g，莱菔子10g。

[制备] 上药粉碎成粗粉，纱布袋装，扎口，用白酒2000ml浸泡。14日后取出药袋，压榨取液。将榨得的药液与药酒混合，静置，过滤后即得。

[用法] 口服。每次10～20ml，每日2次。

[效用] 补肾，强筋骨，活血止痛。用于增生性脊椎炎、颈椎综合征、骨刺等骨质增生症。

[按语] 骨碎补始载于《本草拾遗》，"以其主折伤，补骨碎，故命此名"。骨碎补为骨伤科中常用药物。现代药理和临床研究发现，该药对骨质增生症有一定的治疗和保健作用。方中骨碎补配淫羊藿、肉苁蓉温补肾阳，配伍熟地黄、女贞子滋补肾阴，配伍狗脊、牛膝补肾强腰膝，配伍鸡血藤活血、养血、止痛，酌加莱菔子行气滞。

## 11. 益肾补骨酒 （经验方）

[处方] 骨碎补25g，熟地黄25g，何首乌25g，党参25g，当归20g，续断20g，自然铜（煅）15g。

[制备] 上药粉碎成粗粉，纱布袋装，扎口，白酒1000ml浸泡。7日后取出药袋，压榨取液。将榨取液与药酒混合，静置，过滤后即可服用。

[用法] 口服。每次10～15ml，每日3次。

[效用] 补肝肾，益气血，壮筋骨。用于腰椎退行性变，腰肌劳损，骨折中后期，也可用于颈椎病、软组织损伤、慢性风湿性关节炎等。

[按语] 骨碎补在古代常用于接骨续筋，现代治疗骨质增生症、颈椎病、骨

性关节病等常用此药，应用较广泛。现代药理研究表明，骨碎补中的骨碎补柚皮苷有明显的镇痛和镇静作用。本方中骨碎补配伍熟地黄、何首乌、续断等补益肝肾，另外配伍党参、当归补益气血，配伍自然铜增强接骨续筋、镇痛的作用。自然铜为天然黄铁矿，主要含二硫化铁（$FeS_2$），尚含少量铝、钙、钛、硅等元素，并不含铜。中医学认为，肾主骨，治疗骨的许多病变，大多从补肾入手，故称益肾补骨酒。

## 12. 苁蓉骨刺酒（民间方）

[处方] 肉苁蓉20g，淫羊藿15g，狗脊15g，骨碎补15g，桑寄生10g，秦艽15g，威灵仙10g，制附片10g，熟地黄15g，三七10g。

[制备] 上药粉碎成粗粉，纱布袋装，扎口，用白酒1000ml浸泡。14日后取出药袋，压榨取液。将榨取液与药酒混合，静置，过滤后即可服用。

[用法] 口服。每次20ml，每日2次。

[效用] 补肝肾，强筋骨，祛风湿。用于骨质增生症，局部关节疼痛，转侧不利。

[按语] 骨质增生症在中医学中与"骨痹"相似。本病多因气血不足，肝肾亏虚，风寒湿邪侵入骨络或跌仆闪挫，损伤骨骼，以致气血瘀滞，运行失畅，不通则痛。故治疗上不外乎补肝肾、祛风湿或活血化瘀。方中肉苁蓉、淫羊藿、制附片温补肾阳，熟地黄、桑寄生滋补肾阴，狗脊、骨碎补补肝肾、壮筋骨，秦艽、威灵仙祛风湿，三七活血化瘀。

## 13. 消赘药酒（经验方）

[处方] 当归、川椒、红花各10g，续断、防风、乳香、没药、生草乌各15g，海桐皮、荆芥各20g，透骨草30g，樟树根50g。

[制备] 上药粉碎成粗粉，纱布袋装，扎口，用白酒2500ml浸泡。14日后取出药袋，压榨取液。将榨得的药液与药酒混合，静置，过滤，即得。

[用法] 外用。每次用双层纱布浸渍药酒后湿敷患处，每日或隔日1次，并外加红外线照射，每次40min。10次为1个疗程。

[效用] 祛风除湿，消赘止痛。用于治疗骨刺及局部关节疼痛，转侧不利等。

[按语] 骨刺乃骨质增生症中出现的骨病理改变，骨刺对周围软组织产生机械性刺激，引起局部疼痛，多发生于中年以上的人群。方中使用生草乌，有大毒，故不能内服，只能外用。

## 14. 芍药木瓜酒

[处方] 白芍90g，木瓜15g，甘草15g，鸡血藤20g，威灵仙20g，杜

仲 20g。

[制备] 将上述药物饮片用白酒 1000ml 浸泡 2 周后，过滤即得。[新中医，2008，40（10）：26.]

[用法] 口服。每次 20ml，每日 2 次。

[效用] 祛风湿，舒筋络，缓急止痛。用于腰椎骨质增生症引起的腰痛。

[按语] 原方为水煎剂，现改为酒剂。白芍对内脏平滑肌、骨骼肌都有缓挛急、止疼痛作用，故方中重用该药。

## （五）急性扭挫伤

### 1. 樟脑麝香酒（经验方）

[处方] 樟脑 10g，红花 10g，血竭 10g，三七 3g，生地黄 10g，薄荷 3g，冰片 0.2g，麝香 0.2g。

[制备] 将红花、血竭、三七、薄荷、生地黄粉碎成粗粉，纱布袋装，用白酒 500ml 浸泡，7 日后取出药袋，压榨取液，与药酒合并，过滤。将冰片、樟脑、麝香混匀，用过滤后的药酒浸泡，密封容器，每日振荡容器 1 次，3 日后启封使用。

[用法] 外用。用手指蘸少许药酒，反复涂擦患处及其周围，并选用抚摩、推搓、揉擦、按压、弹拨、拍打、扳牵等手法，每次 15～20min，每日 1 次，10 次为 1 个疗程。

[效用] 活血化瘀，消肿止痛。用于骨关节扭伤、软组织损伤。

[按语] 骨关节和软组织的损伤，主要表现为局部肿痛。本方樟脑外用有止痛作用，配伍麝香、冰片，剂量虽小，但辛窜之力较强，可以加强止痛作用；生地黄、红花、血竭、三七凉血活血，散瘀消肿；配伍少量薄荷，可以刺激皮肤冷觉感受器，增强局部麻醉止痛作用。

### 2. 闪挫止痛酒（《疑难急症简方》）

[处方] 当归 6g，川芎 3g，红花 1.8g，茜草 1.5g，威灵仙 1.5g。

[制备] 上药碾成粗末，置瓷器中，用适量白酒煎煮片刻，即成。

[用法] 口服。每次以不醉为度。其渣外用敷伤处。

[效用] 活血化瘀，和营通络。用于跌仆闪挫引起关节及软组织疼痛与血肿。

[按语] 本方能减少炎性反应的刺激及血管神经受压引起的疼痛。中医所谓化瘀通络，通则不痛。有明显出血者忌用。

### 3. 栀黄酒

[处方] 栀子 60g，大黄 30g，乳香 30g，没药 30g，一枝蒿 30g，樟脑 7g。

[制备] 将上药碾成粗粉，装入纱布袋中，扎口，置瓷坛中，用白酒适量（以淹没纱布袋为度）浸泡，密闭容器，2 周后开启，取出药袋，压榨取液，合并浸酒，不足 200ml 者，加适量白酒，配制成 0.8～1g 生药/ml 浓度的药酒，即成。[四川中医，1986，6：21.]

[用法] 外用。按软组织损伤的范围及疼痛面积的大小，剪相应大小的敷料块，用敷料块浸入药液，拧成半干状，敷贴于患处，再盖以干敷料，用胶布固定，24h 换药 1 次。轻者用药 1～2 次，重者 2～4 次即愈。用药 4 次以上无效者则停用。

[效用] 凉血活血，化瘀止痛。用于各种闭合性软组织损伤、挫伤、撞伤、无名肿毒、肋间神经痛。

[按语] 栀子为茜草科植物栀子的果实，具有清热泻火、凉血止血的功效。民间用本品单味研末，黄酒或鸡蛋清调敷，用于扭挫伤，有消肿止痛效果。本方即以栀子为主药，配伍其他活血止痛药，效果则更好。一枝蒿，即雪上一枝蒿，为毛茛科植物短柄乌头、铁棒锤或宣威乌头的块根，其功能与草乌、川乌相似，有祛风、除湿、止痛的功效，因毒性较大，一般多外用，治疗跌打损伤、风湿疼痛。

### 4. 韭菜酒（民间方）

[处方] 生韭菜或韭菜根 100g。

[制备] 生韭菜切细，置瓷器中，加黄酒 100ml，煎煮至沸，备用；或生韭菜切细、捣汁，与黄酒 100ml 调匀，备用。以上为 1 日用量。

[用法] 口服。每日 1～2 次，温服。韭菜捣烂亦可外敷患处。

[效用] 行气活血。用于急性闪挫、扭伤，气滞血瘀者；亦可用于胸痹心痛及赤痢。

[按语] 生韭菜，功能散瘀、行气、止血、消肿。有报道用鲜韭菜 100g（带根）捣泥，加 75%乙醇 5ml、甘油 5ml，外敷治疗软组织损伤，每日换药 1 次，3 次为 1 个疗程；也有报道用鲜韭菜 250g，切细，放细盐 3g，拌匀，捣成菜泥，外敷关节扭伤处，纱布包扎，并以酒频频湿润纱布，勿使干燥，3～4h 除去，次日再敷，一般敷 2 次即愈。

### 5. 三七红花酒

[处方] 三七 10g，红花 10g，乳香 20g，没药 20g，冰片 5g，生川乌 15g，

生草乌 15g。

[制备] 上药碾成粗末，用 60 度白酒 1000ml 浸泡 10 日以上，即可应用。[四川中医，1998，3：41.]

[用法] 外用。用镊子夹棉球蘸药酒涂擦患处，再用红外线灯直接照射 20min，其间每隔 5min 涂药 1 次。再配合手法理筋整复。

[效用] 温经活血，化瘀止痛。用于急性踝关节扭伤。

[按语] 三七，有止血散瘀、消肿止痛功效，李时珍在《本草纲目》中提到："此药近时始出，南人军中用为金疮要药，云有奇功。"在著名的云南白药中，三七为其主要药物。冰片、生川乌、生草乌都有一定的止痛作用，乌头类药物所含乌头碱有局部麻醉作用。

## 6. 红花酒煎

[处方] 红花 30g，栀子 20g，桃仁 20g，芒硝 60g。

[制备] 上药共研粗末，加白酒适量，浸泡 30min，微火煎煮 10min，冷却，去渣，过滤，即得。[实用中西医结合杂志，1996，9（4）：230.]

[用法] 外用。用纱布浸药酒在关节扭伤处作冷湿敷，1 日 4～6 次，10 日为 1 个疗程。同时局部施以柔顺按摩法，即采取与肌纤维方向平行的手法，由近端向远端或由远端向近端理顺肌纤维，之后，用石膏托、纸板或胶布、绷带等外固定损伤关节，限制其活动。

[效用] 活血祛瘀，消肿止痛。用于关节扭伤。

[按语] 关节、软组织扭伤之初，要防止损伤处进一步渗血，所以早期局部处理上强调作"冷"湿敷。芒硝主含含水硫酸钠，作外用，有清热消肿作用。

## 7. 赤芍当归酒

[处方] 赤芍 40g，当归 25g，生地黄 25g，泽兰 25g，川芎 25g，桃仁 25g，红花 20g，三棱 25g，莪术 25g，刘寄奴 25g，苏木 20g，土鳖虫 12g，泽泻 25g，三七 3g。

[制备] 上药置瓷坛中，用 50 度白酒 3000ml 浸泡 2 周，过滤去渣，取澄清液备用。[按摩与导引，1997，2：44.]

[用法] 外用。取少许药酒涂于按摩部位，根据伤情及患者体质，循经取穴，灵活选用不同手法，反复推拿。

[效用] 活血化瘀，消肿止痛。用于软组织损伤。

[按语] 药酒外擦皮肤，配合按摩用，可以在药酒中兑入少量甘油，对皮肤起滋润和保护作用，以免受损皮肤在手法按摩过程中进一步受到伤害。

## 8. 肿痛灵药酒

[**处方**] 透骨草 30g，乳香、没药、泽兰、艾叶各 15g。

[**制备**] 上药用 60 度白酒 500ml 浸泡 3 日，即成，备用。[新中医，1996，7：47.]

[**用法**] 外用。取大小适宜的敷料浸透药液，贴敷在患处，外用绷带包扎，每日更换 1 次，7 日为 1 个疗程。用药第二天起，绷带包扎局部外边，可以配合作热敷（用热水袋）。皮肤破损处应伤口愈后再行此法。

[**效用**] 行血消肿，温经通络。用于软组织损伤。

[**按语**] 透骨草，为大戟科植物地构叶的全草，又名地构菜，有祛风湿、舒筋、活血、止痛和解毒功效。民间有单用鲜品捣烂敷，或煎水洗患处，治疗跌仆损伤、瘀血肿痛。

## 9. 地鳖红花酒（经验方）

[**处方**] 土鳖虫 10g，红花 10g。

[**制备**] 上药置坛中，加 200ml 白酒小火煎煮约半小时，去渣，过滤，分成 3 份，备用。

[**用法**] 口服。每次服 1 份药酒，温服，每日 1 次。

[**效用**] 活血通络，祛瘀止痛。用于急性腰扭伤。

[**按语**] 地鳖虫，又名土鳖虫，有破血逐瘀、续筋接骨作用，为骨伤科中常用药之一。若慢性腰扭伤，可以将上述两药混合研细末，用白酒分 2～3 次送服。

## 10. 桂枝当归酒

[**处方**] 桂枝 15g，当归 10g，川芎 10g，红花 10g，透骨草 30g。

[**制备**] 将上述药物用 75% 乙醇 300ml，浸泡 24h 后备用。[河南中医，1989，3：34.]

[**用法**] 外用。用棉球蘸药酒搓洗患处，每日 4～6 次。

[**效用**] 活血温经，化瘀止痛。用于急性扭挫伤。

[**按语**] 外用药酒搓洗后，再辅以手法顺肌纤维方向轻柔按摩则效果更好。皮肤破损处忌用。

## 11. 复元活血酒（《医学发明》）

[**处方**] 柴胡 20g，当归 20g，红花 20g，天花粉 20g，穿山甲 10g，桃仁 20g，甘草 10g，大黄 15g。

［制备］上药用白酒 1000ml 浸泡 7 日，去渣，过滤，即得。

［用法］口服。每次 15～30ml，每日 2 次。

［效用］疏肝通络，活血祛瘀。用于胸胁挫伤，局部疼痛、憋气、胸闷。

［按语］原方为水煎剂，现改为酒剂，借酒通脉行血之力，更好地发挥药效。

## 12. 伤痛药酒

［处方］泽泻 12g，赤芍 10.5g，桂枝尖、乳香、没药、川乌、草乌、杏仁、红花、五加皮、锦纹大黄、牛膝、骨碎补各 9g，木瓜、小金樱、白芷各 7.5g，归尾、生地黄、羌活、栀子、黄柏各 6g，樟脑、苏木各 3g。

［制备］先将上列草药投入锅内，加水 1000ml，煮沸 1h（约剩 200ml）。取出该药液及药渣，装入大口瓶内，加 95％乙醇 500ml 浸泡 3 日（应经常摇动），滤出药酒即可应用。[中级医刊，1957，5：49。]

［用法］外用。先将患肢用热水洗净擦干，用棉球或棉签浸药酒涂擦患部。每日 1～5 次。

［效用］活血消肿，化瘀止痛。用于跌仆损伤，挤压伤，扭伤，剧烈运动和长途步行劳累所致肌肉筋骨疼痛。

［按语］大黄不仅有泻下作用，而且还有散瘀、止血功能。瘀血结聚，无论新旧，均可应用。如《三因极一病证方论》中用大黄煮酒，鸡鸣时服，治疗从高处坠下及木石所压导致瘀血凝积，气绝欲死者。小金樱，为蔷薇科植物小果蔷薇的根及嫩叶，有止血、祛风湿功能，浙江民间单用本品 15～30g，水煎，黄酒冲服，治疗跌打损伤、风湿痹痛。皮肤破损处忌用。严禁内服。

## 13. 地黄酒 （《圣济总录》）

［处方］生地黄汁一升（500ml），桃仁（去皮尖，制研膏）一两（30g）。

［制备］先将生地黄汁 500ml、黄酒 500ml 合并煎沸，加桃仁膏，再煎数沸，取下候凉，去渣，过滤，即得。

［用法］口服。每次一盏（约 30ml），不拘时，温服。

［效用］散血化瘀。用于倒仆损伤筋脉。

［按语］生地黄汁一般用鲜地黄洗净压榨取汁，此方适用于地黄产地，取材方便。生地黄汁具有散血消瘀解烦功能，在《圣济总录》中多处记载用生地黄汁，或配伍桃仁，或配伍桃仁、牡丹皮、桂枝，如化瘀止痛酒、地黄丹皮酒，采用酒煎服，治疗跌打损伤、瘀血在筋脉或瘀血在腹腔。

## 14. 延胡三七酒

［处方］延胡索（醋制）30g，三七 30g。

[制备] 将上药粉碎成细粉，用白酒 300ml 浸泡 1 天。［实用中医药杂志，2005，21（12）：735.]

[用法] 口服。用时将药液摇匀后，每次 10～15ml，每日 2 次。

[效用] 活血止痛。用于急性腰扭伤，疼痛难忍。

[按语] 原方采用药材白酒磨服，每次 10～20ml，现改为直接浸泡，更为简便易操作。

### 15. 洋金花酒

[处方] 干洋金花 60g。

[制备] 将上述药物置玻璃容器内，倒入 50 度白酒 500ml，密闭容器 2 周后，即可启封使用。[中国骨伤，2001，14（1）：11.]

[用法] 外用。用棉花或纱布蘸药液适量，反复搽摩患处，每日 2 次，每次 15min，3 天为 1 个疗程。

[效用] 麻醉镇痛。用于急性软组织损伤疼痛。

[按语] 洋金花又称曼陀罗花，含东莨菪碱、莨菪碱、阿托品等多种生物碱。有麻醉镇痛、止痉功效。本品有剧毒，其药酒只供外用，切勿误服！

## ≈≈ （六）跌打损伤 ≈≈

### 1. 骨伤药酒

[处方] 丹参 30g，刘寄奴 30g，路路通 30g，透骨草 30g，木瓜 30g，王不留行 30g，当归 20g，延胡索 20g，泽兰 20g，生川乌 20g，生草乌 20g，姜黄 20g，赤芍 20g，乳香 10g，没药 10g，血竭 10g，牡丹皮 10g，桃仁 10g，红花 10g，地龙 10g，青皮 10g，陈皮 10g，马钱子 10g。

[制备] 上药洗净炒干，加酒 50ml 搅匀加盖隔水再煮 30min，取出按药量与酒量 1：2 的比例浸酒，酒吸干后适当再加入一些酒，泡 2～3 周，即成。[广西中医药，1995，1：28.]

[用法] 外用。将药酒加热后直接外搽患处，每日 3 次，每次 15min，7 日为 1 个疗程，一般用药 1～2 个疗程。

[效用] 活血祛瘀，行气通络，消肿止痛。用于骨伤科瘀血肿痛实证。

[按语] 透骨草，又名地构菜，为大戟科植物地构叶的全草。功能祛风湿，舒筋活血，止痛。路路通，即枫香树的果实，功能祛风活血通络。刘寄奴，商品称南刘寄奴，为菊科植物奇蒿的全草。功能散瘀止痛，破血通经。开放性创伤肿痛忌用。

## 2. 跌打活血酒（经验方）

[处方] 土鳖虫、炙乳香、炙没药、红花、骨碎补、刘寄奴各 10g，当归尾、川芎、续断各 15g，参三七 6g。

[制备] 诸药研成粗末，纱布袋装，扎口，置于净器中，用白酒 1000ml 浸泡，密封容器，7 日后取出药袋，压榨取液，与浸酒合并，过滤，装瓶备用。

[用法] 口服。每次 10～15ml，每日 3 次，空腹服。

[效用] 活血化瘀，止痛消肿。用于跌打损伤，筋骨关节肿痛，或骨折、骨裂疼痛。

[按语] 土鳖虫，即地鳖虫，功能破血逐瘀、接骨续筋，为骨伤科中常用药物。

## 3. 复方红花药酒（《中药制剂汇编》）

[处方] 红花 100g，当归 50g，赤芍 50g，桂皮 50g。

[制备] 将上药粉碎成粗末，用 45 度白酒 1000ml 浸渍 10～15 日，过滤；补充适量白酒继续浸渍药渣，3～5 日后，过滤，添加至 1000ml 即得。

[用法] 口服：每次 10～20ml，每日 3～4 次。外用：搽敷红肿疼痛患处，反复搓揉。

[效用] 活血祛瘀，温经通络。用于跌打损伤，经闭腹痛。

[按语] 红肿皮破处不宜外搽。市售红花有两种，常用的即菊科植物红花，另一种为鸢尾科红花，后者又称藏红花，番红花。活血化瘀功效二者相似。本处方所用即为前者。

## 4. 跌打损伤（《药剂学及制剂注释》）

[处方] 柴胡 12g，当归 12g，川芎 12g，赤芍 6g，黄芩 6g，桃仁 6g，五灵脂 6g，马钱子（炒）6g，续断 6g，骨碎补（烫）6g，苏木 6g，红花 4g，三棱 4g，莪术 4g，乳香（醋制）3g。

[制备] 上药研粗末，装入纱布袋，扎口，用 50 度以上白酒 1000ml 浸泡，密封容器，30 日后启封，压榨过滤，静置沉淀，取上清液装瓶即成。

[用法] 口服：每次 20～30ml，1 日 2 次。外用：涂患处。

[效用] 舒筋活血，消肿止痛。用于跌打损伤，瘀血凝滞，肿痛不消，筋络不舒。

[按语] 不胜酒力者可以用白酒 500ml 浸泡，增加药物浓度，减少口服药酒的剂量，每次为 10～15ml。

### 5. 内伤药酒（《珍本医书集成》）

[处方] 红花 30g，桃仁（炒）30g，秦艽 30g，续断 30g，广木香 30g，砂仁 30g，牡丹皮 30g，威灵仙 30g，当归 90g，五加皮 90g，怀牛膝 90g，骨碎补（槌碎，忌铁器，晒干）60g，核桃肉（炒）60g，杜仲（炒）60g，丹参 60g。

[制备] 上药晒干，置瓷罐内，先将白酒 1500ml 倒入罐内，隔汤煮约 1h，待冷却后取出药罐，再冲入白酒 1500ml 于罐内，密封，7 日后开启饮用。

[用法] 口服。每次 20ml，早、晚各 1 次，温服。

[效用] 舒筋活血，化瘀止痛，补肾壮腰。用于跌打损伤，或劳伤太过，腹胁腰膝及筋骨肢体疼痛无力，不拘远年近日，男女老少皆效。

[按语] 本药酒中药物由攻逐瘀血、行气止痛和补肾强筋类药组成，使逐瘀不伤正，补益不碍邪，攻补兼施，恰到好处。

### 6. 紫金酒（《种福堂公选良方》）

[处方] 肉桂、明乳香、没药、广木香、羊踯躅、羌活各 15g，川芎、延胡索、紫荆皮、五加皮、牡丹皮、郁金、乌药各 30g。

[制备] 上药共研粗末，入纱布袋，扎口，置瓷坛或玻璃瓶中，用白酒 1000ml 浸泡，密封 7 日后开启，药袋压榨取液，与浸酒混合，过滤即得。

[用法] 口服。每次 10～20ml，每日 2 次。

[效用] 活血定痛，舒筋通络。用于一切风气，跌打损伤，寒湿疝气，血滞气凝。

[按语] 羊踯躅，即闹羊花根（《本草纲目拾遗》），为杜鹃花科植物羊踯躅的根。有驱风除湿、消肿止痛功能，常用于跌打损伤、瘀滞肿痛，或风寒湿痹，肢节疼痛。但本品有毒，不可过量。

### 7. 双牛跌打酒

[处方] 大草乌 15g，小草乌 5g，雪上一枝蒿 5g，红花 5g，雷公藤根 50g，制草乌 10g，金铁锁 10g，断肠草 10g，黑骨头 10g。

[制备] 除制草乌外，其余全部生用。将药置瓷坛中，用 75% 医用乙醇 700ml 浸泡 30 日，用力搅拌后滤去药渣分装小瓶内密封备用，亦可长期浸泡，随用随取。[云南中医杂志，1992，13（3）：38.]

[用法] 外用。用止血钳或镊子夹消毒棉球浸透药酒后，在已清洗过的患处反复搽擦至棉球干燥为止，每日外擦 3～4 次，用量根据肿痛面积大小而定，7 日为 1 个疗程。也可连续应用至肿消痛减为止。有皮破处，先无菌清洗包扎伤口，再在伤口周围肿痛处外擦药酒，切勿将药酒直接搽擦皮破伤口处。

[效用] 活血化瘀，消肿止痛。用于跌打损伤，瘀血肿痛。

[按语] 药材生草乌有两个品种，一为产于北方的北乌头，个小，称小草乌；二为产于南方、西南方的野生乌头，个大，称大草乌。雪上一枝蒿，为毛茛科植物短柄乌头、铁棒锤、或宣威乌头的块根，其功能与草乌、川乌相似，有祛风、除湿、止痛的功效，因毒性较大，一般多外用，治疗跌打损伤、风湿疼痛。金铁锁，为石竹科植物金铁锁的根，入药始见于《滇南本草》，又称金丝矮坨坨，云南有些地区又称独丁子，有较好的镇痛和抗炎作用，外用主要用于跌打损伤和风湿疼痛。断肠草，各地所称约有六七种之多，我国西南地区所称断肠草，一般指萝藦科植物古钩藤的根，即古钩藤，功能活血止痛、解毒消肿，主要用于跌打损伤、痈疽肿毒。黑骨头，为萝藦科植物西南杠柳的根或全株，具有祛风湿、强筋骨、活血消肿的功能。雷公藤，为卫矛科植物雷公藤去皮的根及根茎，有大毒，功能祛风除湿、活血通络、消肿止痛、清热解毒。因为雷公藤有较好的消炎止痛效果，故在骨伤科中常作外用。本药酒中应用多种大毒药品，且剂量大，故只宜外用，绝不能内服。

## 8. 李氏正骨药酒

[处方] 血竭 30g，樟脑 30g，红花 60g，细辛 60g，生地黄 60g，白芥子 60g，冰片 30g，生乳香 45g，生没药 45g，鹅不食草 90g，荜茇 90g，高良姜 120g。

[制备] 上药共碾细末，加白酒 5000ml，浸泡 10 日，过滤分装密封。[中国中医骨伤科杂志，1997，1：61.]

[用法] 外用。外搽患处，不拘时。

[效用] 温经活血止痛。用于跌打损伤，慢性劳损。

[按语] 血竭，功能散瘀止痛、敛疮止血，为骨伤科中常用药物，常与乳香、没药配伍同用。樟脑，外用对局部有轻度麻醉作用，使涂擦皮肤产生麻木感，所以跌打损伤药酒中常配伍本品外用可止痛。冰片也有一定的止痛作用；红花、生乳香、生没药化瘀止痛；细辛、荜茇、高良姜、白芥子具有温经祛寒止痛作用。

## 9. 舒筋乐

[处方] 细辛 50g，生川乌、生草乌各 60g，桂枝 50g，牡丹皮 90g，冰片 30g，蟾酥 10g，辣椒 10g，商陆 100g，羌活 100g，姜黄 100g，香薷 150g，寻骨风 150g，四大天王 20g。

[制备] 上药碾成粗末，用白酒 4500ml 浸泡 7 日，过滤；再加适量白酒继续浸泡药渣，5 日后过滤，两次滤液合并，酌加白酒至 4000ml 即成（每毫升约含生药 0.27g）。[江西中医药，1996，3：63.]

[用法] 外用。先轻揉按摩患部至皮肤发热，用药棉浸沾药液涂擦，若患部有皮下出血，涂擦时忌用力过猛，以免出血增多。还可用本药酒加热，热敷患部，每次 10～15min，每日 3～4 次。

[效用] 祛风，温阳，止痛。用于外伤疼痛。

[按语] 四大天王，即大四块瓦，为报春花科植物重楼排草的全草，四川民间药，有祛风止痛、活血止血功能。此外，尚能镇咳祛痰。另有一种四块瓦，为金粟兰科植物宽叶金粟兰的全草或根，四川部分地区也称四大天王，也有祛风湿、散瘀止痛、解毒消肿功能，《四川中药志》记载可用于跌打损伤和风湿筋骨疼痛。所以，这两种都可作为四大天王入药。本药酒中有毒性极大的川乌、草乌和蟾酥等药材，故仅供外用，切勿入口。皮肤破溃处忌用。

## 10. 红花浸酒

[处方] 红花 50g，凤仙花 50g，白矾少许。

[制备] 将上药加 60 度白酒 1000ml，浸泡 24h，取出过滤液备用。

[用法] 外用。用纱布浸于过滤液中 20min 取出，敷于肿胀部位，若纱布浸液干时，可随时再往纱布敷料上洒红花浸液，以保持湿润，1 日 1 次。

[效用] 消肿止痛。用于跌打损伤。

[按语] 凤仙花科植物凤仙的全草、花、种子均可入药。凤仙花有活血通经、祛风止痛和解毒消肿功能；凤仙，为其全草，其功能与其花相似，也常用于风湿疼痛和跌打损伤。所以，方中凤仙花若无，亦可用凤仙代替，剂量可适当增加至 100g。

## 11. 复方红花苏木酒 （《中药制剂汇编》）

[处方] 红花 50g，苏木 250g，两面针 250g。

[制备] 将药置净器中，用 50 度白酒 1500ml 浸泡，密封，15 日后开启，滤去药渣，装瓶备用。

[用法] 口服。每次 20～30ml，每日 2 次。也可外用，用适量药酒擦患部至有灼热感。

[效用] 活血祛瘀，消肿止痛。用于跌打损伤引起的瘀血肿痛。

[按语] 两面针，即入地金牛，为芸香科植物两面针的根或枝叶，具有祛风除湿、行气止痛、散瘀消肿功能，《云南中草药选》记载本品一味泡酒治疗跌打损伤。苏木、红花功能活血化瘀、消肿止痛，为骨伤科常用药物。《圣济总录》苏木酒、《濒湖集简方》苏木煮酒均以苏木一味药泡酒或煮酒服，治疗跌打损伤和偏坠肿痛。本药酒诸药合用，药力更强。有内出血者

忌服。

## 12. 复方三七药酒（《新编中成药》）

[处方] 三七 30g，莪术 40g，全蝎 10g，土鳖虫 30g，补骨脂 50g，淫羊藿 50g，四块瓦 60g，叶下花 80g，当归 60g，牛膝 50g，五加皮 60g，制川乌 20g，苏木 40g，大血藤 60g，川芎 30g，血竭 10g，红花 20g，乳香 30g，没药 30g，延胡索（元胡）40g，香附 40g。

[制备] 上药碾碎，用白酒 2000ml 浸泡 14 日，即可饮用。

[用法] 口服。每次 10～15ml，每日 2 次。

[效用] 舒筋活络，散瘀镇痛，祛风除湿，强筋壮骨。用于跌打损伤，风湿骨痛，四肢麻木。

[按语] 叶下花，即追风箭，为菊科植物白背兔耳风的全草。具有除湿止痛、行气活血功能。大多用于跌打损伤、风湿关节痛。

## 13. 三七酒（经验方）

[处方] 三七 30g。

[制备] 三七粉碎成粗粉，置净器中，用白酒 500ml 浸泡，密封容器。浸泡期间，每日摇动容器 1 次，7 日后静置、过滤，即得。

[用法] 口服。每次 10～15ml，每日 2～3 次。亦可外用。

[效用] 活血消肿，化瘀止痛。用于跌打损伤、瘀阻疼痛及冠心病心绞痛。

[按语] 三七，又名参三七、田三七，为五加科植物三七的根。药用记载始于明朝，《本草纲目》："此药近时始出，南人军中用为金疮要药，云有奇功。又云凡杖仆伤损，瘀血淋漓者，随即嚼烂，罨之即止，青肿者即消散。"三七具有止血、散瘀、消肿、定痛的功效，为伤科中的要药。如云南白药，三七即是其中的主要药物。现代药理学研究表明，三七具有抗血小板凝集、改善心肌内微循环、增加冠脉流量的作用，故临床上也用于冠心病心绞痛，如复方丹参片配方中就有三七。

## 14. 舒筋定痛酒（《沈氏尊生》接骨紫金丹加减）

[处方] 制乳香 15g，制没药 15g，血竭 10g，当归 20g，红花 10g，延胡索 10g。

[制备] 上药粉碎成粗末，纱布袋装，扎口。用白酒 1000ml 浸泡，密封容器，7 日后启封，取出药袋，压榨取液，与浸酒混合，静置，取上清液，过滤，即得。

[用法] 口服。每次 20～30ml，每日 2～3 次，饭后服。亦可外用，涂擦患处。

[效用] 舒筋活血，散瘀止痛。用于跌打损伤，血瘀肿痛。

[按语] 本方对跌打损伤、闪腰岔气等引起的肌肉、肌腱、韧带等损伤而致皮肤青紫、瘀血肿痛等症有较好的疗效。方中乳香、没药均为橄榄科植物的油胶树脂，对胃都有一定的刺激性，服后易发生恶心、呕吐，故入药须经炮制，以减少对胃的刺激性。血竭，为棕榈科麒麟竭及同属植物果实和树干渗出的树脂，有化瘀止血功效，常与乳香、没药配伍同用。皮肤破损者不宜外用。不宜空腹饮用。

## 15. 伤科跌打药酒（《伤科补要》）

[处方] 红花、参三七、生地黄、川芎、当归身、乌药、落得打、乳香、五加皮、防风、川牛膝、干姜、牡丹皮、肉桂、延胡索、姜黄、海桐皮各 15g。

[制备] 上药粉碎，盛入纱布袋，以白酒 2500ml 浸泡，容器封闭，隔水加热，煮 1.5h，取出放凉后，再浸数日，即可饮用。

[用法] 口服。每次 15～30ml，每日 2 次。

[效用] 活血行气，祛风除湿，消肿定痛。用于跌打损伤，气滞血瘀，筋骨疼痛，活动受限。

[按语] 落得打，又名陆英（《神农本草经》）、接骨草（浙江），为忍冬科植物接骨草的茎叶及根，有活血止痛、祛风除湿作用，为骨伤科中常用药。

## 16. 行气止痛酒（经验方）

[处方] 制香附 9g，广郁金 9g，炒枳壳 9g，广陈皮 9g，延胡索 9g，甘草 9g，丹参 9g，泽兰 9g，金橘叶 9g，木香 6g。

[加减] 瘀血停积者加土鳖虫、制乳香、制没药各 9g，去木香、金橘叶。

[制备] 上药用白酒 500ml 浸泡 7 日，去渣，过滤，即得。

[用法] 口服。每次 15～30ml，每日 2 次。

[效用] 行气活血，祛瘀止痛。用于跌打损伤，引起胸胁内伤，转侧不利，胸胁疼痛。

[按语]《内经》："气伤痛，形伤肿"，"膻中者为气海"。胸胁部受损，必然使全身气机升降失司，故立法处方以疏理气机为主，气行则血行，血行则瘀祛而痛止。方中香附、郁金、枳壳、陈皮、金橘叶、木香均为行气药物，疏理气机为主，再配伍泽兰、延胡索、丹参活血药物，全方行气活血、化瘀止痛。

## ❀ （七）骨　折 ❀

## 1. 接骨草酒

[处方] 接骨草 500g。

[制备]取接骨草叶，洗净，切碎，加水过药面煎煮，煎煮 2h，倒出药汁，再放适量水，再煎 1.5h，倒出药汁，将两次药汁合并，过滤，浓缩至 300ml 左右，加 95％乙醇兑成浓度为 45％的药液，放置 24h，过滤即得。[新医药学杂志，1978，7：17.]

[用法]外用。用纱布包敷骨折部，小夹板或石膏固定，然后将接骨草酒滴入小夹板下，以纱布浸湿为宜。每日 2～3 次。

[效用]消肿，止痛，促进骨痂生长，有助于骨折愈合。用于四肢骨折。

[按语]各地称接骨草的有十多个品种，这里所指接骨草，为忍冬科植物接骨草的茎叶及根，药理研究表明，本品具有明显镇痛作用，为骨伤科常用药。

## 2. 七叶红花酒

[处方]七星草 100g，叶下花 100g，小黑牛 50g，岩芋 50g，红花 20g，苏木 25g，紫荆皮 25g，伸筋草 20g，自然铜 50g，雪上一枝蒿 25g，马钱子 50g，牡丹皮 25g，大黄 25g，栀子 50g，木瓜 50g，血竭 10g，牛膝 20g，杜仲 25g，冰片 2g。

[制备]将上述中草药（除冰片）研成粗末，装入瓷坛内，用 75％乙醇 2000ml 浸泡，密封容器，每日摇荡，15 日后启封，过滤，加入冰片，溶化即成。[中国民族民间医药杂志，1998，5：21.]

[用法]外用。外擦患处，每日 4～5 次。

[效用]化瘀止痛，续筋接骨，祛风除湿。用于跌打损伤，骨折脱臼，风湿性关节疼痛。

[按语]七星草，又名瓦韦、剑丹，为水龙骨科植物瓦韦的全草。《植物名实图考》："治跌打损伤，酒煎服。"岩芋，即见血清，为兰科植物脉纹羊耳兰的全草，有凉血止血、解毒消痈功效。叶下花，又名追风箭，为菊科植物白背兔耳风的全草，能除湿止痛、行气活血，外用主要用于骨折、外伤出血。小黑牛，即滇杠柳，为萝藦科植物杠柳的根或全株，具有祛风除湿、通经活络功效，外用主治骨折。由于方中有雪上一枝蒿、马钱子等大毒之品，故严禁内服。

## 3. 茴香丁香酒

[处方]茴香 15g，丁香 15g，樟脑 15g，红花 15g。

[制备]上药用白酒 300ml 浸泡，7 日后取汁使用。[中国骨伤，1997，1：56.]

[用法]外用。用棉球蘸药汁涂于伤处，以红外线治疗灯照射，距离 20～30cm，每日 1 次，7 次为 1 个疗程。

[效用] 散寒，活血，化湿。用于骨折后期局部肿胀。

[按语] 骨折至愈合全过程一般分为前期血肿机化期、中期原始骨痂期、后期骨痂改造期。后期出现局部肿胀，大多为局部残留血瘀未清，络脉不通所致，故治疗方法以活血温通为主。

## 4. 风伤药酒（《中药制剂汇编》）

[处方] 四块瓦 50g，重楼 75g，姜黄 75g，栀子 75g，茜叶 30g，阿利藤 15g，射干 30g，云实根 30g，商陆 15g，土黄柏 75g，驳骨丹 75g，蛇芍 50g，星宿叶 50g，毛茛 50g，紫菀 150g，冰片 7.5g，百两金 30g。

[制备] 将上药共研粗粉，用 75％乙醇 1500ml 浸泡 10 日后，过滤取液，药渣再加 75％乙醇 500ml 浸泡 5 日后，过滤，弃渣，两次药液合并，装瓶备用。

[用法] 外用。外擦局部，每日 3 次，连用 1 周。

[效用] 祛风湿，健筋骨。用于骨折后期，可促进骨折愈合及功能恢复。

[按语] 阿利藤，又名瓜子藤，为夹竹桃科植物链珠藤的全株及根，为闽、浙、粤一带民间药，有祛风利湿、活血通络功效，大多用于跌打损伤及风湿关节疼痛。云实根，为豆科植物云实的根或根皮，有祛风活络作用。驳骨丹，又名接骨草，广东、台湾、广西地区民间草药，为爵床科植物裹篱樵的茎叶，有活血祛瘀、消肿止痛功能，用于骨折伤痛。星宿叶，即星宿菜，又名红七草（广西）、红根草（福建）、泥鳅菜（广东），为报春花科植物星宿菜的茎叶，有活血消肿作用。百两金，即八爪金龙，为紫金牛科植物百两金的根及根茎，煎水内服有较好的抗炎、解热作用；外用跌打损伤，能散瘀止痛。

## 5. 正骨酒Ⅰ（经验方）

[处方] 川芎 15g，赤芍 9g，当归 9g，苏木 12g，广木香 9g，骨碎补 15g，土鳖虫 6g，制乳香 6g，制没药 6g，桃仁 9g，红花 9g。

[制备] 上药置瓷坛或玻璃瓶中，用白酒 1500ml 浸泡，密封容器，每日摇荡容器 1 次，7 日后启封，去渣，过滤，即得。

[用法] 口服。骨折部位先手法整复，再内服本方，每次 15～30ml，每日 2 次。

[效用] 活血散瘀，行气止痛。用于骨折初期，局部疼痛、肿胀。

[按语] 骨折初期，患处瘀阻络脉，不通则痛，虽经手法整复，但瘀阻病理仍然存在，故治疗上侧重于化瘀、行气、止痛，以助病理的改善与修复，恢复常态。瘀消络通，气血运行恢复正常，则肿胀自消，疼痛自止。

## 6. 正骨酒Ⅱ（经验方）

[处方] 续断 25g，淫羊藿 20g，熟地黄 20g，骨碎补 25g，生白术 15g，补骨

脂 20g，当归 25g，青皮 15g，陈皮 15g。

　　[制备] 上药置瓷坛或玻璃瓶中，用白酒 1500ml 浸泡，密封容器，每日摇荡容器 1 次，7 日后启封，去渣，过滤，即得。

　　[用法] 口服。每次 15～30ml，每日 2 次。

　　[效用] 补益肝肾，接骨续筋。用于骨折中期，瘀血已化，断端初步连接。

　　[按语] 中医理论认为，肾主骨，肝主筋，筋骨的健康与肝肾生理功能的正常发挥密切相关。因此，在骨折瘀肿已消，骨痂初步形成的阶段，给予补益肝肾的药物，有助于骨折的愈合和筋骨正常生理功能的恢复。

## 7. 正骨酒Ⅲ（经验方）

　　[处方] 鸡血藤 15g，土鳖虫 10g，骨碎补 15g，川续断 15g，怀牛膝 15g，杜仲 15g，当归 15g，赤芍、白芍各 15g，川芎 15g，红花 10g，接骨木 10g，陈皮 10g，自然铜（煅）20g。

　　[制备] 自然铜碾碎，将上药用 1500ml 白酒浸泡，密封，每日振荡 1 次，7 日后开启，过滤去渣，即得。

　　[用法] 口服。每次 15～30ml，每日 2 次。

　　[效用] 活血理气，接骨续筋。用于骨折中期，断端初步连接，但局部瘀血尚未消退。

　　[按语] 骨折中期，断端初步连接，说明骨痂初步形成，故用续断、骨碎补、杜仲、牛膝等药培补肝肾，以接骨续筋。但局部瘀血尚未消退殆尽，临床仍有一定肿痛表现，故方中予土鳖虫、川芎、红花、鸡血藤、陈皮等活血行气之品，标本兼治。

## 8. 正骨酒Ⅳ（经验方）

　　[处方] 丹参 30g，无名异 15g，骨碎补 45g，川芎 15g，桂枝 15g，白芍 15g，续断 25g，三七 15g，地黄 15g，五加皮 25g，龙骨（煅）15g，自然铜（煅）15g，木瓜 15g，玉竹 15g，菟丝子 30g。

　　[制备] 无名异、龙骨、自然铜研细。上药用白酒 2000ml 浸泡，密封，7 日后启封，过滤去渣，备用。

　　[用法] 口服。每次 15～30ml，每日 2～3 次。

　　[效用] 活血通络，续筋接骨。用于骨折中期断骨初步连接。

　　[按语] 自然铜，又名接骨丹，为天然硫化铁矿石，含有铁、硫元素，还含有铜、钙、镍、锌、锰等杂质，为骨伤科常用药物之一。药理学研究表明，自然铜具有促进骨质愈合的作用，其所含矿物质及微量元素有利于胶原合成，并使胶原纤维韧性加强，胶原不溶性增加，从而增强生物力学强度，而引力刺

激又可促进新骨生成。无名异，为软锰矿及水锰矿矿石，功能祛瘀止痛、活血消肿、止血生肌。《本草纲目》记载，本品配乳香、没药，研末，热酒调服，治损伤、接骨。

## 9. 正骨酒Ⅴ（经验方）

[处方] 全当归15g，熟地黄15g，白芍15g，川芎15g，党参15g，黄芪15g，川续断15g，补骨脂15g，淫羊藿15g，秦艽15g，桑椹20g，陈皮10g，鸡血藤15g。

[制备] 上药用1500ml白酒浸泡，密封容器，浸泡期间每日摇荡容器1次，7日后启封，去渣，过滤，即得。

[用法] 口服。每次15～30ml，每日2次。

[效用] 补肝肾，益气血，健筋骨。用于骨折后期，促进骨折完全愈合。

[按语] 骨折后期，为了促进骨折及早完全愈合，除了补益肝肾外，还应予补气血。因为骨的生长依靠精、气、血的不断滋养，所以本方的药物组成体现了这一中医学理论。

## 10. 壮筋续骨酒（经验方）

[处方] 黄芪20g，党参20g，土鳖虫20g，熟地黄20g，地龙20g，枸杞子20g，水蛭20g，自然铜（煅）20g，巴戟天15g，杜仲15g，炮穿山甲15g，淫羊藿15g，锁阳15g，鹿筋15g，大枣5枚。

[制备] 自然铜研细。上药用白酒1500ml浸泡，7日后即可取上清液饮用。

[用法] 口服。每次15～20ml，每日3次。

[效用] 补益肝肾，强筋续骨。用于骨折延迟愈合，肌肤清冷，关节僵硬。

[按语] 骨折的临床愈合期因骨折部位不同而有一定差异，但多数在6周左右。骨折的延缓愈合原因是多方面的，但局部血供不良是常见原因之一。组织的再生，需要足够的血液供应，血供良好的松质骨部位骨折愈合往往较快，而血供不良的部位则骨折愈合缓慢。本方在应用一般补益肝肾、养血补气药物的同时，配伍水蛭、地龙、炮穿山甲等破血通络药，旨在清除创伤部位络脉中的残留瘀血，恢复局部正常血供，以利骨组织的再生。

## 11. 续断酒（经验方）

[处方] 续断20g，当归尾20g，土鳖虫12g，泽兰12g，制乳香30g，自然铜（煅）20g，骨碎补30g，桑枝30g，桃仁12g，醋炒延胡索10g。

[制备] 自然铜、延胡索研细，与其他药物共置瓷坛或玻璃瓶中，用白酒1000ml浸泡7日后，取上清液即可饮用。

［用法］口服。每次 15～20ml，每日 2 次。

［效用］活血定痛，舒筋通络。用于骨折延迟愈合、骨折部位红肿硬结或皮肤晦暗清冷。

［按语］本方应用诸多活血化瘀之品，其目的是为了化瘀通络，以改善局部血供情况，所谓祛瘀生新。

## 12. 骨折熏洗方（经验方）

［处方］荆芥 9g，防风 6g，黄柏 6g，当归 6g，苦参 6g，川芎 6g，丹参 6g，川椒 1.5g，苏木 9g，杜仲 9g，油松节 9g，樟脑 3g。

［制备］上药加适量水和黄酒，水与黄酒比例为 2：1，煮沸后以供熏洗患处。

［用法］外用。先熏后洗，每次熏洗不少于 20～30min，每日熏洗 2 次。

［效用］温经通脉。用于骨折断端连接后肢体关节活动僵硬。

［按语］骨折初步愈合后，肢体关节活动僵硬，一方面用药熏洗进行治疗，另一方面要在医师指导下，逐步加强患侧肢体的功能锻炼，药物治疗要与功能锻炼结合起来。

# 十一、外 科

## （一）瘿 瘤

### 1. 海藻昆布酒（《外台秘要》）

［处方］昆布（洗）、海藻（洗）各 500g。

［制备］上两味细切，用好酒 5L 浸 7 日。

［用法］口服。量酒力而服，酒尽，另用酒再浸两遍。

［效用］祛痰消瘿。用于瘿病。

［按语］瘿病，是指甲状腺增大一类疾病的统称。古代中医文献中提到瘿病有气瘿、肉瘿、血瘿、筋瘿、石瘿等之分，涉及现代医学中单纯性甲状腺肿、甲状腺功能亢进、甲状腺腺瘤、甲状腺癌等多种疾病。本药酒主要适用于缺碘引起的单纯性甲状腺肿。

## 2. 海藻酒 （《肘后方》）

[**处方**] 海藻 500g。

[**制备**] 将海藻洗净，切细，用黄酒 1500ml 浸泡，春夏浸 2 天，秋冬浸 5 天，过滤后备用。

[**用法**] 口服。每次 30ml，饭后服，每日 2～3 次。酒尽将海藻曝干，捣为末，每次 3g，酒调服，每日 3 次。

[**效用**] 祛痰结，消瘿瘤。用于瘿病。

[**按语**] 本药酒主要适用于缺碘引起的单纯性甲状腺肿。

## 3. 黄药子酒

[**处方**] 黄药子 300g。

[**制备**] 将上药研成细末，与白酒 1500ml 和匀，分装 4 个 500ml 盐水瓶中，扎紧瓶塞，放锅中，加水加温至 60～70℃（温度过高，瓶易炸裂），24h 后取出，冷却过滤，备用。[浙江中医杂志，1996，31（9）：396.]

[**用法**] 口服。每次 6ml，每日 3 次，睡前加服 12ml。不会饮酒者，少量多次服用。1 个月为 1 个疗程。肿瘤消失后，继续服半个疗程，以巩固疗效。

[**效用**] 消痰软坚，凉血解毒。用于甲状腺腺瘤。

[**按语**] 黄药子，为薯蓣科植物黄独的块茎，有小毒，过量或长期服用，对肝脏可能造成损害，出现肝功能异常，但停药对症处理后，即可恢复正常。故临床用 1 个疗程后，最好间隔 7～10 天后再开始第 2 个疗程，这样可以避免或减少不良反应的发生。肝功能不良者忌服。

## 4. 复方黄药子酒 （《串雅内编》）

[**处方**] 黄药子 90g，海藻 150g，浙贝母 110g。

[**制备**] 上药共研粗末，置净器内，加白酒 1000ml，隔水加热，不时搅拌至沸，取出，连酒带药倒入坛内，趁热封闭，静置 10 天，滤过装瓶，备用。

[**用法**] 口服。每次 10ml，每日 3 次。

[**效用**] 软坚散结。用于单纯性甲状腺肿。

[**按语**] 原书记载黄药子剂量与海藻相同，因黄药子有小毒，剂量大易对肝脏造成损害，故改为现剂量。为了便于家庭制作，处方中药物和白酒剂量约为原书所载剂量的 1/8。肝功能不良者忌服。

## 5. 贝母海藻方 （《祖传秘方大全》）

[**处方**] 浙贝母、海藻、牡蛎各 100g。

［制备］上述药物研细末，混匀，备用。

［用法］口服。每次取 6g，饭前用黄酒 20～30ml 送服。1 个月为 1 个疗程。

［效用］化痰软坚。用于甲状腺腺瘤。

［按语］中医对于临床上出现的各种瘤状物，有肿块而不痛，质地软而不坚硬者，大多从痰论治，予化痰软坚法。浙贝母、牡蛎、海藻是常用药物。该方是从消瘰丸（《医学心悟》）变化而来，适用于瘿瘤、瘰疬。

## （二）瘰　疬

### 1. 白头翁酒

［处方］白头翁 150g。

［制备］先将白头翁根用水洗去泥土，趁湿润剪成寸段，用白酒 1000ml 装坛内，外用厚布和线绳严封坛口，隔水放锅中，煮数沸，取出后放地上阴凉处，出火毒两三日，然后开坛，过滤去渣，将药酒装瓶密封收贮即可。　[江苏中医，1966，2：37.]

［用法］口服。每次饮一两酒盅，每日早、晚各 1 次，于饭后 1h 服。1～2 个月为 1 个疗程，以后视病情需要可连续服用。

［效用］解毒散结，排脓敛疮。用于瘰疬日久败疮，溃后脓水清稀，久不收口者。

［按语］瘰疬，又名鼠瘘、老鼠疮，即颈淋巴结结核。该病初期未溃和后期溃后用药不同。本方适用于溃后，久不收口者。服药期间忌一切生冷油腻及辛辣刺激性食物。

### 2. 夏枯草酒 （《丸散膏丹集成》）

［处方］夏枯草 200g，当归 5g，白芍 5g，玄参 5g，乌药 5g，象贝母 5g，僵蚕 5g，昆布 3g，桔梗 3g，陈皮 3g，川芎 3g，甘草 3g，香附 10g，红花 2g。

［制备］将上述药物置陶瓷或玻璃容器中，用 2500ml 白酒浸泡 3 周，过滤即得。

［用法］口服。每次 15～20ml，每日 2 次。

［效用］清热散结，化痰软坚。用于瘰疬。

［按语］本方原为夏枯草膏，现改为酒剂。药酒过滤后也可以加白蜜 250g 或白糖 250g 调味。本方适用于瘰疬未溃者，瘰疬已溃者忌用。

### 3. 消瘰药酒 （《疡医大全》）

［处方］夏枯草 80g，玄参 50g，海藻 10g，贝母 10g，薄荷 10g，天花粉

10g，海蛤粉 10g，白蔹 10g，连翘 10g，熟大黄 10g，生甘草 10g，生地黄 10g，桔梗 10g，当归 10g。

[制备]上述药物用白酒 2500ml 浸泡 3 周，过滤即得。可以酌加蜂蜜 200g 调味。

[用法]口服。每次 15～20ml，每日 2 次。

[效用]化痰，软坚，止痛。用于瘰疬。

[按语]原方制成丸剂，现改为酒剂。原处方中有青盐、硝石，现删去未用。本方适用于瘰疬未溃者。

### 4. 消疬散（《虫类药的应用》）

[处方]炙全蝎 20 只，炙蜈蚣 10 条，穿山甲（土炒）20 片，火硝 1g，核桃（去壳取仁）10 枚。

[制备]上药共研细末，备用。

[用法]口服。每晚服 4.5g，年老体弱者酌减，陈酒送下。见效后可改间日 1 次，直至痊愈。

[效用]攻毒散结，通络止痛。用于颈淋巴结结核，不论已溃、未溃均可用。

[按语]此方为江苏当代名老中医朱良春的经验。朱老临床上擅长应用虫类药治病。

### 5. 瘰疬散坚药酒（《瘰疬证治》）

[处方]玄参 50g，象贝母 24g，煅牡蛎 50g，猫爪草 24g，夏枯草 100g，炮山甲 24g，昆布 50g，海藻 50g，梓木草 24g，三棱 12g，莪术 12g，白芥子 12g，黄芪 24g，当归 24g，地龙 24g。

[制备]上述药物用白酒 2500ml 浸泡，3 周后过滤即得。

[用法]口服。每次 15～20ml，每日 2 次。

[效用]软坚散结，活血祛瘀。用于瘰疬，症见肿核坚硬，难消难溃。

[按语]本方原为丸剂，现改为酒剂。本方适宜于瘰疬坚硬难溃者。方中以软坚散结药为主，配伍活血化瘀药，另外配伍当归、黄芪，旨在攻而不伤正。猫爪草，为毛茛科植物猫爪草的块根，具有散结、解毒、消肿功能，为治疗瘰疬结核的常用药物。

### 6. 瘰疬药酒方（《外科正宗》）

[处方]鹤虱草 125g，忍冬藤 9g，野蓬蒿 60g，野菊花 60g，五爪龙 45g，马鞭草 25g。

[制备]上药切碎，纱布袋装，置陶瓷或玻璃器皿中，用白酒 2500ml 浸泡，

封口。2 周后移去纱布药袋，过滤即得。

[**用法**] 口服。每次 30ml，每日 2 次。

[**效用**] 清热解毒，散结消肿。用于年久瘰疬结核，串生满项，顽硬不穿破者。

[**按语**] 五爪龙，为旋花科植物五爪金龙的根、茎叶。溃破者不宜服用。

## （三）疮疡疔肿

### 1. 阳和解凝酒

[**处方**] 处方一：马钱子、木鳖子、白芥子、五灵脂、穿山甲、川乌、草乌、南星、牙皂各 30g，生狼毒 120g，大戟、甘遂、肉桂、干姜、麻黄各 15g。处方二：生硫黄、麦面、荞面各等份。

[**制备**] 将处方一药物用白酒 1000ml 浸泡 1 个月，过滤去渣，装瓶备用。将处方二硫黄研细，与荞面、麦面混合均匀，备用。[上海中医药杂志，1984，6：30.]

[**用法**] 外用。治未溃阴疽，将药酒调处方二药粉，敷患处；治已溃阴疽，将消毒纱布条浸药酒后塞入疮口内。每日 1 次。

[**效用**] 解毒，祛寒，除湿，涤痰，通络。用于因寒湿、痰凝、阴毒所致的阴疽。

[**按语**] 阴疽，一般指发于深部肌肉筋骨间的疮肿，如骨髓炎等。本品有毒，不可内服。

### 2. 内托酒煎黄芪汤（《普济方》）

[**处方**] 柴胡一钱半（5g），连翘一钱（3g），肉桂一钱（3g），牛蒡子（炒）一钱（3g），黄芪二钱（6g），当归尾二钱（6g），黄柏五分（1.5g），升麻七分（2g），甘草（炙）五分（1.5g）。

[**制备**] 上药切细，好糯米酒一盏半，水一大盏半，同煎至一盏，去渣即成。

[**用法**] 晨起空腹温服，服后片刻，再用早膳。

[**效用**] 托毒消疽。用于附骨疽。

[**按语**] 附骨疽，即今骨髓炎。中医外科学中将创面大而浅者称痈，临床均有肿胀、焮热、疼痛、化脓等表现，属阳证范畴，大多为急性化脓性疾病；创面深而恶者称疽，又称无头疽，多发于肌肉筋骨间的疮肿，如附骨疽，临床因无肿胀、焮热等表现，疾病大多呈慢性，故归属阴证范畴。痈，治疗以清热解毒为主；疽，因病位在深部，病程也较长，单纯用清热解毒法邪毒不易清除，必须用

"内托"法，托毒才能消痈。黄芪、肉桂等药是常用的托毒药物。凡局部红热肿痛属痈疡者不宜用。

### 3. 大黄栀子酒

[处方] 大黄、栀子各 30g，红花 10g。

[制备] 大黄碎为豆粒大，栀子捣成粗末，加 75%乙醇 500ml 浸泡 1 周（冬季 2 周）后，滤滓装瓶备用。[四川中医，1990，5：40.]

[用法] 每日用药酒适量浸泡患指，或用药酒清洗伤口，每日 3～4 次。

[效用] 清热解毒，凉血活血。用于甲沟炎未溃或已溃甲下有少量脓液者。

### 4. 藤黄酒

[处方] 藤黄 15g。

[制备] 将藤黄打碎后置入 75%乙醇 100ml 中浸泡，1 周后使用。[中医外治杂志，1995，4（2）：24.]

[用法] 用棉签蘸藤黄酒外搽患处，每日 2～3 次。

[效用] 攻毒散结，消肿。用于多发性疔病、带状疱疹及单纯疱疹、腮腺炎。

[按语] 藤黄为藤黄科植物藤黄树干渗出的树脂，又名玉黄、月黄，药材产于印度、越南、泰国。藤黄对金黄色葡萄球菌、八叠球菌、枯草杆菌有抑制作用，对疱疹病毒Ⅰ型有直接抑制作用。临床曾多次报道用藤黄酒外治，对皮肤感染引起的疖肿、带状疱疹、单纯疱疹、腮腺炎等有较好的疗效。藤黄有毒，仅供外用，慎勿内服。

## ∽ （四）脱 疽 ∾

### 1. 黄马酒

[处方] 黄连 60g，生马钱子 120g。

[制备] 黄连研成粗粒、生马钱子打碎，用 75%乙醇或 50 度以上白酒5000ml 浸泡，1 周后使用。[实用中医药杂志，1992，1：6.]

[用法] 用适量黄马酒浸湿纱布外敷在局部创面上（以一昼夜纱布转干为度），每日换药一次，必要时夜间可局部浸湿一次以镇痛。

[效用] 清热泻火，解毒镇痛。用于血栓闭塞性脉管炎。

[按语] 血栓闭塞性脉管炎初起患趾皮肤发白、发凉、麻痛，日久趾色呈枣红色，渐转暗变黑，痛如火烧，筋骨腐烂，溃久则趾自落，所以该病在中医学中称"脱疽"。马钱子所含马钱子碱对感觉神经末梢有麻痹作用，故产生镇痛作用。生马

钱子中马钱子碱含量高，故用生品。生马钱子有大毒，药酒只能外用，禁忌内服。

## 2. 温经散寒通络酒（民间验方）

[处方]红花 15g，当归尾 30g，桃仁 15g，皂角刺 15g，炮姜 10g，吴茱萸 15g。

[制备]用白酒 1000ml 浸泡上药 14 日后，即可饮用。

[用法]口服。每次 10～20ml，每日 2～3 次，1 个月为 1 个疗程。

[效用]温经活血，散寒通络。用于血栓闭塞性脉管炎。宜用于中医辨证属寒凝血瘀型，症见舌质淡红，苔薄白，脉沉紧。

[按语]血栓闭塞性脉管炎按病变发展过程可分为三期：局部缺血期、营养障碍期、组织坏死期。寒凝血瘀型多见于局部缺血期或营养障碍期，组织坏死期多见热毒型或湿热型。本方中有吴茱萸、炮姜等辛热温里药，又有红花、当归尾、桃仁、皂角刺等活血化瘀药，故本方适宜于寒凝血瘀型血栓闭塞性脉管炎。局部肢体溃烂坏死，证属热毒型或湿热型者忌用。

## 3. 祛寒通络药酒（《治疗与保健药酒》）

[处方]熟附子 45g，细辛 15g，红花 60g，丹参 60g，土鳖虫 30g，苏木 30g，川芎 30g，大枣 20 枚。

[制备]将上药用白酒 1500ml 浸泡 14 天后即可饮用。

[用法]口服。每次 30ml，每日 2 次。

[效用]温阳散寒，活血通脉。用于血栓闭塞性脉管炎，中医辨证属寒凝血瘀型。

[按语]药酒性大热，有温阳散寒，活血通脉功效，故适合脱疽早期局部缺血期或营养障碍期出现的寒凝血瘀证，如脱疽已发展到坏死期，证属热毒或湿热壅滞者，则不宜使用。

## 4. 通脉管药酒

[处方]走马胎 50g，重楼 50g，当归尾 50g，桑寄生 50g，威灵仙 50g，牛膝 25g，桂枝 25g，红花 25g，桃仁 25g，皂角刺 25g，乳香 15g，没药 15g，黄芪 25g，党参 25g。

[制备]上药用桂林三花酒 2500～3000ml 浸泡 3 周后，即可饮用。[广西卫生，1974，6：25.]

[用法]口服。每次 20～100ml，每日 4～6 次，以不醉为度。7 天为 1 个疗程，停 3～5 天后再服。

[效用]温经活络，益气活血，散瘀通脉。用于血栓闭塞性脉管炎，中医辨证属阴寒型或气滞血瘀型。

[宜忌] 湿热型或热毒血瘀型脱疽忌用，心脏病患者忌用。不耐酒量者慎用。

[按语] 走马胎，又名血枫（广西）、山猪药（海南）、白马胎（广东），为紫金牛科植物走马胎的根茎及叶，有祛风通络、散瘀消肿、生肌敛疮的功能。本方适用于阴寒型、气滞血瘀型，多见于血栓闭塞性脉管炎局部缺血期和营养障碍期。组织坏死期中医辨证大多属湿热型或热毒血瘀型，并非本方适应证。原方介绍服用剂量过大，可以改为每次 20～30ml，每日 3 次。

## 5. 白花丹参酒（《治疗与保健药酒》）

[处方] 白花丹参 25～50g。

[制备] 将白花丹参晒干，切碎或制成粗末，用 52 度白酒 500ml 浸泡 15 日，制成 5%～10% 的药酒，备用。

[用法] 口服。每次 20～30ml，每日 3 次。

[效用] 化瘀通络，止痛。用于血栓闭塞性脉管炎，中医辨证属气滞血瘀型。

[按语] 白花丹参为商品丹参中的一个品种，本品有改善肢体血液循环、扩张血管的作用。组织坏死型属湿热型或热毒型者不宜用。

## 6. 乌芎酒

[处方] 草乌、川芎、紫草各 30g。

[制备] 将上述中药用 60% 乙醇 500ml 浸泡 20 日后过滤。每 100ml 滤液加 10ml 甘油，搅拌均匀，装入喷雾瓶内备用。[长春中医学院学报，1996，12（9）：40.]

[用法] 外用。将装药酒的喷雾瓶对疮面进行喷雾，每日喷数次；或用药用纱布浸药液后外敷疮面。

[效用] 温经活血，止痛消肿。用于糖尿病足坏疽症。

[按语] 糖尿病，半数以上患者伴有动脉硬化，周围动脉如足背动脉硬化较常见，加之长期高血糖，全血黏度和血浆黏度增高，血液呈高凝状态，极易引起血栓闭塞脉管而出现坏疽。草乌有大毒，本品严禁内服。

## （五）冻 疮

## 1. 红灵酒

[处方] 生当归 60g，红花 30g，花椒 30g，肉桂 60g，樟脑 15g，细辛 15g，干姜 30g。

[制备] 当归、干姜、肉桂切薄片，细辛研细末，将诸药装入纱布口袋，扎口，置陶瓷用 95% 乙醇 1000ml 浸泡 7 天后备用。[中医外治杂志，1996，4：47.]

[用法] 外用。每日用药棉蘸药酒在患处揉擦 2～3 次，每次揉擦 10～20min。冻疮溃后揉擦患处上部及四周皮肤。

[效用] 温阳祛寒，活血止痛。用于冻疮、脱疽。

[按语] 根据中医"冬病夏治"理论，三伏天中午用药棉蘸红灵酒涂擦患处，每次 10～20min，连用 30 天，有预防冬天冻疮复发的作用。揉擦部位为冻疮未溃处皮肤，已溃处忌用。

## 2. 冻疮川乌酒

[处方] 川乌、草乌、樟脑各 30g，红花 20g，桂枝 15g。

[制备] 上药共为粗末，装入广口瓶中，加入白酒，以淹没药物一指为度，1 周后即可应用。[四川中医，1988，11（6）：41.]

[用法] 外用。先用手按摩患处皮肤，使之发热，再蘸药酒反复揉搓，每次 5～10min，每日 2～3 次。

[效用] 温经活血，祛寒止痛。用于冻疮红肿，瘙痒未溃。

[按语] 川乌、草乌祛寒止痛作用较好，但有大毒，故严禁内服，冻疮已溃者忌用。治疗后需将接触药酒的双手用清水反复冲洗干净，不让药液残留。

## 3. 桂苏酒

[处方] 桂枝 100g，苏木 100g，细辛 60g，艾叶 60g，当归 60g，生姜 60g，花椒 60g，干红辣椒 6 个，樟脑 30g。

[制备] 将以上药物置瓷罐或玻璃瓶中，用 75％乙醇或白酒 3000ml 浸泡 7 天后，即可应用，浸泡时间越长越好。[新疆中医药 1989，4：24.]

[用法] 外用。每次用药棉蘸药酒反复涂擦患处，每日 3 次。

[效用] 温经通阳，行血祛瘀，止痛消肿。用于冻疮。

[按语] 本方在未冻伤前应用也有很好的预防作用。冻疮已溃破者忌用。

## 4. 樱桃酒（山东民间方）

[处方] 樱桃（八成熟）适量。

[制备] 将樱桃洗净沥干，装入瓷坛内，然后倒入 75％乙醇，以浸没樱桃为度，加盖密封，埋入背阴处土中，待冬季取出应用。

[用法] 外用。轻度冻疮可用药酒局部涂擦，每日数次；重度冻疮（有溃疡面或坏死组织）可取数个浸泡的樱桃剖开去核，将果肉置研钵中捣成泥，敷贴患处创面，外用消毒纱布包扎，每日换药 1～2 次；如创面有脓液，应先用药酒洗去脓液，再用樱桃果肉泥敷患处，外用消毒纱布包扎。

[效用] 温经止痛。用于冻疮。

[按语] 曾有报道用上述方法治疗轻度冻疮 300 多例，一般 3 天内治愈；治疗重度冻疮 100 多例，大多在 1 周内治愈。用樱桃酒后患处无灼痛感，且增强表热，又起到消毒灭菌的作用。临床有学者用樱桃水（樱桃冷藏未加酒精者）与樱桃酒治疗冻疮作了对照，结果表明，后者疗效明显优于前者。

## 5. 复方樟脑酊（经验方）

[处方] 樟脑 10g，川椒 50g，干辣椒 3g。

[制备] 先将川椒、干辣椒用凉水洗净，干辣椒切碎，置容器中，用 95% 乙醇 100ml 浸泡，每天经常摇动容器，7 天后过滤去药滓，再加樟脑、甘油，搅拌均匀即成。

[用法] 外用。先用温热水浸泡患处片刻，擦干皮肤，再用药棉蘸药酒涂擦患处，涂擦面积应超过患处范围，每日 5～7 次。

[效用] 温经通脉。用于冻疮，局部干燥、皲裂。

[按语] 樟脑涂于皮肤局部有温和的刺激及防腐作用；川椒、辣椒温经通脉；甘油滋润皮肤。诸药制酒，借酒性引药力入皮肤，达到散寒解冻目的。

## 6. 冻疮酒

[处方] 大黄、黄柏、天冬、麦冬、麻黄、辣椒各 10g，干姜 12g，甘草 6g。

[制备] 上药粉碎成粗末，用少量白酒浸泡 15min，装入渗漉筒内，加足量白酒，约 500ml，静置 7 天，收集药液，待用。[陕西中医，1998，6：275.]

[用法] 外用。先用温水洗净患处，然后用冻疮酒外擦，并用手反复按摩，使患处皮肤发热为止，病轻者每日 2～3 次，重者每日 4～5 次。

[效用] 温经散寒，滋阴解毒。用于冻疮。

[按语] 疮面已出现水疱、糜烂、溃疡、破裂时忌用。方中既用辣椒、干姜、麻黄等辛温、辛热之品温经散寒；又用大黄、黄柏苦寒之品清热解毒；配伍天冬、麦冬甘寒之品有滋阴护肤的效用。

## 7. 冻疮一涂灵

[处方] 肉桂、当归、桂枝各 12g，小茴香、大茴香、白芷、防风各 10g，川芎、丁香、独活、羌活、荆芥各 8g，红花、樟脑各 5g。

[制备] 上药共研末，用 400ml 白酒密封浸泡 3 天，即可应用。[新中医，1997，29（10）：54.]

[用法] 外用。用时摇匀药液，用棉签蘸药液搽于冻疮处，轻轻反复揉擦，每日 3～4 次。

[效用] 温经散寒，活血通络，除湿止痛痒。用于 Ⅰ～Ⅱ 度冻疮。

[按语] 使用外用药酒前先用手按摩冻疮局部皮肤 3～5 分钟，然后外搽药酒，

再揉擦按摩局部皮肤，如此可以反复多次，效果会更好。Ⅲ度冻疮溃破者慎用。

### 8. 防治冻疮酒 （《陕甘宁青中草药选》）

[处方] 炮附子 12g，干姜 18g，肉桂 9g，红花 18g，徐长卿 15g。

[制备] 上药粉碎，入容器内，用白酒 500ml 浸泡 1 周后即可应用。

[用法] 口服。每次 8ml，每日 2～4 次，温饮。

[效用] 温阳散寒，通脉止痛。用于冻疮，也可用于预防。

[按语] 炮附子、肉桂、干姜温里祛寒；红花活血化瘀；徐长卿镇痛。徐长卿又名鬼督邮，为萝藦科植物徐长卿的根及根茎或带根全草，有良好的镇痛、活血、抗炎作用。

### 9. 冻疮药酒

[处方] 炮附子 10g。

[制备] 将附子粉碎成粗末，置容器中，倒入 50ml 白酒浸泡 30min，用文火煎沸 3min，即成。[浙江中医杂志，1998，33（10）：441.]

[用法] 外用。趁热用棉球蘸药酒涂于冻疮患处，每晚临睡前反复涂搽 5 次。

[效用] 温阳祛寒。用于冻疮。

[按语] 冻疮已溃处不宜用。

### 10. 胡椒冻疮药酒 （民间方）

[处方] 白胡椒 10g。

[制备] 白胡椒粉碎，用 90ml 白酒浸泡 7 天，过滤去渣，取液装瓶备用。

[用法] 外用。用棉签蘸药液涂于冻疮处，每日 3 次，每次反复涂搽。

[效用] 温阳祛寒。用于冻疮。

[按语] 冻疮已溃处不宜用。

### 11. 红花肉桂酒

[处方] 红花 40g，肉桂 6g。

[制备] 上药用 75％乙醇 1000ml 浸泡 1 个月。[宜春学院学报：自然科学，2007，29（4）：130.]

[用法] 外用。轻度冻疮患者每天涂搽 1～2 次，重度者每天 3～4 次，溃烂者先用生理盐水棉球拭去创面分泌物，或用剪刀剪去创面坏死组织后清疮，再用双氧水清洗创面，再涂药液。

[效用] 温经活血。用于冻疮。

[按语] 肉桂粉碎后再浸泡可能更好。若用 50 度以上烧酒浸泡也可以。

## （六）褥疮预防

### 1. 十一方酒（广西民间方）

[处方] 三七 15g，血竭 15g，红花 15g，泽兰 15g，当归尾 15g，乳香 10g，没药 10g，制马前子 10g，琥珀 10g，生大黄 15g，桃仁 15g，续断 15g，骨碎补 15g，土鳖虫 15g，杜仲 15g，自然铜（煅）15g，苏木 15g，无名异 15g，秦艽 15g，重楼 15g。

[制备] 上药粉碎成粗末，用纱布袋装，扎口，置陶瓷或玻璃瓶中，用白酒 3000ml 浸泡，封口。3 周后去药袋，过滤即得。

[用法] 外用。用棉球蘸药酒轻柔外擦患处皮肤。每日 2 次。

[效用] 和营血，消肿痛，收敛生肌。用于防治褥疮。褥疮未成或已成均可应用。

[宜忌] 本品有毒，禁止内服。

[按语] 无名异，为软锰矿及水锰矿矿石，主含二氧化锰，尚含铁、钴、镍等微量元素，文献记载具有祛瘀止痛、活血消肿、止血生肌功能。

### 2. 复方红花酒（四川民间方）

[处方] 红花 50g，黄芪 30g，白蔹 20g。

[制备] 上药用白酒 500ml 浸泡 2 周，过滤即得。

[用法] 外用。用棉球蘸药酒擦，每日 2～3 次。

[效用] 活血化瘀，消肿止痛，清热解毒，敛疮生肌。用于防治褥疮。

[按语] 白蔹，功能清热解毒、敛疮生肌。防治褥疮不能完全依赖药物，一定要配合科学的护理，如定时帮助患者翻身，床垫不宜太硬，床被保持清洁卫生。经常给患者在受压部位按摩，轻轻拍打，有助于局部肢体组织的血液循环。

# 十二、皮肤科

## （一）体癣/手足癣

### 1. 愈癣药酒（《中国医学大辞典》）

[处方] 苦参、土槿皮、花椒、樟皮、白及、生姜、百部、槟榔、木通

各 30g。

[制备] 将上药共捣碎，布包，置净器中，用白酒 750ml 浸泡，5 天后取药包压榨取汁，与药酒混合，备用。

[用法] 外用。用毛笔蘸涂患处，1 日 2 次，至愈为度。

[效用] 祛湿，杀虫，止痒。用于癣疮，皮肤顽癣，浸淫作痒。

[按语] 土槿皮，又名土荆皮，为松科植物金钱松的树皮或根皮，具有良好的抗真菌作用，常用于治疗手足癣、体癣等，也可用于治疗阴囊湿疹、神经性皮炎等。可以单味酒浸后外用。

## 2. 癣湿药水（民间验方）

[处方] 土槿皮 25g，蛇床子 12.5g，大枫子仁 12.5g，花椒 12.5g，百部 12.5g，防风 5g，当归 10g，蝉蜕 7.5g，凤仙透骨草 12.5g，侧柏叶 10g，吴茱萸 5g，斑蝥 3g。

[制备] 上方斑蝥研成细末，其他药研成粗粉，相互混合，用乙醇与冰醋酸按 3∶1 混合后作溶剂，将上药粉末在其中浸渍 48h，缓慢渗漉，共收集 2000ml 渗漉液，静置取上清液，加入香精适量，搅匀即成。

[用法] 外用涂搽，1 日 3 次。

[效用] 清热杀虫，祛风燥湿。用于体癣、手足癣。

[按语] 斑蝥有毒，对皮肤、黏膜具有较强的刺激性，在研末时不要用手直接接触其粉末，并避免其粉末对眼、鼻的刺激。斑蝥水浸制可抑制堇色毛癣菌等多种致病皮肤真菌。凤仙透骨草，即凤仙花，其水浸液（1∶3）在试管内对堇色毛癣菌、许兰黄癣菌等多种致病真菌均有不同程度的抑制作用。

## 3. 土槿皮酊（《中国中医秘方大全》）

[处方] 土槿皮 100g。

[制备] 将土槿皮研成粉末状，用苯渗漉后浓缩，再用乙醚和 5％碳酸氢钠抽取，加盐酸中和及石油醚结晶，去醚后即为土槿皮结晶。配制成 20％的土槿皮酊剂，即成。

[用法] 外用。每日涂搽 2 次。

[效用] 杀虫止痒。用于手足癣、体癣、甲癣。

[按语] 如掌跖角化层厚，可在其中加 3％柳酸和 6％安息香酸，以增加角质剥离作用。有报道用此法治疗 101 例足癣，1 周后真菌镜检转阴率为 72.28％。土槿皮中含有土槿皮甲酸、土槿皮乙酸等多种抗真菌有效成分，为治疗体癣、手足癣、甲癣等多种真菌感染皮肤病的常用药。土槿皮也可以直接用 75％乙醇浸

泡，制成酊剂。每 100g 土槿皮用 75% 乙醇 350ml 浸泡一周后使用。

### 4. 丁香酒

[**处方**] 丁香 15g。

[**制备**] 将丁香放玻璃瓶内，用 70% 乙醇 100ml 浸泡 48h 后，去渣即得。[中华皮肤科杂志，1963，1：17.]

[**用法**] 外用。外搽患处，1 日 3 次。

[**效用**] 杀虫止痒。用于体癣、手足癣。

[**按语**] 丁香为桃金娘科植物丁香树之花蕾，含有挥发油、丁香酚等，丁香的醇浸出液对许兰黄癣菌、白色念珠菌等多种致病性真菌均呈明显的抑制作用。

### 5. 生姜浸酒

[**处方**] 生姜 250g。

[**制备**] 将生姜捣碎后加 50～60 度烧酒 500ml，浸泡 2 日后即可使用。[中级医刊，1966，3：175.]

[**用法**] 外用。①鹅掌风：用脱脂棉球蘸药酒，每日早晚搽患手（足）数遍，或每日早晚将患手（足）浸入药酒中 1～2min，然后用甘油涂患部，1 周可见效。②甲癣：用棉花蘸药酒搽患甲，每日早、中、晚三次，连续不断，直至新甲长出。

[**效用**] 祛风止痒。用于鹅掌风、甲癣。

[**按语**] 鹅掌风，即手癣，初起为散发小水疱，多见于手指、掌心，以后脱屑，损害增多扩大，融合成片，边缘有环状鳞屑，日久皮肤变厚，冬季可裂隙，累及指甲，即为甲癣，又称灰指甲。

### 6. 杜鹃花酒

[**处方**] 新鲜黄杜鹃花 100g。

[**制备**] 将新鲜黄杜鹃花捣烂，加水约 150ml，煎 15～20min，然后加入白酒约 300ml。[安徽中医临床杂志，1999，6：437.]

[**用法**] 外用。将患足浸泡其中，每日 2 次，每次 20min，持续用药 7 日，未愈者再行第 2 个疗程。

[**效用**] 除湿止痒。用于足癣。

[**按语**] 治疗期内忌服辛辣、酒精饮料。孕妇幼儿慎用。手足癣都是浅部真菌感染所致，足癣治疗期间要勤换袜子，所穿鞋袜透气性能较好的为宜。

### 7. 百部酒

[处方] 百部 20g。

[制备] 将百部研粗末，加 95％乙醇至 100ml，浸泡 7 天后过滤密封备用。[新中医，1973，5.]

[用法] 外用。每晚用棉球蘸药液涂擦瘙痒处，以愈为度。

[效用] 杀虫，止痒。用于老年人冬季皮肤瘙痒症，癣症。

[按语] 治疗期内忌服辛辣、酒精饮料。百部有良好的杀虫止痒作用，如用治老人冬季皮肤瘙痒症，可在药酒中加入适量甘油，止痒润肤作用更好。可按每 100ml 药酒加入 10ml 甘油，振荡摇匀即可。

### 8. 复方苦参酊

[处方] 苦参、地榆、胡黄连、地肤子各 200g。

[制备] 上药用 75％乙醇 1000ml 浸泡 1 周，纱布过滤，滤出液加 75％乙醇至 1000ml，即成。[浙江中医学院学报，1991，15 (5)：32.]

[用法] 外搽，每日 3 次，连用 2 周为 1 个疗程。

[效用] 清热燥湿，杀虫止痒。用于体癣、股癣、足癣、手癣。

[按语] 体癣、股癣、足癣、手癣均为皮肤浅部真菌感染，只是由于皮损发生部位不同，故有不同命名。本药酒中药物均有抗真菌作用，尤以苦参、胡黄连作用最为明显。

### 9. 麦芽酒精搽剂

[处方] 生麦芽 40g。

[制备] 生麦芽加入 75％乙醇 100ml，浸泡 1 周，取上清液，过滤，得橙黄色澄明液体备用。[中西医结合杂志，1987，4：210.]

[用法] 外搽患处，每日 2 次，连用 4 周。

[效用] 抑菌止痒。用于股癣、手足癣、花斑癣。

[按语] 大麦芽中分离出的大麦芽碱类物质具有抗真菌作用，尤其对红色毛癣菌抑制作用最为明显。花斑癣，俗称"汗斑"，为一种皮肤浅表角质层轻度霉菌感染，多见于男性青年。

## （二）神经性皮炎

### 1. 五毒酒

[处方] 斑蝥、红娘子、樟脑各 6g，全蝎、蜈蚣各 6 条。

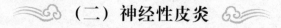

[制备] 上述药物混合后，用 60％ 乙醇或白酒浸泡，以淹没为量，2 周后去渣取浸出液，密存备用。[陕西中医，1985，8（6）：366.]

[用法] 外用。用小棉签或毛笔浸蘸药液涂擦于受损之皮肤，每日 2～3 次，用药 24h 后局部可出现水疱，未发疱者可继续用药。皮损范围大或有多处皮损者，可分数次治疗，每次涂擦面积不宜过大。皮损处搔抓感染，有炎性渗出较多时，可局部涂紫药水。

[效用] 攻毒逐瘀。用于神经性皮炎、干癣。

[按语] 涂药时要保护好周围健康皮肤，有溃疡、糜烂、感染、渗出者不宜用本法。本药有毒，不可内服。药液应密闭存放。

## 2. 斑蝥酒

[处方] 斑蝥 2g。

[制备] 斑蝥用 65 度白酒适量浸泡，以淹没为度，7 日后取上清液备用。[浙江中医杂志，1982，（11、12）：559.]

[用法] 外用。用毛笔蘸药酒轻涂患处，每日 1～2 次。

[效用] 攻毒蚀疮，逐瘀散结。用于神经性皮炎。

[按语] 本药酒对神经性皮炎有良好的止痒作用，可阻断瘙痒引起的恶性循环。同时，本药酒可加速局部血液循环，促进新陈代谢，改善局部皮肤营养，使苔藓化的病理组织吸收消退。本药酒有毒，严禁入口。皮损处有糜烂、感染者禁用。

## 3. 止痒酒（《中药制剂汇编》）

[处方] 白鲜皮 150g，土荆芥 150g，苦参 150g。

[制备] 将上述药材粉碎成粗粉，置有盖容器内，加 50％ 白酒 800ml，浸泡药材 7～14 日，过滤，压榨残渣，滤液与压榨液合并，静置 24h，过滤，添加适量白酒至 1000ml 即得。

[用法] 外用，搽患处。

[效用] 利湿，杀虫，止痒。用于神经性皮炎、牛皮癣。

[按语] 治疗期间禁烟酒、辛辣刺激食物。长期外用酒精制剂，皮肤易变粗糙。可以在外用药酒中加入适量甘油，有润肤护肤作用。每 100ml 药酒加 5ml 甘油，混匀后使用。

## 4. 红花酒

[处方] 红花 10g，冰片 10g，樟脑 10g。

[制备] 将上药置于有盖的净器中，用 50％ 乙醇或白酒 500ml 浸泡，密封容

器，每日振荡数次，7天后过滤，去渣备用。[浙江中医杂志，1989，11：26.]

[用法] 外用。每日搽3～4次。

[效用] 活血化瘀，除湿止痒。用于神经性皮炎、皮肤瘙痒症、慢性湿症、酒渣鼻等。

[按语] 神经性皮炎系阵发性皮肤瘙痒和慢性增厚并呈苔藓样变为临床特征的炎性皮肤病。治疗期间禁烟酒、辛辣刺激食物。

### 5. 牛皮癣1号酒 （《中药制剂汇编》）

[处方] 白及25g，土槿皮25g，槟榔25g，生百部25g，川椒25g，大枫子仁12g，斑蝥（去翅，去足）2g。

[制备] 取白及、土槿皮、槟榔、生百部、川椒五味，分别研碎；另将斑蝥研细与大枫子仁混合，捣成泥状，然后加白酒或60％～70％乙醇300ml，浸泡7日，过滤后静置24h，取上清液备用。

[用法] 外用，搽患处。

[效用] 软坚散结，杀虫止痒。用于牛皮癣、神经性皮炎、手足癣。

[按语] 牛皮癣，属中医皮肤病名，因其皮损状如牛领之皮，厚而且坚，故名。它包括了部分现代医学神经性皮炎、慢性湿疹、扁平苔藓等多种皮肤疾病。本药酒原书制备用渗漉法，比较繁琐，现改为直接用酒浸泡，便于家庭制作。皮肤糜烂破损处禁用；治疗期间忌食辛辣刺激食物。

### 6. 蝮蛇酒 （《中医临证备要》）

[处方] 活蝮蛇1条，人参15g。

[制备] 将蝮蛇置于净器中，入50度白酒1000ml，将其醉死，然后加入人参，封口，7日后开启，即可饮用。

[用法] 口服。每次20ml，1日2次。

[效用] 祛风解毒。用于牛皮癣。

[按语] 原书用法记载为："不拘时候，随量频饮。"恐欠妥，现改为每次20ml，1日2次。

### 7. 蛇床子酊

[处方] 蛇床子适量。

[制备] 蛇床子按1：5比例用75％乙醇浸泡1周，过滤备用。[中国皮肤性病学杂志，1994，8（3）：196.]

[用法] 外用。每日涂搽3～4次，1个月为1个疗程。

[效用] 燥湿止痒。用于神经性皮炎。

[按语] 为防止长期外用酒精药液涂搽，使皮肤过于干燥，药酒中可按 15：1 酌加适量甘油，混匀后使用。

## (三) 虫咬皮炎

### 1. 蜈蚣雄黄樟脑酊 (《中国中医秘方大全》)

[处方] 蜈蚣 4 条，雄黄 30g，樟脑 20g，冰片 5g，人工牛黄 5g。

[制备] 先将蜈蚣浸于 75% 乙醇 500ml 中，3 周后滤出蜈蚣。雄黄、人工牛黄分别研成细粉，与樟脑、冰片一起加入酒精中，即成。

[用法] 用前振摇，轻者用棉球蘸药液外搽，1 日 3～4 次；重者将蘸药液棉球直接敷患处，1 日 2 次。

[效用] 祛风止痒，以毒攻毒。用于蠓咬皮炎。

[按语] 蠓是一种比蚊子小的昆虫，专吸食人畜血液。被蠓叮咬后皮损顶部常有一丘疱疹，偶有水疱，局部瘙痒难忍。本药液有毒，严禁内服。谨防误入眼内。

### 2. 七叶一枝花药酒 (《中国中医秘方大全》)

[处方] 重楼 (七叶一枝花) 2000g。

[制备] 将重楼研成细粉末，用 50% 乙醇 (或白酒) 1000ml 浸泡 3 天，取出浸液，再用 50% 乙醇 1000ml 浸泡药渣 3 天，取出浸液，合并两次浸液，过滤，加适量 50% 乙醇，制成 10% 七叶一枝花乙醇溶液，pH 值为 7.0。

[用法] 外用。用棉球蘸药液搽患处。

[效用] 清热解毒。用于毛虫皮炎、蜂蜇。

[按语] 蜂蜇后伤处如有折断的毒刺，须先用镊子将它拔出，然后搽药液。七叶一枝花，即蚤休、重楼，为百合科植物华重楼或云南重楼等的根茎，有良好的清热解毒功能。

### 3. 驱疫避虫酒 (《中国中医秘方大全》)

[处方] 松香 30g，百部 30g，艾叶 30g，雄黄 30g，胡芦巴 15g，木香 10g，石菖蒲 15g，冰片 5g。

[制备] 松香、雄黄、冰片分别研成细粉末，备用。将其他药用 50% 乙醇或白酒 500ml 浸泡 2 周，过滤去药渣，加入雄黄粉、松香粉和冰片，摇振混匀即可。

[用法] 外用。每次用棉球蘸药液搽患处。

[效用] 芳香化浊，驱疫避虫。用于虫咬皮炎。

[按语] 本方原制作成香囊佩戴以驱疫避虫，现改为酊剂外用。本品有毒，仅供外用，谨防入口、入眼。

### 4. 芙蓉野菊花酒（民间经验方）

[处方] 芙蓉叶、野菊花各 50g。

[制备] 上述药物用 50 度以上白酒 500ml 浸泡，3 天后过滤即成。

[用法] 外用。用棉球蘸药液搽患处。

[效用] 清热凉血消肿。用于昆虫叮咬引起的皮炎。

[按语] 如用新鲜芙蓉叶、新鲜野菊花，可以加酒适量捣烂，用纱布包裹后涂搽。

## （四）湿 疹

### 1. 苦参白酒

[处方] 苦参 60g。

[制备] 苦参捣成粗末，加白酒或 45％乙醇 500ml，密封浸泡 1 周成糊状备用。[国医论坛，1994，1：46.]

[用法] 外用。湿疹患处若有糜烂、结痂者，先用双氧水棉球反复擦洗干净，然后涂敷药糊，再用浸过药液的纱布敷上做开放治疗，亦可用纱布裹之，早晚各 1 次。局部痒甚者，先用醋椒水（花椒皮 20g，入香油 20g 于锅中炸焦后兑醋 200ml，煮沸，待凉，装瓶备用）棉球反复擦洗，然后按上法治疗。

[效用] 清热燥湿，祛风止痒。用于湿疹。

[按语] 湿疹临床分为急性、亚急性和慢性三期。急性湿疹皮损呈多形性，如丘疹、红斑、小水疱等，自觉灼热、瘙痒，抓破后形成糜烂、渗液面。日久急性炎症减轻，皮损干燥、结痂、鳞屑，进入亚急性期。由急性、亚急性湿疹反复发作不愈演变为慢性期，皮损逐渐增厚，皮纹加深，色素沉着，自觉剧烈瘙痒。治疗期内忌辛辣食物及酒精饮料。

### 2. 熏洗方（民间验方）

[处方] 苦参 60g，黄柏 30g，金银花 30g，蛇床子 15g。

[制备] 上述药物用酒、水各 500ml 先浸泡 30min，后煎煮至沸，转小火再煎 15min，过滤取液，备用。

［用法］将药液放盆中，趁热先熏后洗。每日2～3次。

［效用］清热利湿解毒。用于阴囊湿疹。

［按语］患者治疗期间应穿宽松棉质内裤，忌食辛辣刺激食物和含乙醇饮料。

## ❦ （五）带状疱疹 ❦

### 1. 南山蚤酒

［处方］生南星10g，山慈菇12g，重楼10g。

［制备］将白酒200ml放在粗碗内，再用上药磨酒，磨完后滤出药汁备用。[江西中医药，1990，4：38.]

［用法］外用。用药汁搽患处，每日3次。

［效用］清热解毒，燥湿止痛。用于带状疱疹。

［按语］重楼，为百合科植物华重楼或云南重楼等的根茎，又名草河车、蚤休、七叶一枝花，具有清热解毒、息风镇惊、缩宫止血的功能。有报道单用重楼研末，米醋调敷，治疗带状疱疹也有效。本方药物有毒，禁止入口。

### 2. 新会蛇药紫草酒

［处方］新会蛇药酒100ml，紫草（研末）20g，冰片（研末）2g。

［制备］将紫草末、冰片末与新会蛇药酒混匀即可。[新中医，1997，2：31.]

［用法］外用。取本品适量，涂擦患处，每日4次，连用1周。

［效用］清热解毒，凉血止痛。用于带状疱疹。

### 3. 三黄二白酒

［处方］雄黄100g，白矾100g，黄连50g，黄柏50g，冰片12g。

［制备］将黄连、黄柏碎成粗粉，雄黄、白矾、冰片研成细粉，混合，加75％乙醇1000ml浸泡，密封容器，7日后启封过滤，取滤液备用。[甘肃中医，1996，5：18.]

［用法］外用。用药棉蘸取药液涂抹患处，每日6次。

［效用］清热解毒，燥湿止痒。用于带状疱疹。

［按语］由于本病皮损多为红斑基础上成簇疱疹伴有发热、神经痛，中医认为多与火毒和湿热有关，故处方常选用清热解毒药或清热燥湿药。有报道单用雄黄2g，研极细，用75％乙醇适量调成糊状，以鸡（鹅）毛蘸药涂患处，每日2

次，至结痂后停用，有效。

### 4. 疱疹酒

[处方] 紫草 1 份，大黄 5 份。

[制备] 用 75％乙醇 50 份将上药浸泡，72h 后取出备用。[国医论坛，1996，1：31.]

[用法] 外用。以棉签蘸本品涂于疱疹表面，每日 5～6 次，5 日为 1 个疗程。

[效用] 清热，凉血，解毒。用于带状疱疹。

[按语] 紫草，具有清热凉血，解毒，活血，透疹的功效。有报道单用紫草油外敷，每日一次，治带状疱疹也有效。

### 5. 艾叶酒

[处方] 艾叶 50g。

[制备] 艾叶用 50 度白酒 250ml 浸泡 3 天，过滤去渣，装瓶密封备用。[时珍国药研究，1997，8（1）：36.]

[用法] 外用。用时将药酒与等量饱和石灰水混合后涂搽患处，每天 6～8 次。

[效用] 解毒止痛。用于带状疱珍。

[按语] 艾叶与酒的用量之比大约为 1：5，即配成浓度约 20％的药酒。

## （六）痤 疮

### 1. 黄芩药酒（民间验方）

[处方] 黄芩 30g。

[制备] 黄芩粉碎成粗末，纱布袋装，扎口，用高度烧酒 200ml 浸泡。7 日后取出药袋，压榨取液，与药酒混合，静置，过滤即得。

[用法] 外用。用棉签蘸药酒擦患部，每日 2～3 次。

[效用] 清热解毒。用于痤疮。

[按语] 痤疮是毛囊与皮脂腺的慢性炎症性皮肤病，好发于面部皮脂腺丰富的部位，多见于青春期男女，所以俗称青春痘，又名粉刺。用药酒期间，饮食宜清淡，少吃油腻或刺激性食品、饮料。洗脸宜用中性肥皂。

### 2. 茵陈枇杷叶清肺酒

[处方] 茵陈 30g，生地黄 30g，枇杷叶 30g，牡丹皮 9g，赤芍 9g，桑白皮

18g，知母 9g，黄芩 9g。

[制备] 上述药物用白酒 1000ml 浸泡，2 周后过滤即得。[内蒙古中医药，1990，9：3.]

[用法] 口服。每次 15～20ml，每日 2 次。

[效用] 清泄肺热。用于痤疮。

[按语] 酒为刺激性饮料，按常理痤疮患者当慎用。但饮酒后又能扩张面部毛细血管，增强毛细血管通透性，有利于废物排泄。配制成的药酒则利用这一特点，使药物更有效地发挥作用。因此，应用药证相符的适量药酒，仍不失为是一种行之有效的治疗方法。但每次饮酒量不宜过多，以免过度刺激造成适得其反的效果。

### 3. 复方白花蛇舌草酒（《中医疑难病方药手册》）

[处方] 白花蛇舌草 80g，生枇杷叶 30g，当归 9g，生栀子 9g，白芷 6g，桑白皮 12g，黄柏 9g，黄连 5g，甘草 3g。

[制备] 将上述药物用白酒 1000ml 浸泡，3 周后过滤即得。

[用法] 口服。每次 15～20ml，每日 2 次。

[效用] 清肺泄热，解毒消炎。用于囊肿性痤疮及硬结性痤疮。

[按语] 本药酒较苦，可酌加白蜜适量调味。

### 4. 蒲公英清痤酒

[处方] 蒲公英 30g，白花蛇舌草 30g，生山楂 30g，虎杖 24g，败酱草 24g，茵陈 24g，制大黄 15g，生薏苡仁 15g，黄连 10g，生甘草 8g。

[制备] 上述药物用 2000ml 白酒浸泡 3 周，过滤即得。[贵阳中医学院学报，1990，4：47.]

[用法] 口服。每次 15～20ml，每日 2 次。

[效用] 清热解毒，化瘀利湿。用于痤疮。

[按语] 原方为水煎剂，现改为酒剂。痤疮壁厚质地较硬者处方中可加三棱、莪术、皂刺各 12g。

## （七）酒渣鼻

### 外用百部酒（经验方）

[处方] 百部 100g。

[制备] 百部粉碎，60 度高粱酒 500ml 浸泡 7 日，去药渣，过滤，即得。

[**用法**] 外用。用棉签蘸药酒搽患处，每日 2～3 次。

[**效用**] 杀虫。用于酒渣鼻、疥疮、癣症。

[**宜忌**] 治疗期禁饮酒。

[**按语**] 酒渣鼻，又称"赤鼻"，以鼻部红赤，颜面中部皮肤红斑、丘疹、脓疱以及毛细血管扩张为特点。本病成因部分与毛囊蠕形螨感染有一定关系，百部有良好的杀虫灭虱作用，对螨虫、疥虫、致病真菌等感染引起的疾病均有良好的治疗作用。

# （八）扁平疣

## 1. 平疣酊

[**处方**] 香附 500g，木贼 250g，苍耳子 125g。

[**制备**] 上药分别研成粗粉，浸泡于 70％乙醇 500ml 中，10 天后过滤即得。[中国中西医结合杂志，1993，13（7）：416.]

[**用法**] 外用。每次用棉球蘸液搽患处，每日 2 次。连用 2 周为 1 个疗程。

[**效用**] 疏肝理气，祛风除湿。用于扁平疣。

[**按语**] 扁平疣为病毒感染引起的皮肤赘生物，主要侵及面部、手背和前臂。基本损害为群集或分散的扁平丘疹，质软，顶部光滑，粟粒大至绿豆大，色淡褐或皮肤色。一般不痛不痒，有时微痒。中医称"扁疣""扁瘊"。

## 2. 苋酱紫蓝药酒 《中国中医秘方大全》

[**处方**] 马齿苋 120g，败酱草 30g，紫草 30g，大青叶 30g。

[**制备**] 上述药物用白酒 1500ml 浸泡，2 周后过滤即得。

[**用法**] 口服。每次 20ml，每日 2 次。

[**效用**] 清热利湿，凉血解毒。用于扁平疣。

[**按语**] 本方来自北京广安门医院皮肤病专家朱仁康名老中医医案，原方为水煎剂，现改为酒剂服用。方中四味药均有良好的抗病毒功效。本药酒饮服同时，还可外用。过滤后的药渣也可用纱布包裹后外搽患处。

## 3. 消疣酒

[**处方**] 板蓝根 30g，生地黄 30g，赤芍 30g，桃仁 30g，红花 18g，柴胡 18g，香附 30g，薏苡仁 60g。

[**制备**] 薏苡仁粉碎成粗末，桃仁打碎。诸药用白酒 1500ml 浸泡 2 周，过滤即得。[中西医结合杂志，1991，5：281.]

[用法] 口服。每次 20ml，每日 2 次。

[效用] 清热利湿，活血理气。用于扁平疣。

[按语] 药渣可外用。本药酒味苦，可酌加白糖调味。

## 4. 薏苡仁酒 （《中医外科临床手册》）

[处方] 紫草 200g，薏苡仁 200g。

[制备] 薏苡仁粉碎成粗粉，与紫草混合，用白酒 2000ml 浸泡，2 周后过滤即得。

[用法] 口服。每次 20ml，每日 2 次。

[效用] 清热利湿。用于扁平疣。

[按语] 原方为紫草、薏苡仁各 15g，煎汤代茶饮，现改为酒剂，因为薏苡仁的有效物质为其内酯，系脂溶性成分，酒剂效用则更好。

## 5. 石韦酊剂

[处方] 新鲜石韦 500g。

[制备] 上药切碎后放入 75％乙醇 1000ml 内浸泡 1 周。过滤去渣，药液装瓶，密封备用。

[用法] 外用。用棉签蘸药水反复在疣体上螺旋式搽 15～20s，每日 3 次，连续治疗 10 天为 1 个疗程。[现代中西医结合杂志，2003，12 (10)：870.]

[效用] 清热解毒。用于扁平疣。

## 〜 （九） 白癜风 〜

## 1. 白癜康

[处方] 黄芪、何首乌各 60g，姜黄、丹参、自然铜 （煅）、补骨脂各 30g，白蒺藜、防风各 20g，白鲜皮 60g。

[制备] 上述药物粉碎成粗末，用 50 度以上白酒 600ml 浸泡 2 周，过滤去渣，即得。[北京中医杂志，1993，2：33.]

[用法] 外用。用棉球蘸药液搽患处，每日 3～4 次，3 个月为 1 个疗程，连续用药 2～3 个疗程。

[效用] 益气补肾，祛风活血。用于白癜风。

[按语] 白癜风为一种原发性皮肤色素脱失症，可见于不同年龄，全身各处皮肤均可发生，尤以易受摩擦及阳光暴晒等暴露部位多见。中医称"白驳风"，治疗上大多采用养血活血祛风法。

## 2. 白癜酊 ▰▰▰▰

[处方] 补骨脂 200g，骨碎补 100g，花椒、黑芝麻、石榴皮各 50g。

[制备] 上药研碎，用 50 度以上白酒 500ml 浸泡 2 周，过滤去渣，即得。[辽宁中医杂志，1992，2：22。]

[用法] 外用。每日用棉签蘸药液搽皮损处 2～3 次，搽后在日光下照射局部 10～20min，30 天为 1 个疗程。

[效用] 祛风，补肾，消斑。用于白癜风。

[按语] 一般用药 10 天后皮损处表面微红，稍有痒感，30 天后皮肤由微红变成微黑，有明显痒感，表皮部分有脱落，留有少量色素沉着，6 个月后色素慢慢消退。

## 3. 白斑乌黑酒 （《中国中医秘方大全》） ▰▰▰▰

[处方] 沙苑子 30g，女贞子 30g，覆盆子 20g，枸杞子 20g，黑芝麻 30g，白蒺藜 30g，赤芍 20g，白芍 20g，川芎 20g，制何首乌 20g，当归 20g，地黄 20g。

[制备] 上述药物用白酒 2000ml 浸泡，2 周后过滤即得。

[用法] 口服。每次 20ml，每日 2 次。

[效用] 滋补肝肾，养血祛风。用于白癜风。

[按语] 本方为北京市中医院老中医经验方，原方为水煎剂，现改为酒剂。中医认为本病发生乃因肝肾亏虚，荣卫无畅达之机，导致皮毛腠理失养所致，所以治疗当从补肝肾、养肝血入手。

## 4. 白蚀方酒 （《中国中医秘方大全》） ▰▰▰▰

[处方] 当归 27g，郁金 27g，白芍 27g，八月札 45g，益母草 36g，白蒺藜 36g，苍耳草 36g，猪苓 27g，自然铜 120g。

[制备] 自然铜先煅，煅后粉碎成粗粉。上述药物用白酒 2000ml 浸泡，3 周后过滤即得。

[用法] 口服。每次 20ml，每日 2 次。

[效用] 疏肝解郁，活血祛风。用于白癜风。

[按语] 中医认为本病也常"因郁致病"，特别是女性患者，故疏肝解郁、调达气机也是本病治疗的重要法则。

## （十）银屑病

### 1. 复方土大黄酊 ▰▰▰▰

[处方] 土大黄 30g，蛇床子 30g，土槿皮 30g。

[制备] 上药用 75% 乙醇 1000ml 浸泡 2 周，过滤去渣取液，再加水杨酸 5g、苯甲酸 12g，混匀即成。[中原医刊，1984，4：22.]

[用法] 外用。用棉签蘸药液轻轻涂擦患处，每日 2 次。涂擦时不要用力太大，黏膜和外阴部禁用。

[效用] 清热解毒，杀虫止痒。用于银屑病。

[按语] 银屑病是一种皮损以红斑、鳞屑为特征的慢性皮肤病。其特点为病损处红斑上堆集很厚的银白色鳞屑，抓去脱屑，可见呈筛状如露水珠样出血点。中医称"松皮癣""白疕"。部分地区民间误称为"牛皮癣"。其实民间所称"牛皮癣"应该是神经性皮炎，或慢性湿疹更恰当。浸出药酒中不加苯甲酸和水杨酸，可以改用食醋 50ml 加入混匀也可以。

## 2. 复方土鳖虫药酒 （《百病良方》）

[处方] 土鳖虫 20g，全蝎 10g，蜈蚣 50g，蕲蛇 20g。

[制备] 上药研细，用白酒 1000ml 浸泡，2 周后过滤去渣取液，即得。

[用法] 口服。每次 15ml，每日 2 次。

[效用] 祛风解毒，以毒攻毒。用于银屑病。

[按语] 本方原为散剂，用白酒吞服，现改为酒剂。本药酒有一定毒性，不宜过量。

## 3. 紫云风药酒 （《疡科选粹》）

[处方] 何首乌 40g，五加皮 15g，僵蚕 15g，苦参 15g，当归 15g，全蝎 15g，牛蒡子 10g，羌活 10g，独活 10g，白芷 10g，细辛 10g，生地黄 10g，汉防己 10g，黄连 10g，白芍 10g，蝉蜕 10g，荆芥 10g，苍术 10g。

[制备] 上药用白酒 2000ml 浸泡，2 周后过滤去渣取液，即得。

[用法] 口服。每次 20ml，每日 2 次。

[效用] 养血祛风，清热利湿。用于银屑病。

[按语] 本方原为丸剂，现改为酒剂。

## 4. 消银酒

[处方] 石见穿、青黛各 60g，三棱、莪术、乌梢蛇、郁金、生甘草、白花蛇舌草各 15g，白芷、乌梅、金银花、黄芪各 30g，菝葜、土鳖虫、陈皮、风化硝各 10g。

[制备] 将上药用白酒 2500ml 浸泡 3 周，过滤去渣取液，即成。[浙江中医杂志，1992，12：545.]

[用法] 口服。每次 15～20ml，每日 2 次。连用 2 个月为 1 个疗程。

[效用] 清热解毒，活血化瘀。用于银屑病。

[按语] 本方原为水泛丸剂，现改为酒剂。石见穿，为唇形科植物紫参的全草，具有清热解毒、活血化瘀的功效。

## （十一）疥 疮

### 1. 黄藤酒 《中国中医秘方大全》

[处方] 黄藤根 100g，号筒梗 100g，黎辣根 200g。

[制备] 上述药物切碎，用 75% 乙醇 1000ml 浸泡 1 周，过滤去渣取液，即得。

[用法] 外用。用药棉蘸药液外涂患处，每日 3～5 次，连续用药 5 日为 1 个疗程。换洗衣被，煮沸消毒。

[效用] 杀虫解毒。用于疥疮。

[按语] 号筒梗，即博落回，为罂粟科植物博落回的根或全草，有大毒，功能解毒、消肿、止痛、杀虫。黎辣根又名铁包金，为鼠李科植物长叶冻绿的根或根皮。有毒，功能燥湿，杀虫。浙江、湖南地区民间单用黎辣根研末猪油调敷或煎水外洗治疥疮。本品有大毒，严禁入口或内服。

### 2. 复方百部酊 《中国中医秘方大全》

[处方] 百部 20g，槟榔 8g，苦参 16g，蛇床子 16g，苦楝皮 8g，青蒿 8g，大黄 8g。

[制备] 上药粉碎成粗末，用 70% 乙醇 300ml 浸泡 7 日，过滤取液即得。

[用法] 外用。每次用棉球蘸药液涂擦患处，每日 2～3 次。4 天为 1 个疗程。第 5 天洗浴，更换衣被，及时煮沸消毒。

[效用] 清热解毒，杀虫止痒。用于疥疮。

[按语] 仅供外用，慎防误服。会阴部如需涂擦时，酊剂应稀释 3～4 倍，以防刺激过度，致局部红肿。

### 3. 苦参蛇床子酒 《中国中医秘方大全》

[处方] 苦参 100g，蛇床子 100g，花椒 30g，白鲜皮 100g，石菖蒲 30g。

[制备] 将上述药物用白酒 1000ml 浸泡 2 周，过滤去渣即得。

[用法] 外用。每次用棉球蘸药液涂擦患处，每日 2～3 次。勤换衣被，煮沸

消毒。

[效用] 解毒，杀虫。用于疥疮。

[按语] 方中苦参、蛇床子、白鲜皮、石菖蒲，解毒杀虫，配伍花椒，意在止痒。

## 4. 苦楝皮酒

[处方] 鲜苦楝皮 150g，薄荷脑 20g。

[制备] 将苦楝皮切碎，用 50 度白酒 500ml 密封浸泡 5 天，过滤取药液，静置 24h，取上清液加入薄荷脑 20g，待溶解后再加 50 度白酒至 1000ml，即成。[中国医院药学杂志，1988，8 (4)：37.]

[用法] 外用。每日搽患处 2～3 次。

[效用] 杀虫止痒。用于疥疮。

[按语] 苦楝皮有毒，忌内服。苦楝皮水和醇提取物均有良好杀虫作用，而后者则更胜一筹。现用酒剂，且配伍薄荷脑，杀虫止痒作用更好。

## ～◎⊱ （十二）皮肤瘙痒症 ⊰◎～

### 1. 苦参酒（《朱仁康临床经验集》）

[处方] 苦参 30g，百部 9g，菊花 9g，凤眼草 9g，樟脑 12g。

[制备] 除樟脑外，上药粉碎成粗粉，纱布袋装，用高度烧酒 500ml 浸泡。7 天后去药袋，加樟脑溶化后备用。

[用法] 外用。用棉签蘸药酒涂擦患处，每日 1～2 次。

[效用] 清热燥湿，疏风止痒，杀虫。用于脂溢性皮炎、皮肤瘙痒症、单纯糠疹、玫瑰糠疹等。

[按语] 脂溢性皮炎、酒渣鼻、皮肤瘙痒症、单纯糠疹和玫瑰糠疹都是常见的皮肤病，致病原因很多，但归纳起来，不外风热郁肺，或湿热内蕴，或内有血热、外感风邪所致。方中苦参清热燥湿、杀虫，为主药；配伍百部杀虫；配伍菊花疏风清热；凤眼草清热燥湿，兼能杀虫；樟脑除湿杀虫，止痒。凤眼草，为苦木科樗树属植物臭椿的果实。

### 2. 百部酒

[处方] 生百部 50g。

[制备] 用 50 度以上烧酒 500ml 加甘油 50ml，混合均匀，然后将生百部加